项目驱动式
PHP+MYSQL企业网站开发教程

XIANGMU QUDONGSHI
PHP+MYSQL
QIYE WANGZHAN KAIFA JIAOCHENG

主 编／林龙健　李观金

西南交通大学出版社
·成都·

内容提要

本书以网站建设情境为导入点,结合软件工程思想和网站建设工作过程,将一个完整的企业网站项目划分为典型的工作任务,让读者在完成工作任务的过程中学习网站开发的技术技能。本书致力体现"做中学,学中做"教学理念,主要内容包括:网站开发情境导入、网站功能需求分析、网站版面设计、网站版面切图、数据库设计、网站后台功能开发、网站前后台整合、网站测试、网站发布、网站验收等。

本书可作为大中专院校相关专业教材,也可作为网站程序员等网站设计与开发人员的参考书,还可以作为各类计算机培训班的教材及广大网站设计与开发爱好者学习用书。

图书在版编目(CIP)数据

项目驱动式 PHP+MySQL 企业网站开发教程/林龙健,李观金主编. —成都:西南交通大学出版社,2016.8
ISBN 978-7-5643-4925-7

Ⅰ.①项… Ⅱ.①林… ②李… Ⅲ.①PHP 语言-程序设计-高等职业教育-教材②SQL 语言-程序设计-高等职业教育-教材 Ⅳ.①TP312.8

中国版本图书馆 CIP 数据核字(2016)第 199872 号

项目驱动式 PHP+MySQL 企业网站开发教程

主编 林龙健 李观金

责任编辑	李晓辉
封面设计	墨创文化
出版发行	西南交通大学出版社 (四川省成都市二环路北一段 111 号 西南交通大学创新大厦 21 楼)
发行部电话	028-87600564　028-87600533
邮政编码	610031
网　　址	http://www.xnjdcbs.com
印　　刷	成都中铁二局永经堂印务有限责任公司
成品尺寸	185 mm×260 mm
印　　张	18.5
字　　数	462 千
版　　次	2016 年 8 月第 1 版
印　　次	2016 年 8 月第 1 次
书　　号	ISBN 978-7-5643-4925-7
定　　价	47.00 元

图书如有印装质量问题　本社负责退换
版权所有　盗版必究　举报电话:028-87600562

前言

互联网技术的高速发展和互联网的普及，让企业网站成为企业在互联网上进行网络营销和形象宣传的平台，越来越多的公司或企业纷纷建立自己的网站来宣传公司，发掘潜在的客户和商机，提高自身的竞争力。本书将站在网站建设行业的角度，以一个完整的企业网站项目为载体，结合软件工程思想和网站开发的工作过程为读者讲授网站开发的技术技能。

本书与其他网站开发类书籍相比，突出以下几点创新：

1. 内容创新

本书的内容与其他网站开发类书籍内容相比，突出了创新性。本书将以一个完整的企业网站项目为载体，并按照软件工程的思想划分功能模块，形成典型的工作任务，让读者在完成任务的过程中学习网站开发的技术技能。

2. 内容组织形式创新

本书内容完全按照网站建设行业的工程过程来编排，在每个任务中，强调能力目标和知识目标，并图文并茂地体现开发的过程，同时根据每个任务实际情况适时插入知识点讲解，让读者在基于教材的学习与实践中提升网站设计与开发水平，同时让读者"零距离"接触网站开发行业的网站开发流程。

3. 配套服务创新

在配套服务上，该教材将配套相关教学资源，并提供整套无错误、可运行的项目案例源代码，并可根据读者的要求有偿扩展教材项目的功能模块，另外，为方便读者对教材的配套使用与学习交流，本书将建立教学资源网站（http://php.sj5u.xyz）和QQ交流群（514069707）。

4. 实用性强

本书所用的网站项目（企业网站管理系统）为编者自行设计与开发，能直接投入商用。该系统已为社会众多公司和企业设计开发网站所使用，具有较强的实用性和商用价值。

本书由广东省惠州经济职业技术学院林龙健和李观金主编。林龙健负责编写网站版面设计、网站版面切图、数据库设计、网站后台功能开发、网站前后台整合；李观金负责编写网站开发情境导入、需求分析、网站测试、网站发布、网站验收。

由于编者水平有限，书中难免存在不足之处，敬请广大读者批评指正。

二〇一六年五月

目 录

任务 1　企业网站概述 1
　　1.1　什么是企业网站 2
　　1.2　建立企业网站的目的 2
　　1.3　企业网站的开发流程 3
　　1.4　企业网站开发基本原则 6
　　1.5　企业网站开发技术简介 7

任务 2　网站需求分析 9
　　2.1　从功能结构上分析 9
　　2.2　从"用户、需求、系统功能单元"之间的关系分析 10

任务 3　网站版面设计 17
　　3.1　设计"首页"版面 17
　　3.2　设计"关于我们"版面 23
　　3.3　设计"新闻动态"版面 25
　　3.4　设计"产品展示"版面 29
　　3.5　设计"给我留言"版面 31
　　3.6　设计"联系我们"版面 34

任务 4　网站版面切图 36
　　4.1　版面切图概述 36
　　4.2　"首页"版面切图 36
　　4.3　"关于我们"版面切图 55
　　4.4　"新闻动态"版面切图 63
　　4.5　"产品展示"版面切图 73
　　4.6　"给我留言"版面切图 82
　　4.7　"联系我们"版面切图 87

任务 5　网站数据库设计 91
　　5.1　数据库的"E-R"分析 91
　　5.2　数据库数据逻辑模型 94
　　5.3　数据表的设计 95
　　5.4　数据库的实施 97

任务 6　网站后台开发 108
　　6.1　配置开发环境 108
　　6.2　开发登录验证模块 111

  6.3 开发后台框架模块 ... 121
  6.4 开发网站基本配置模块 ... 135
  6.5 开发管理员管理模块 ... 142
  6.6 开发单页管理模块 ... 152
  6.7 开发文章管理模块 ... 162
  6.8 开发产品管理模块 ... 179
  6.9 留言管理模块开发 ... 191
  6.10 开发焦点幻灯管理模块 ... 196
  6.11 开发QQ客服管理模块 ... 207
  6.12 开发友情链接管理模块 ... 215
  6.13 开发退出后台模板 ... 223

任务7 网站前后台整合 ... 225
  7.1 整合"网站首页" ... 225
  7.2 整合"关于我们"页面 ... 239
  7.3 整合"新闻动态"页面 ... 243
  7.4 整合"产品展示"页面 ... 251
  7.5 整合"给我留言"页面 ... 258
  7.6 整合"联系我们"页面 ... 261

任务8 网站测试 ... 264
  8.1 网站测试 ... 264
  8.2 关于网站的UI测试 ... 266
  8.3 关于网站的链接测试 ... 268
  8.4 关于网站的搜索测试 ... 268
  8.5 关于网站的表单测试 ... 269
  8.6 关于网站的输入域测试 ... 269
  8.7 关于网站的分页测试 ... 269
  8.8 关于网站的交互性数据测试 ... 270
  8.9 关于网站的安全性测试 ... 270
  8.10 关于网站的浏览器兼容性测试 ... 271

任务9 网站发布 ... 273
  9.1 注册域名 ... 273
  9.2 购买虚拟主机 ... 275
  9.3 网站备案 ... 277

任务10 网站验收 ... 286

参考文献 ... 289

任务 1　企业网站概述

能力目标

◎ 能够熟练运用企业网站相关知识与客户进行业务沟通与交流，培养学生行业业务能力。
◎ 掌握网站建设行业网站开发概况，培养学生形成工程化的思维习惯。

知识目标

◎ 了解什么是企业网站。
◎ 了解建立企业网站的目的。
◎ 熟悉建立企业网站的流程。
◎ 了解建立企业网站的原则。
◎ 了解建立企业网站的技术。

情境导入

小张是古道茶香贸易有限公司的营销人员，公司目前正在生产一款新产品，小张被指派负责该新产品的市场开拓任务。因为该产品在市面的相关资料极少，小张正准备印刷大量的产品宣传册进行宣传时，又一想，现在互联网这么发达，为什么不做一个公司的企业网站呢？这样就可以把产品相关图文信息放到网上去宣传，既节省了成本，又提高了宣传效率……于是小张把自己的想法和公司领导做了交流，得到了领导的肯定；又在朋友的介绍下找到了你，而你目前正是某网络科技有限公司的业务经理，这时，一个网站建设的订单就产生了。

经过多次沟通，用户希望访问者能在网站上了解到公司的发展情况，能看到产品详细的图文介绍，可以了解公司新闻动态，同时能够实现在线留言、在线 QQ 咨询、查看联系方式等。通过以上方式加强与访问者的互动，发掘潜在的客户，同时希望在网站的底部有友情链接一栏以加强网站的推广与优化。

基于以上的情境描述，有些读者可能了解不多或存在以下的疑问：

1. 什么是企业网站？
2. 建立企业网站有什么目的？
3. 建立企业网站的流程是怎样的？
4. 建立企业网站有什么原则？
5. 建立企业网站的技术有哪些？

1.1　什么是企业网站

企业网站是企业在互联网上进行网络营销和形象宣传的平台，是企业以网络营销为目的而建立的 web 信息管理系统。也可这样理解：企业网站就是企业的网络名片，它不但对企业的形象是一个很好的宣传，同时也可以发掘潜在客户，给企业带来商机，提高企业竞争力。

在因特网发展的早期，网站还只能保存单纯的文本。现在经过不断发展，已经可以在网页上能够嵌入图像、声音、动画、视频，甚至 3D 技术。通过动态网页技术，用户可以与其他用户或者网站管理者直接在线上进行沟通与交流，可以随时了解企业文化、企业产品信息以及企业的新闻动态等。

目前，企业网站的类型也出现了多样化，如网上商城等电子商务类的网站；面向客户或者企业产品（服务）消费群体，以宣传企业核心品牌形象或者主要产品（服务）为主的多媒体广告类网站；主要面向需求商，展示自己产品的详细情况以及公司实力的产品展示型网站等。在实际应用中，很多网站往往不能简单地归为某一种类型，无论是建站目的还是表现形式都可能涵盖两种或两种以上类型。

1.2　建立企业网站的目的

企业网站是企业在互联网上展示形象的门户，是企业开展电子交易的基地，是企业网上的"家"。设计制作一个优秀的企业网站是建站企业成功迈向互联网的重要步骤。在互联网时代，一个企业没有自己的网站就像一个人没有住址，一家商店没有门面一样。随着经济全球化和电子商务经济的到来，企业网站对于企业具有重要意义。

1. 提高竞争力

在 2015 年 3 月召开的十二届全国人大三次会议上，《政府工作报告》首次提出"互联网+"行动计划。文件提出，制定"互联网+"行动计划，推动了各行各业在互联网信息化的发展，在我国未来几十年内，互联网信息化将会高速发展。这意味着，企业网站的建立成为企业在互联网信息化中迈出的第一步，也必然是企业提高竞争力的一个重要举措。

2. 树立企业形象

在互联网时代，要显示企业的实力，提升企业的形象，没有什么比在员工名片、企业信笺、广告及各种公众能看得到的物品上印上自己公司独有的网络地址更有说服力了。

3. 发布商业信息

你的营业时间？你的服务项目？你的联系方式？你的支付方式？你的地址？你的新产品资料？如果你让客户明白与你合作的所有原因和好处，那么何愁生意不上门？更重要的是，你的眼光已经放得更长远，因为在许多你的销售人员未能到达的地方，人们已经可以通过上网这种最便捷的途径获取你的商业信息，并不是你花大笔的宣传费用去让客户得到你公司的商业信息，而是客户愿意花钱从您那儿取得所需商业信息。这样一来，既能节约支出，又能使你的客户更满意。

4. 推广宣传产品

尽管你的产品非常好，但人们总是看不到它的样子和它到底是怎么样工作的；产品画册虽然非常好，但它是静止的，也没有人知道它工作时发出什么声音。如果以上因素对你的准用户非常重要，你就应该利用互联网来介绍你的公司和产品，因为万维网（WWW）技术可以很简便地为一段产品介绍加入声音、图形、动画甚至影像等。不断涌现出来的多媒体技术可以让公司产品更加生动与真实，让网络世界变得更加丰富多彩。

5. 回答用户的疑问

在公司里任何一个经常接电话的人的都会告诉你，他们的时间被消耗在一遍又一遍回答相似问题上，你甚至要为回答这些售前和售后问题而专门增设人手；而把这些问题的答案放到企业网站上，就能清晰表达，节省时间和人力资源。

6. 提供便捷的咨询服务

通过企业网站，可以为你的客户提供便捷的咨询服务。目前出现了许多网上沟通交流工具，如 QQ 企业客服、TQ 等，访问者只需浏览企业网站，就可以在不安装沟通工具的情况下与你友好沟通与交流；你不在电脑前，访问者也可以通过留言的方式交流。

7. 随时发布公司新闻动态

通过企业网站，可以及时地在网站上发布公司的最新动态，让访问者能快捷了解公司的动态信息。

8. 收集客户的反馈信息

向客户发出各类目录和小册子，但是没有顾客上门，这到底是为什么？是产品的颜色、价格还是市场战略出了问题？你没有时间去寻找问题的答案，也没有大量金钱测试市场。有了企业网站，极大地方便客户/消费者及时向你反映情况，提出意见。

以上罗列了几点建立企业网站的目的，当然还有其他的目的，但是无论怎样，站在企业的角度去分析，企业网站的建立最终都是为了展示自我与发展自我。

1.3 企业网站的开发流程

一个企业网站究竟是怎样开发出来的呢？目前很多网站开发类的书籍，第一步就讲解如何编写页面代码设计网站页面或者使用 Dreamwerver 工具创建站点等种种情形，从网站建设企业上看，这些都是片面的或者不够专业的。

编者将从十个环节以通俗易懂的语言为读者介绍一个网站在网站建设企业中的"生产"全过程，具体过程如图 1-1 所示。

环节一：业务员或业务经理取得网站建设订单

目前，大部分的网站建设企业都设有业务部，主要是负责开拓网站建设业务。业务员是通过什么途径获取业务？根据编者从事网站设计与开发的多年经验，简要总结以下几点：

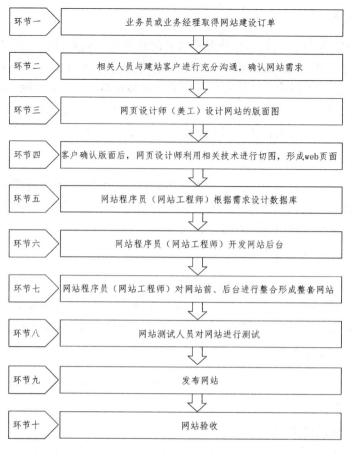

图 1-1

（1）通过人际关系，如身边的同事、朋友、亲戚、校友等。成立网站公司初期，相当一部分的业务来源于此种方式，因此，作为一名业务员，大部分时间在外面跑，多结交朋友，不断扩大自己的交际圈，这样有利于业务的开展。

（2）利用互联网手段发布宣传信息，如你的 QQ 或微信的亲友群、校友群、行业交流群等。通过此种方式关键在于坚持每天发信息，尽管信息受众对象目前还没有建立企业网站的需要，也不会去详细看你发的信息，但是你的坚持，使信息储存在受众对象的潜意识里，形成了一种习惯，日后有需做网站时，可能第一时间会想起你。当然还可以到论坛、微博、地方门户网站发布宣传信息。

（3）通过渠道取得企业的联系信息，然后通过电话营销方式开展业务。这种方式虽然传统，但是试想，如果打一百个电话产生一个客户，从成本的角度分析，那也相当可观了。

（4）直接跑业务。这种方式得挨家去跑，但不是盲目开跑，出发前要制订计划，确定潜在做网站的可能对象，这样效率比较高。比如商业写字楼、工业园区。

（5）做网络推广。在网络推广方面，做关键词的比较多，一种方式是自己做，确定关键词后，一点一点优化上去，这种方式花的时间比较长，见效比较慢，但是节省成本；另一个方式是在搜索引擎类的企业直接做关键词推广服务，通过这种方式，只要关键词设置合理，见效非常快，但是推广的成本比较大。

环节二：相关人员与建站客户进行充分的沟通，确认网站需求

在该环节中，相关人员包括网页设计师、网站程序员。在沟通的过程中，不同的客户对企业网站的了解程序不同，我们应做好不同的应对方案，如遇到对企业网站了解甚少的客户，我们可以结合网站演示，使用通俗的语言进行沟通，同时记录用户口中描述信息；如遇到对企业网站有一定了解的客户，我们可以适当使用企业网站术语进行沟通以更好获取用户的需求，当然也需记录用户对将建立的网站的功能描述。通过充分的沟通交流后，我们应进一步对所获取到的信息进行加工与提炼，最终形成网站的需求（建议能形成需求文档），并再次与客户确认需求，客户认可后，表示该环节结束并进入到下一个环节。

环节三：网页设计师（美工）设计网站的版面图

该环节的主要工作是网页设计师根据用户的需求搜集相关素材设计网站版面，设计完成后，递交给客户查看，若客户对网站版面认可或满意，则进入下一环节，若客户对设计出来的版面效果不满意，网页设计师耐心与客户沟通交流后，更改或重新设计版面，直至客户认可或满意。

对于该环节，有些读者可能不理解，为什么要先设计版面？主要原因为了让客户看到预期的效果并确认版面，版面确认后，网页设计师便可按照版面图利用相关技术进行切图，形成 web 页面，这样可大大提高工作的效率。另外一个原因是网站开发完成后，若用户要求大量修改或要求重新设计，本阶段产生的版面图可以作为凭据，因为在本环节中只有客户确认了版面才会进行下一个环节的工作。当然，经双方协商同意后可以满足客户重新设计或修改的要求，因为大量的修改或重新设计是要花费时间和人力成本的。根据编者多年的经验，建议在客户认可版面后形成相关的文字约定，并要求客户签字确认。

环节四：网页设计师利用相关技术进行切图，形成 Web 页面

在前一个环节，主要是形成网站的整套版面图，而在本环节则是利相关知识技术（html 语言、DIV+CSS 网页布局技术、javascript 等）形成整套网站的 web 页面，在网站建设行业，通常叫做切图，该环节形成的结果是与版面图一致的静态网页。

环节五：网站程序员（网站工程师）根据需求设计数据库

网页版面切图完成后，网站设计师把整套网站的 web 页面递交给程序员（网站工程师），此时，网站程序员（网站工程师）便根据功能需求做"E-R"分析形成数据的逻辑结构，进而形成数据表并在数据库服务器上实施，该环节也可与环节四同步进行。

环节六：网站程序员（网站工程师）开发网站后台

数据库设计完成后，网站程序员（网站工程师）根据功能需求，利用动态网站开发技术逐一开发网站的功能模块，最后形成网站的后台。

环节七：网站程序员（网站工程师）对网站前后台进行整合形成整套网站

该环节主要是根据后台功能模块结合网页设计师递交过来的静态网页进行整合，把数据库的数据信息在前台页面相应用版位查询输出，整合完成后，通过网站的后台就能方便地管理网站前台网页的数据信息了，此时，整套网站就出来了。

环节八：网站测试人员对网站进行测试

整套网站设计开发出来后，必须进入测试环节，因为在开发过程中，或多或少都会出现一些问题，因此测试人员得对整套网站进行全面的测试，比如每个页面的兼容性测试、功能测试等，若测试中发现了问题，应及时做好记录并反馈给相应的设计开发人员进行整改，最终经测试没问题后，将进入到发布的环节。

环节九：发布网站

该环节的主要任务是把网站在互联网上发布，其中包括购买虚拟主机（俗话叫空间）、注册域名、网站备案等工作，这三方面的工作完成后，网站就顺利上线了，当然，如果你购买的是国外空间，可以省去网站备案环节。

环节十：网站验收

与客户验收网站是网站建设的最后一个环节，客户确认没问题后，要求客户签订网站验收报告，验收报告的签订意味着网站建设工作的结束。

1.4 企业网站开发基本原则

1. 以客户为中心

企业网站能否吸引并留住客户，培育顾客忠诚度、获得较高的客户转换率，取得预期的营销效益，很大程度上取决于网站设计者是否真正地站在客户的角度想问题，网站的内容和架构是否关注并满足了客户的需求。这要求企业在网站建设规划的第一个环节要以客户为中心、注重客户体验，符合客户查询、阅读、搜索引擎的习惯，尽可能地给出大家关注的焦点问题的答案，提供解决疑难问题的快捷方式，切切实实地贯彻以人为本、以客户为尊的现代经营理念。只有将企业网站打造成企业用户价值最大化的重要窗口，才能确保企业的根本利益和长远利益。

2. 与时俱进

在互联网高速发展的今天，环境日新月异，人们对审美的观点也在发生变化，因此在设计开发企业网站的时候，也应跟上时势，不能用十年前的风格去设计版面与开发功能，除非建站的客户非得那样做。因此，我们在设计开发企业网站时，要跟上行业的变化，不断更新设计观念与开发理念，只有这样才能跟上时代步伐。

3. 严谨务实

对大多数企业而言，开拓网络市场都是一个崭新的命题，任何创新与开拓无不充满艰辛和挑战。互联网给每个人、每个企业组织带来的诱惑太多，带来的竞争更激烈。企业在开拓网络市场、打造网络营销平台时，必须严谨务实，切忌人云亦云，要从信息化优劣、技术力量强弱等因素出发统筹考虑，选择适合自己的网络营销平台的路径和步骤，才能做到创新兼顾稳妥、开拓而不盲目，从而确保企业每一笔网络上的投入均能带来可靠的效益。

4．知己知彼

知己知彼，百战百胜。若要打造一个聚集人气、展示特色、高效务实的企业网站，企业必须冷静理智地分析自身以及竞争对手的优势与劣势。企业在开拓网络市场过程中，第一必须清醒地认识到自身的不足和面临的困难，同时还必须挖掘出企业的特长和优势，并且很好地把握企业发展的大方向和大趋势；第二还必须客观公正地评价竞争对手，对于对手的优点和长处，既要吸取他们的经验教训，更要善于学习、巧于借鉴，要敢于超越。在企业网站建站中，合理扬长避短，善于取长补短，是提高网络营销效益的重要手段。

5．把握细节

细节决定成败。一个好的网站，应该给人清新、大方、细腻的感觉，从中可折射出为人做事的态度和专业水平的优势；一个不注重细节的粗糙网站，只能看看网站页面罢了。

1.5 企业网站开发技术简介

如今，随着网站的越来越普及，与 Web 相关的开发技术持续热门，从前端到后端，从标记语言到开发语言，各种技术交相辉映，沉沉浮浮，从开始简单的 html 到复杂的 Web 开发语言 ASP、ASP.NET、PHP、JSP 等。以下简单介绍一下目前常见的网站开发编程语言。

（1）PHP

PHP 是一个嵌套的缩写名称，是英文"超级文本预处理语言"（Hypertext Preprocessor）的缩写。PHP 是一种 HTML 内嵌式的语言，与微软的 ASP 颇有几分相似，都是一种在服务器端执行的"嵌入 HTML 文档的脚本语言"，语言的风格有类似于 C 语言，现在被很多的网站编程人员广泛的运用。

PHP 独特的语法混合了 C、Java、Perl 以及 PHP 自创新的语法。它可以比 CGI 或者 Perl 更快速的执行动态网页。用 PHP 做出的动态页面与其他的编程语言相比，PHP 是将程序嵌入到 HTML 文档中去执行，执行效率比完全生成 HTML 标记的 CGI 要高许多；与同样是嵌入 HTML 文档的脚本语言 JavaScript 相比，PHP 在服务器端执行，充分利用了服务器的性能；PHP 执行引擎还会将用户经常访问的 PHP 程序驻留在内存中，其他用户在一次访问这个程序时就不需要重新编译程序了，只要直接执行内存中的代码就可以了，这也是 PHP 高效率的体现之一。

PHP 具有非常强大的功能，支持几乎所有流行的数据库以及操作系统，"PHP+MySQL+Apache"是目前建站行业最流行的开发模式。

（2）JSP

JSP（Java Server Pages，Java 服务器页面）是在 Sun Microsystems 公司的倡导下，由许多公司共同参与建立的一种新的动态网页技术标准。它在动态网页的建设方面具有强大而特殊的功能。Sun 公司应用组建"Java 社团"的思想开发 JSP 技术。

在开发 JSP 规范的过程中，Sun 公司与许多主要的 Web 服务器、Web 应用服务器和开发工具供应商，以及各种各样富有经验的开发团体进行合作，找到了一种适合于应用和页面开发人员的开发方法，它具有极佳的可移植性和易用性。

（3）ASP

ASP 是微软公司推出的取代 CGI 的新技术。通过它，用户可以使用几乎所有的开发工具来创建和运行交互式的动态网页，如反馈表单的信息收集处理、文件上传与下载、聊天室、论坛等，实现了 CGI 程序的功能介是又比 CGI 简单，而且容易学习。

由于 ASP 使用基于开放设计环境的 Active X 技术，用户可以自己定义和制作组件加入其中，使自己的动态网页具有几乎无限的扩充能力。它还可利用 ADO（Active Data Object，微软的一种新的数据访问模型）方便地访问数据库，能很好地对数据进行处理，但由于 PHP 技术的出现，PHP 网站开发技术成为网站开发行业的主流。

（4）ASP.NET

ASP.NET 的前身 ASP 技术，是在 IIS2.0 上首次推出（Windows NT 3.51），当时与 ADO 1.0 一起推出，在 IIS 3.0（Windows NT 4.0）发扬光大，成为服务器端应用程序的热门开发工具。微软还特别为它量身打造了 VisualInter Dev 开发工具，在 1994—2000 年之间，ASP 技术已经成为微软推展 Windows NT 4.0 平台的关键技术之一，数以万计的 ASP 网站也是这个时候开始如雨后春笋般的出现在网络上。它的简单以及高度可定制化的能力，也是它能迅速崛起的原因之一。不过 ASP 的缺点也逐渐的浮现出来：面向过程型的程序开发方法，让维护的难度提高很多，尤其是大型的 ASP 应用程序。解释型的 VBScript 或 JScript 语言，让性能无法完全发挥。扩展性由于其基础架构的不足而受限，虽然有 COM 元件可用，但开发一些特殊功能（如文件上传）时，没有来自内置的支持，需要寻求第三方控件商的控件。

1997 年时，微软开始针对 ASP 的缺点（尤其是面向过程型的开发思想），开始了一个新的项目。当时 ASP.NET 的主要领导人 Scott Guthrie 刚从杜克大学毕业，他和 IIS 团队的 Mark Anders 经理一起合作两个月，开发出了下一代 ASP 技术的原型，这个原型在 1997 年的圣诞节时被发布出来，并给予一个名称：XSP，这个原型产品使用的是 Java 语言。不过它马上就被纳入当时还在开发中的 CLR 平台，Scott Guthrie 事后也认为将这个技术移植到当时的 CLR 平台，确实有很大的风险（Huge Risk），但当时的 XSP 团队却是以 CLR 开发应用的第一个团队。

为了将 XSP 移植到 CLR 中，XSP 团队将 XSP 的内核程序全部以 C#语言进行了重构（在内部的项目代号是"Project Cool"，但是当时对公开场合是保密的），并且改名为 ASP+。而且为 ASP 开发人员提供了相应的迁移策略。ASP+首次的 Beta 版本以及应用在 PDC 2000 中亮相，由 Bill Gates 主讲 Keynote（即关键技术的概览），由富士通公司展示使用 COBOL 语言撰写 ASP+应用程序，并且宣布它可以使用 Visual Basic.NET、C#、Perl、Nemerle 与 Python 语言（后两者由 ActiveState 公司开发的互通工具支持）来开发。

在 2000 年第二季时，微软正式推动.NET 策略，ASP+也顺理成章的改名为 ASP.NET。经过四年的开发，第一个版本的 ASP.NET 在 2002 年 1 月 5 日亮相（和.NET Framework1.0），Scott Guthrie 也成为 ASP.NET 的产品经理（后来 Scott Gu 主导开发了数个微软产品，如：ASP.NET AJAX、Silverlight、SignalR 以及 ASP.NET MVC）。

自.NET 1.0 之后的每次.NET Framework 的新版本发布，都会给 ASP.NET 带来新的特性，目前，asp.net 版本最高的是 4.5。

任务 2　网站需求分析

能力目标

◎ 能够熟练运用功能结构图表达项目的功能组织关系。
◎ 能够使用用例图描述"用户、需求、系统功能单元"之间的关系。
◎ 学会运用功能结构图、用例图做需求分析。

知识目标

◎ 了解功能结构图的定义及作用。
◎ 掌握功能结构图的画法。
◎ 了解用例图的定义及作用。
◎ 掌握用例图的元素及用例之间的关系。
◎ 掌握用例图的画法。

情境导入

从软件工程的思想来做需求分析,用的较多的两种图就是功能结构图和用例图。以下将根据任务1情况做需求分析,以清晰描述小张想要建立的网站功能需求。

2.1　从功能结构上分析

网站分为两部分:网站前台和网站后台。

1. 网站前台包括的内容

首页:呈现的信息包括焦点幻灯图片、关于我们、新闻动态信息、最新产品图文信息、友情链接信息等。
关于我们:显示公司的简介信息。
新闻动态:显示公司的新闻动态信息。
产品展示:显示公司的产品信息。
给我留言:用于访问者的留言。
联系我们:显示公司的联系信息,如电话、Email、传真等。

2. 网站后台包括的内容

登录验证模块：这是网站后台的入口。
基本配置模块：设置网站的基本配置信息。
管理员管理模块：用于管理网站后台的管理员。
单页管理模块：用于管理关于我们、联系我们等单页面信息。
文章管理模块：用于管理新闻动态信息。
产品管理模块：用于管理公司产品信息。
留言管理模块：用于查看及处理访问者留言信息。
焦点幻灯管理模块：用于管理网站前台的焦点幻灯版位的图片。
QQ客服管理模块：用于管理公司的QQ客服信息。
友情链接管理模块：用于管理网站底部的友情链接信息。
退出系统模块：用于退出网站的后台。

根据以上的分析，古道茶香贸易有限公司网站功能结构如图2-1所示。

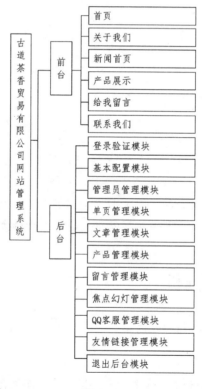

图 2-1

2.2 从"用户、需求、系统功能单元"之间的关系分析

从网站的应用得知，网站的参与者有网站访问者和网站后台管理员两类用户，以下将从用户的角度来分析其与需求、系统功能单元之间的关系。

1. 网站访问者

网站的访问者打开公司网站后，可以浏览关于我们页面信息、公司新闻动态、公司产品信息，联系我们信息；可以点击友情链接；可以通过留言栏目填写留言信息；可以通 QQ 在线客服咨询公司客服人员等。

2. 网站管理员

网站管理员登录网站后台后，可以配置网站的基本信息、管理网站管理员信息、管理单页面信息、管理文章（新闻动态）信息、管理产品信息、查看及处理留言信息、管理焦点幻灯信息、管理 QQ 客服信息、管理友情链接信息、退出网站后台。

通过对网站访问者和网站管理员的分析，为了更清晰地描述参与者与网站需求、网站功能单元之间的关系，我们形成公司网站的用例如图 2-2 所示。

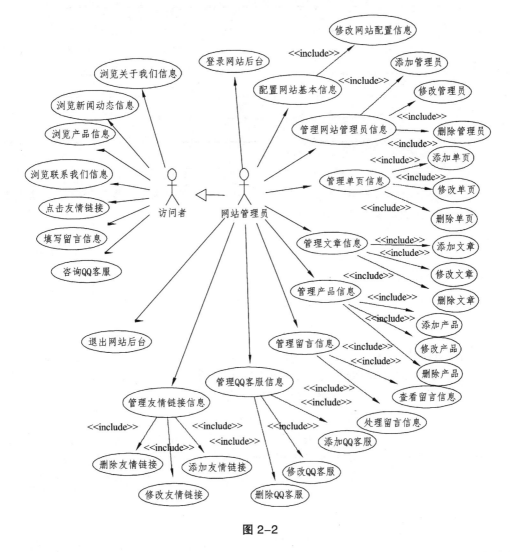

图 2-2

用例图设计出来后，通常还会使用用例规约来对用例图做进一步补充说明，下表给读者提供一个用例规约模板作为参考，见表 2.1。

表 2.1

用例名称:
用例标识号:
参与者:
简要说明:
前置条件:
基本事件流:
其他事件流:
异常事件流:
后置条件:
注释:

根据编者多年的经验,设计开发中小型企业网站管理系统,开发方通常会省去用例规约,因为中小型企业网站,其业务逻辑并不复杂,但无论企业网站业务逻辑是否复杂,从以上两方面进行分析有利快速提炼客户的需求,提高工作的效率。

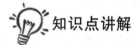 知识点讲解

1. 功能结构图

（1）功能结构图的定义

功能结构图就是按照功能的从属关系画成的图表,图中的每一个框都称为一个功能模块。功能模块可以根据具体情况进行分解,分解得最小的功能模块可以是一个程序中的每个处理过程,而较大的功能模块则可能是完成某一个任务的一组程序。

功能结构图是对硬件、软件、解决方案等进行解剖,详细描述功能列表的结构、构成、剖面的从大到小、从粗到细、从上到下等而描绘或画出来的结构图。从概念上讲,上层功能包括（或控制）下层功能,愈上层功能愈笼统,愈下层功能愈具体。功能分解的过程就是一个由抽象到具体、由复杂到简单的过程。

（2）功能结构图的设计

功能结构的建立是设计者的设计思维由发散趋向于收敛、由理性化变为感性化的过程。它是在设计空间内对不完全确定设计问题或相当模糊设计要求的一种较为简洁和明确的表示,它以图框形式简单地表示系统间输入与输出量的相互作用关系,是概念设计的关键环节。

功能结构图设计过程就是把一个复杂的系统分解为多个功能较单一的过程。这种分解为多个功能较单一的模块的方法称作模块化。模块化是一种重要的设计思想，这种思想把一个复杂的系统分解为一些规模较小、功能较简单的、更易于建立和修改的部分，一方面，各个模块具有相对独立性，可以分别加以设计实现，另一方面，模块之间的相互关系（如信息交换、调用关系），则通过一定的方式予以说明。各模块在这些关系的约束下共同构成统一的整体，完成系统的各项功能。

（3）功能结构图的作用

功能结构图主要是为了更加明确的体现内部组织关系，更加清晰的理清内部逻辑关系，做到一目了然规范各自功能部分，使之条理化。

（4）功能结构图的应用范围

功能结构图多应用于程序开发、工程项目施工、组织结构分析、网站设计等模块化场景。

2．用例图

用例图主要用来描述"用户、需求、系统功能单元"之间的关系。它展示了一个外部用户能够观察到的系统功能模型图。它的主要作用是帮助开发团队以一种可视化的方式理解系统的功能需求。

用例图包括有参与者（Actor）、用例（Use Case）、子系统（Subsystem）、关系（Relationship）、项目（Artifact）、注释（Comment）等元素。

（1）参与者（Actor）：表示与您的应用程序或系统进行交互的用户、组织或外部系统，用一个小人表示，如图2-3所示。

（2）用例（Use Case）：是对包括变量在内的一组动作序列的描述，系统执行这些动作，并产生传递特定参与者的价值的可观察结果。这是UML对用例的正式定义，对初学者可能有点难懂。我们可以这样去理解，用例是参与者想要系统做的事情。对于对用例的命名，我们可以给用例取一个简单、描述性的名称，一般为带有动作性的词。用例在画图中用椭圆来表示，椭圆里面附上用例的名称，如图2-4所示。

（3）子系统（Subsystem）：用来展示系统的一部分功能，这部分功能联系紧密，以学籍管理系统的学生信息管理子系统为例，如图2-5所示。

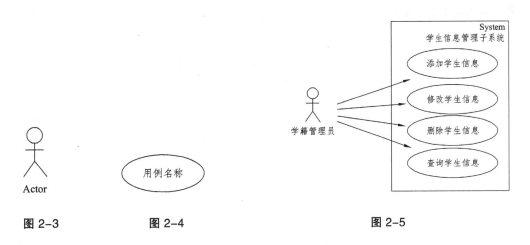

图 2-3　　　　　图 2-4　　　　　　　　图 2-5

（4）关系：用例图中涉及关系有：关联、泛化、包含、扩展，见表2.2。

表 2.2

关系类型	说明	表示符号
关联	参与者与用例之间的关系	→
泛化	参与者之间或用例之间的关系	—▷
包含	用例之间的关系	<<Include>> ┈┈▸
扩展	用例之间的关系	<<Extend>> ┈┈▸

① 关联（Association）：表示参与者与用例之间的通信，任何一方都可发送或接受消息，箭头指向消息接收方。

【箭头指向】指向父用例，如图2-6所示。

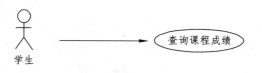

图 2-6

② 泛化（Inheritance）：就是通常理解的继承关系，子用例和父用例相似，但表现出更特别的行为；子用例将继承父用例的所有结构、行为和关系。子用例可以使用父用例的一段行为，也可以重载它。父用例通常是抽象的。

【箭头指向】指向父用例，如图2-7所示。

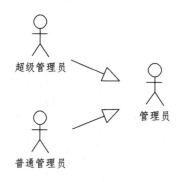

图 2-7

③ 包含（Include）：包含关系用来把一个较复杂用例所表示的功能分解成较小的步骤。
【箭头指向】指向分解出来的功能用例，如图 2-8 所示。

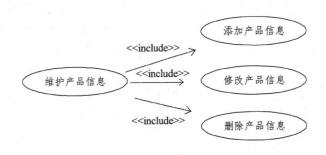

图 2-8

④ 扩展（Extend）：扩展关系是指用例功能的延伸，相当于为基础用例提供一个附加功能。
【箭头指向】指向基础用例，如图 2-9 所示。

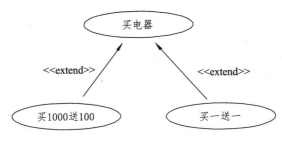

图 2-9

包含（Include）、扩展（Extend）、泛化（Inheritance）的区别：

条件性：泛化中的子用例和 Include 中的被包含的用例会无条件发生，而 extend 中的延伸用例的发生是有条件的；

直接性：泛化中的子用例和 Extend 中的延伸用例为参与者提供直接服务，而 include 中被包含的用例为参与者提供间接服务。

对 Extend 而言，延伸用例并不包含基础用例的内容，基础用例也不包含延伸用例的内容。
对 Inheritance 而言，子用例包含基础用例的所有内容及其和其他用例或参与者之间的关系；

（5）用例规约

应该避免这样一种误解——认为由参与者和用例构成的用例图就是用例模型，用例图只是在总体上大致描述了系统所能提供的各种服务，让我们对于系统的功能有一个总体的认识。除此之外，我们还需要描述每一个有例的详细信息，这些信息包含在用例规约中，用例模型是由用例图和每一个用例的详细描述——用例规约所组成的。RUP 中提供了用例规约的模板，每一个用例的用例规约都应该包含以下内容：

① 简要说明（Brief Description）：简要介绍该用例的作用和目的。
② 事件流（Flow of Event）：包括基本流和备选流，事件流应该表示出所有的场景。
③ 用例场景（Use-Case Scenario）：包括成功场景和失败场景，场景主要是由基本流和备选流组合而成的。

④ 特殊需求（Special Requirement）：描述与该用例相关的非功能性需求（包括性能、可靠性、可用性和可扩展性等）和设计约束（所使用的操作系统、开发工具等）。

⑤ 前置条件（Pre-Condition）：执行用例之前系统必须所处的状态。

⑥ 后置条件（Post-Condition）：用例执行完毕后系统可能处于的一组状态。

用例规约基本上是用文本方式来表述的，为了更加清晰地描述事件流，也可以选择使用状态图、活动图或序列图来辅助说明。只要有助于表达简洁明了，就可以在用例中任意粘贴用户界面和流程的图形化显示方式，或是其他图形。

以下为某网站管理员发布新闻文章的用例及描述用例的规约。

网站管理员发布新闻文章的用例如图 2-10 所示。

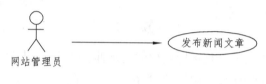

图 2-10

描述用例的规约见表 2.3。

表 2.3

用例名称：发布新闻文章。
用例标识号：2-11
参与者：网站管理员
简要说明：网站管理人进行新闻文章发布页面，编辑好信息后发布，新闻标题将显示在网站前台新闻动态列表上
前置条件：网站管理员登录网站后台
基本事件流： 1. 网站管理员点击后台左侧"发布文章"子菜单 2. 网站后台右侧出现新闻信息编辑框 3. 文章信息编辑完成后，点击"发布"按钮，文章发布完成 4. 用例终止
其他事件流： 在点击"发布"按钮之前，网站管理员可以点击"返回"按钮，将返回到原来页面状态
异常事件流： 1. 提示错误信息，网站管理员确认 2. 返回到网站后台的主界面
后置条件： 文章信息在网站上成功发布
注释：无

任务 3　网站版面设计

能力目标

◎ 能够根据需求形成网站版面的结构草图。
◎ 能够根据网站版面的结构草图，搜集、处理、加工素材设计出网站的整套版面。
◎ 掌握网站版面的设计过程，并培养学生细心严谨的工作态度。

知识目标

◎ 掌握网站版面结构草图的画法。
◎ 熟悉企业网站常见的版位，并掌握版位的命名方法。
◎ 熟悉网站版面设计的过程及设计的方法。
◎ 掌握使用相关工具（Fireworks 或 Photoshop）设计整套网站版面。

情境导入

经过任务 2 的分析，网站整体结构已非常清晰，在与客户当面沟通确认后，网页设计师（美工）接下来要做的就是搜集相关素材设计网站版面（即使用相关工具设计网站的平面，此阶段只是一整套图片），版面设计完成来后，网页设计师（美工）应积极与客户沟通，若客户对版面效果不满意，网页设计师（美工）应继续设计或修改直至客户满意或认可。

古道茶香贸易有限公司网站的版面共有 8 个，分别为首页、关于我们页面、新闻动态列表页面、新闻动态内容页面、产品列表页面、产品内容页面、留言页面、联系我们页面。以下将为读者讲解设计过程，而具体使用工具设计版面的细节不做演示。

3.1　设计"首页"版面

网站首页是展示给访问者的第一个页面，是给访问者第一印象的页面，因此，首页的设计至关重要。我们在设计时，首先要明确首页的结构，通常会用线条勾画出页面的结构，我们称之为版面结构草图。

1. 设计"首页"版面结构草图

结合用户的需求，可以开始规划网站首页的结构草图。设计者可以在纸上画，也可以使用相关工具进行设计。在规划草图的时候,首先要确定网站的主体宽度,那么如何确定网站页面的宽度呢?通过分析得知,随着人们对清晰度的要求越来越高,显示器的分辨率也越来越高,但还是存在一部分较老的显示器,其默认分辨率是 1024*768,因此为了适应这种分辨率的浏览器,设计页面时,页面主体内容的宽度不超过 1024 为佳,因此,初步形成了首页结构草图,如图 3-1 所示。

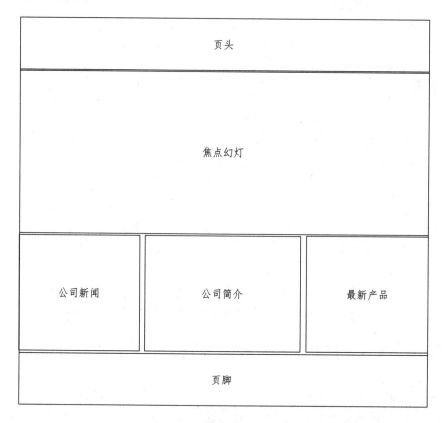

图 3-1

草图设计出来后,结合目前在网建行业流行的风格,做出如下设定:

导航部分:版位宽度适应屏幕宽度,主体内容宽度为 1000 px(所达到的效果是,在 1024*768 分辨率的浏览器下,导航的内容能在不出现水平滚动条完全显示,在分辨率大于 1024*768 的浏览器上,导航背景能自适应屏幕宽度)。

焦点幻灯部分:该部分的图片宽度做到自适应,但图片展示内容放置在以图片为中心向左右伸展形成的 1000 px 区域范围内,有些读者可能会有疑问,为什么图片的宽度不做到自适应呢?当然可以做到,也有多种实现的方法,其中一种方法是通过 js 实现,但可能出现的情况是当图片的实际宽度小于屏幕宽度时,图片会被拉伸,导致图片失真,不清晰。

"新闻动态、关于我们、最新产品"所形成的横向版位:主体内容的宽度设置为 1000 px,以兼容分辨率为 1024*768 的显示器。

页脚:整体栏目适应屏幕宽度,但主体内容宽度为 1000 px。

基于以上分析,进一步明确版面的结构。以 1600*900 分辨率显示器为例,版面图的效果如图 3-2 所示。

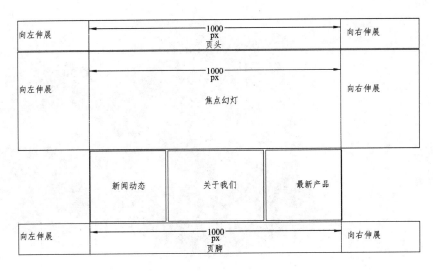

图 3-2

2. 设计"首页"版面

经与客户（小张）沟通得知，他希望版面简约清晰而不失大气，因此我们结合网站的主题寻找素材，按照结构草图自上而下设计首页版面。至于使用什么工具来设计，依个人习惯，常用的工具有 Photoshop、Fireworks，编者将以 Fireworks 来进行设计，画布的宽度设置为 1000 px。

（1）设计"页头"版位

A. "页头版位"由公司名称（或 LOGO）和导航组成，版位的高度设置为 120px，背景颜色设置为：#66973C。

B. 公司名称：古道茶香，字体设置为标楷体，35 号。

C. 导航的内容有"网站首页、关于我们、新闻动态、产品展示、给我留言、联系我们"，字体设置为微软雅黑，字体大小为 17 号，若做到当指针放到某个导航栏目上时变换背景颜色，我们在设计时应有所体现。

页头版位设计效果如图 3-3 所示。

图 3-3

（2）设计"焦点幻灯"版位

设计该版位的关键是找到合适的图版素材，然后对素材进行加工处理，当然，若能找到合适的图片更好，可以直接简单加工后使用。该版位的高度设置为 380 px，背景颜色设置为 #E6E4D5，在处理图片素材时，因为背景为#E6E4D5，所以幻灯图片的左边沿和右边沿需进行适当的蒙版处理，使图片能很好地与背景融为一体。另外，为了使焦点幻灯图更有意蕴，加入诗词，标题为"让足停留，让心安定"，内容为"于闹市中保有宁静，于闲逸中品味生活，一份面对喧嚣的淡定，一份返朴归真的从容"。该版位的设计效果如图 3-4 所示。

图 3-4

至此,首页效果如图 3-5 所示。

图 3-5

(3)设计"新闻动态、关于我们、最新产品"所形成的横向版位

该版位的主体宽度为 1000 px,"公司新闻"栏目宽度为 300 px,"关于我们"栏目为 380 px,"最新产品"栏目为 300 px,高度可根据实际进行设定。

① 设计"新闻动态"版位。该版位由上、中、下三部分组成,上部左侧为栏目的标题"新闻动态",右侧为"更多"(通常也会使用 more);中部为首页推荐置顶新闻,由左侧装饰图片和文章的简介组成,简介的内容可以重复使用文本"文章简介"填充至合适为止;下部为最新首页推荐新闻标题,并在标题的下面添加虚线(通常所用的文本可用"XXXX"填充,但效果逊于真正文字,建议使用文字填充。该版位设计的效果如图 3-6 所示。

图 3-6

② 设计"关于我们"版位。该版位结构和"公司新闻"相似,都是由上、中、下三部分组成:上部主要是栏目的标题,中部为一张公司形象图片,下部为关于我们的文字片段。参考"公司新闻"版位的设计过程进行设计,形成效果如图 3-7 所示。

③ 设计"最新产品"版位。该版位由上、下两部分组成:上部为该栏目的标题"最新产品",下部为产品的缩略图,将通过轮播的方式展示最新的产品图片。该版位的效果如图 3-8 所示。

图 3-7

图 3-8

通过对以上 3 个栏目的设计,得到首页版面的效果如图 3-9 所示。

(4) 设计"页尾"版位

网页的页尾版位,通常显示公司名称、地址、联系电话、电子邮箱、技术支持等信息。目前二维码应用非常广泛,所以也会通常把网站的地址或微信公众号等的二维码放入其中。"页尾"版位的效果如图 3-10 所示。

图 3-9

图 3-10

至此，网站首页版面设计完毕，效果如图 3-11 所示。

图 3-11

3.2 设计"关于我们"版面

"关于我们"页面主要目的是向访问者展示公司的简介信息，便于访问者了解公司情况。按照网站建设行业的设计习惯，该页面的"页头"版位、"焦点幻灯"版位、"页尾"版位与首页相应的版位是一致的，而页面主体部分通常又按"左-右"分栏方式，分为左侧 slide 版位和右侧"关于我们"内容版位。

1. 设计"关于我们"版面结构草图

该版面的结构如图 3-12 所示。

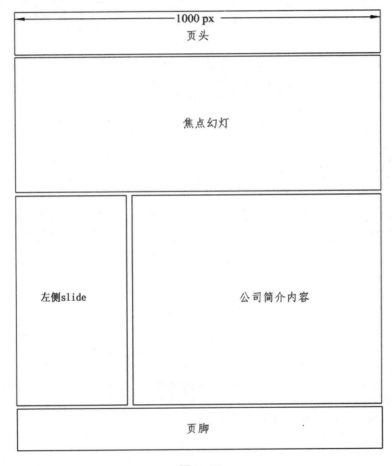

图 3-12

2. 设计"关于我们"版面

在版位内容的设计上，左侧 slide 版位又通常放置 QQ、工作时间、联系电话、电子邮箱、微信、最新动态、热点文章、文章类别、产品类别等信息。具体要展示什么信息，可以根据实际进行选取。该页面左侧"slide"版位，编者将放置 QQ 在线客服、工作时间、联系电话、电子邮箱、微信等信息；右侧内容版位主要输出关于我们的内容，接下来我们设计"关于我们"页面的主体部分。（注意：找素材时，尽量找与内容相关的图片素材）

（1）设计左侧"slide"版位

该版位的栏目标题为"在线客服"，宽度设置为 220 px，设计出来的效果如图 3-13 所示。

图 3-13

（2）设计右侧内容版位

该版位主要是输出公司简介的内容，在具体的结构上由栏目标题"关于我们"和"简介内容"两部分组成。在内容上，若已有客户关于我们资料，则用客户关于我们资料填充；若没有，可以在网上找一段相关文字填充，也可以用多个文本"简介内容"填充，设计的效果如图 3-14 所示。

首页->关于我们

简介内容。

简介内容。

简介内容。

图 3-14

至此,"关于我们"页面的版面设计完毕,效果如图 3-15 所示。

图 3-15

3.3 设计"新闻动态"版面

"新闻动态"版面,是向访问者展示公司/企业新闻动态信息的窗口,主要由新闻动态列表页和新闻动态内容页组成。

1. 设计"新闻动态"列表页版面

该页面与"关于我们"页面的结构相似,由页头版位、焦点幻灯版位、左侧 slide 版位、文章标题列表版位、页尾版位组成。

(1)设计"新闻动态"列表页结构草图

该页的版面结构如图 3-16 所示。

(2)设计"新闻动态"版面

该版面只需设计"文章标题列表"版位即可,其他版位与"关于我们"页面的相同。文章标题列表版位的设计效果如图 3-17 所示。

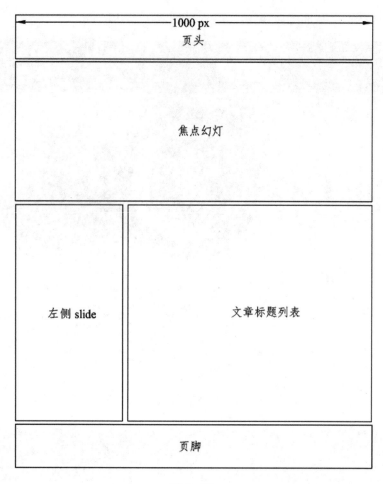

图 3-16

图 3-17

至此,"新闻动态"列表页的版面已设计完毕,效果如图 3-18 所示。

2. 设计"新闻动态"内容页版面

该页面与关于我们页面的结构相同:由页头版位、焦点幻灯版位、左侧 slide 版位、右侧文章内容版位、页尾版位组成;不同的是右侧内容版位是输文章的具体内容。

图 3-18

（1）设计"新闻动态"内容页版面结构草图

该页版面的结构如图 3-19 所示。

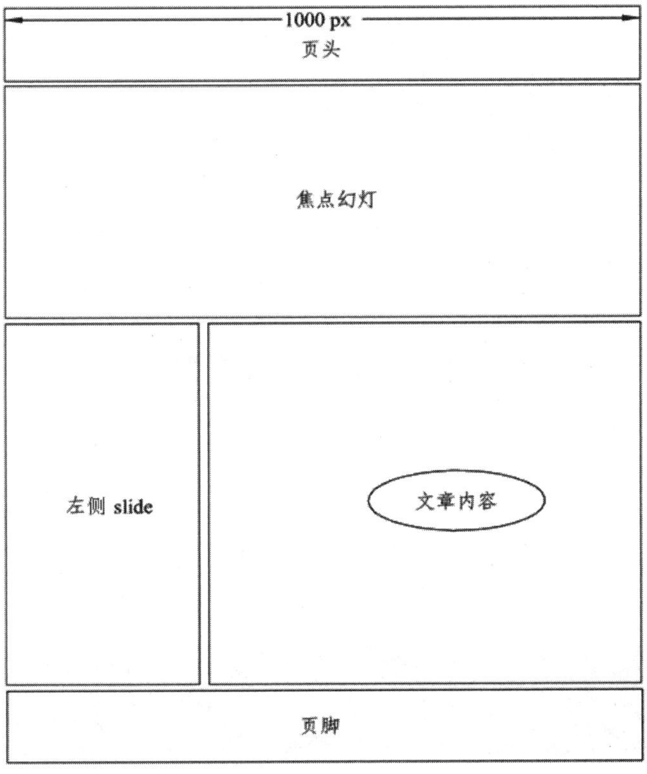

图 3-19

（2）设计"新闻动态"内容页版面

"文章内容"版位，主要由"页内导航"和"文章内容"组成。文章的内容可以找一篇相关的内容填充，字体的大小、行距等应细心调整至合适即可。"新闻动态"内容页版面效果如图 3-20 所示。

图 3-20

3.4 设计"产品展示"版面

"产品展示"是向访问者展示公司/企业产品信息的窗口,主要由产品展示列表页和产品展示内容页组成。其中产品展示列表页通常以"缩略图+产品标题"形式展示,也可以"缩略图+产品标题+简介"形式展示;而产品展示内容页以"产品标题+产品详细内容(包括产品的价格、型号、相关参数、描述、图片等)"形式展示。

1. 设计"产品展示"列表页版面

(1)设计"产品展示"列表页版面结构草图

该列表页版面结构如图 3-21 所示。

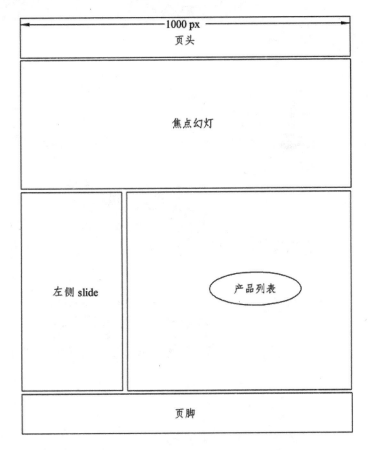

图 3-21

(2)设计"产品展示"列表页版面

在设计该版面的过程中,找到相关茶叶产品的图片后,应进行进一步加工,特别是在图片上存在其他品牌的信息,是一定要处理掉的。另外,图片的尺寸应保持一致,哪怕是 1 个像素之差,都应细心去处理。设计出来的效果如图 3-22 所示。

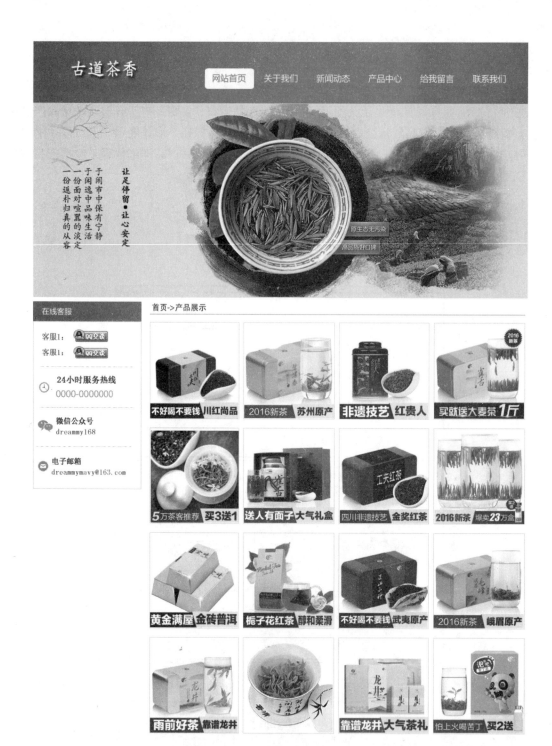

图 3-22

2. 设计"产品展示"内容页版面

"产品展示"内容页是图文并茂地展示产品详细内容的页面,对于产品的内容则是由网站后台进行发布并管理的,因此,在设计该页面的时候,尽量找到相关产品的内容信息,建议给出图文并茂的内容,这样有利于体现页面的效果。

(1)设计"产品展示"内容页版面结构草图(图3-23)

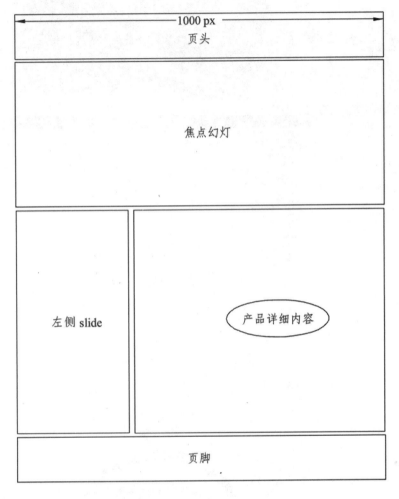

图 3-23

(2)设计"产品展示"内容页版面

内容版位上填充的内容应符合主题,尽量做到图文并茂。该版面如图3-24所示。

3.5 设计"给我留言"版面

该页面主要用于访问者向公司/企业留言,通过留言有利于公司/企业收集访问者或产品用户的反馈信息。在页面的结构上,与前面的页面结构相似:在留言信息上具有标题、称呼、手机、QQ、邮箱、内容等信息输入框。

1. 设计"给我留言"版面结构草图

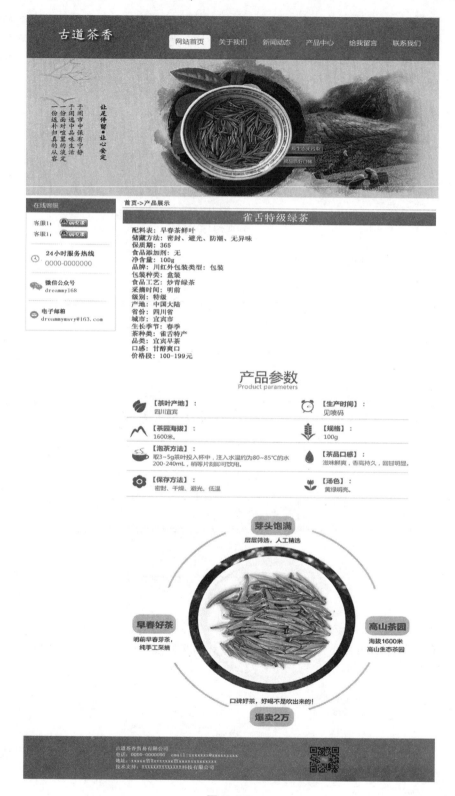

图 3-24

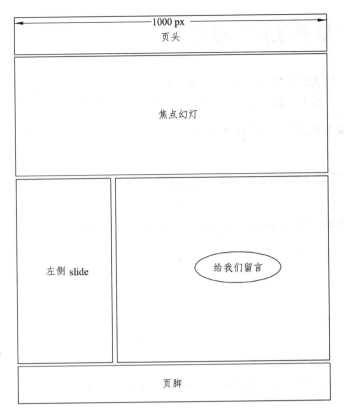

图 3-25

2. 设计"给我留言"版面

在设计该版面时,应用"*"符号标记必填的信息项,这样有利于提交用户的体验。该版面效果如图 3-26 所示。

图 3-26

3.6 设计"联系我们"版面

该页面的目的是更详细地向访问者呈现详细的联系信息，该页信息的内容通常包括公司名称、公司地址、联系人、联系电话、手机、电子邮箱、微信、地图等信息。

1. **设计"联系我们"版面结构草图**（图 3-27）

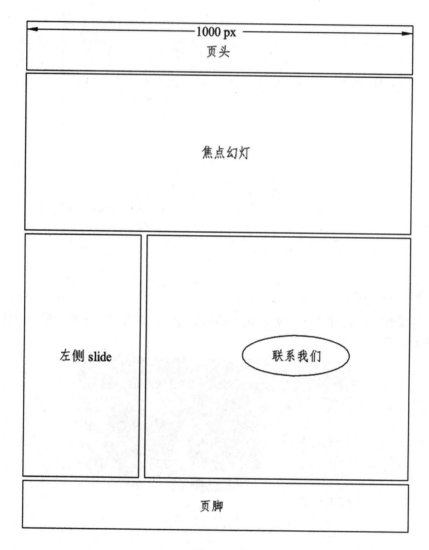

图 3-27

2. **设计"联系我们"版面**

在设计该版面时，应尽量多找到相关的联系我们类的图片素材，经过加工处理后用在版面设计上，另外，还可以在该页面显示公司或企业所在地的地图等信息。该版面设计出来的效果如图 3-28 所示。

图 3-28

任务 4　网站版面切图

能力目标

◎ 能够根据盒子模型知识分析页面版位结构。
◎ 能够根据网站版面图利用相关工具和网页设计技术形成静态页面。
◎ 培养学生良好的代码编写习惯和吃苦耐劳的精神。

知识目标

◎ 了解版面切图的内涵。
◎ 掌握版位的分析方法。
◎ 熟悉版面切图的过程及方法。
◎ 掌握 DIV+CSS 网页布局技术。
◎ 学会网页特效的应用。

4.1　版面切图概述

关于版面切图，没有统一的定义，但是在网站建设行业中，通常出现"切图"这个词。读者需要注意，"切图"这个词并不是传统意义的上切图，而是指把网站的版面图转换为静态页面的过程。当然，在转换的过程中需要使用相关的工具（如 Photoshop、Fireworks、Dreamweaver 等）和相关知识技术（如 HTML 语言、Javascript 语言、CSS、DIV+CSS 网页布局技术等）。在小型的网站建设公司或从事网站建设的科技公司，网页设计师（有些公司也称为美工）职位的工作职责就根据客户的需求设计网站的版面，并利用"切图"技术形成静态网页，而在大、中型的网站建设公司，按照工作过程划分的职位更细，如平面设计师（或界面设计师）主要负责设计网站的版面图，网页设计师则负责把网站版面图利用"切图"技术转换成静态网页。

4.2　"首页"版面切图

首页版面是我们切图的第 1 个页面，因此在切图前，应新建 1 个文件夹 web 存放相关的页面文件。为了更好地管理网站的文件，我们在 web 文件夹里分别创建 images、css、js、admin、 inc 文件夹，在 admin 文件夹里分别创建 images、js、CSS 文件夹。images 文件夹主要用来存放页面所用的图片，CSS 文件夹主要用来存放前端所产生的 CSS（层叠样式表）文件，js 文件夹主要用来存放前端使用的 Javascript 文件，admin 文件夹主要用来存放网站后台文件、inc 文件夹主要用来存放整个网站全局调用的文件（如网站的数据库连接文件等）。利用资源管理器查看 Web 目录结构如图 4-1 所示。

图 4-1

4.2.1 "页头"版位切图

4.2.1.1 "页头"版位分析

使用 Fireworks cs6 打开首页版面源文件进行分析，确定哪些图片是需要使用 web 工具箱的"切片"工具切出的（建议那些能通过非"切片"工具的尽量使用非切片的方式导出图片），同时使用相关工具（在 Fireworks cs6 中使用矢量工具箱的"度量工具"）确定该版位的尺寸。

（1）版位的尺寸。确定版位的高度，常用的方法有两种，一种是利用"度量工具"进行度量，得出该版位的高度是 120px，如图 4-2 所示。

图 4-2

另一种方法是，在首页源文件的页头版位处，点击该图层也可得知该版位的高度是 120px，如图 4-3 所示。

图 4-3

在后续的切图过程中，建议采用第 2 种方法更为便捷。对于该版位的宽度，最外层左右两边为自动伸展直至占满父级容器的宽度（此处父级元素为 body），主体内容宽度为 1000px。

（2）需切出或导出的图片

① 版位的背景。由分析可知，该版位的背景颜色无渐变变化或不规则的图案或底纹，因此，只需确定背景颜色即可，背景颜色为：#66973C。

② 网站的标题或 LOGO。通过分析版面图源文件可知，网站标题带有背影，因此，我们可直接选中复制后粘贴到创建的新文件，并将该文件的画布背景颜色设为"无"，此时的效果为 古道茶香，然后导出该图片（图片的类型为 png 格式）即可。因为背景颜色为纯色，所以也可以使用"切片"工具直接切出，图片名称为 LOGO.png。

③ 导航背景图 网站首页。当指针放到导航上时，将会出现白色的圆角矩形背景，我们操作的过程与网站标题或 LOGO 相同，保存为 menu_bg_h.png，建议用导出方法实现，这样在写 CSS 对该图片进行控制时会更容易些。

至此，"页头"版位该切出或导出的图片已完成。

4.2.1.2 编写代码实现"页头"效果

（1）使用 Dreamweaver 创建一个新网页，并取名为 index.Html，保存在 web 文件夹里，然后在<body>与</body>标签之间编写页头的结构与内容代码。代码如下：

```
1   <!doctype html>
2   <html>
3   <head>
4   <meta charset="utf-8">
5   <title>无标题文档</title>
6   <!—这里将使用链接式把 css 文件链接进来-->
7   </head>
8   <body>
9   <!--页头开始-->
10  <div class="top">
11  <div class="center">
12  <div class="logo"></div>
13  <div class="menu">
14  <a href="">网站首页</a>
15  <a href="">关于我们</a>
16  <a href="">新闻动态</a>
17  <a href="">产品展示</a>
18  <a href="">给我留言</a>
19  <a href="">联系我们</a>
20  </div>
21  </div>
22  </div>
23  <!--页头结束-->
24  </body>
25  </html>
```

（2）创建 CSS 文件"style.css"，并保存在路径"web/css"中，然后通过链接的方式把 CSS 文件引入到 index.html 页面中，引入的代码放在<head>与</head>标签之间即可。引入文件 style.css 的代码如下：

<link href="css/style.css" rel="stylesheet" type="text/css">

CSS 文件代码如下：

1 /*全局样式*/
2 * {padding: 0px; margin: 0px; }
3 a {text-decoration: none; color: #000; }
4 ul{list-style: none; }
5 /* 页头样式 */
6 .top {height: 120px; background: #66973C; }
7 .top.center {height: 120px; width: 1000px; margin: 0 auto; }
8 .top.center.logo {width: 141px; height: 42px; float: left; margin-top: 39px; }
9 .top.center.menu {width: 670px; height: 40px; float: right; }
10 .top.center.menu a {display: block; float: left; width: 110px; height: 40px; line-height: 40px; text-align: center; color: #FFF; margin-top: 40px; font-family: 微软雅黑; }
11 .top.center.menu a: hover {background: url(../images/menu_bg_h.png)center center no-repeat; color: #66973C; }

4.2.2 "焦点幻灯"版位切图

4.2.2.1 "焦点幻灯"版位分析

由首页源文件的"焦点幻灯"版位得知，背景颜色为#E6E4D5，版位的宽度为自适应，主体宽度为1000px，高度为380px，该张幻灯图片可直接使用"切片"工具切出以"banner1.jpg"为文件名保存在路径"web/images"中，切出的图片如图4-4所示。

图4-4

4.2.2.2 编写代码实现"焦点幻灯"效果

（1）引入焦点幻灯

幻灯的效果为淡入淡出切换图片，该效果可以直接从网上截下来研究使用，如赖人图库（网址：http://www.lanrentuku.com/）上就非常多网页设计类的素材，建议读者平时多注意收集各类网页效果素材，然后进行研究，至少得学会如何修改使用。以下是一个焦点幻灯的素材，它主要由网页文件 index.html、图片文件（存放于 images 文件夹）、js 文件（存放于 js 文件夹）和 CSS 文件（存放于 CSS 文件夹）组成，如图 4-5 所示。

图 4-5

我们使用工具 Dreamweaver 或其它网页设计工具打开 index.html 文件并进行分析。代码如下：

1   <!DOCTYPE html PUBLIC "-//W3C//DTD XHTML 1.0 Transitional//EN" "http：//www.w3.org/TR/xhtml1/DTD/xhtml1-transitional.dtd">
2   <html xmlns="http：//www.w3.org/1999/xhtml">
3   <head>
4   <meta http-equiv="Content-Type" content="text/html；charset=gb2312" />
5   <link rel="stylesheet" type="text/css" href="css/jquery.jslides.css" media="screen" />
6   <script type="text/javascript" src="js/jquery-1.8.0.min.js"></script>
7   <script type="text/javascript" src="js/jquery.jslides.js"></script>
8   <title>自适应横向宽屏幻灯片代码</title>
9   </head>
10   <body>
11   <!-- 代码开始 -->
12   <div id="full-screen-slider">
13   <ul id="slides">
14   <li style="background：url（'images/01.jpg'）no-repeat center top">
15   <a href="" target="_blank">第一张焦点幻灯的标题</a>
16   </li>
17   <li style="background：url（'images/02.jpg'）no-repeat center top">
18   <a href="" target="_blank">第二张焦点幻灯的标题</a>
19   </li>
20   </ul>
21   </div>
22   <!-- 代码结束 -->
23   </body>
24   </html>

上述代码中，第 5 行是焦点幻灯所引用的 CSS 文件，第 6 行和第 7 行是焦点幻灯所引用的 js 文件，第 12 到 21 行是在页面中输出焦点幻灯的代码，若有多张幻灯图片，可按照第 14 至 16 行的代码格式重复添加进去即可。

分析如下代码：

<li style="background：url（'images/01.jpg'）no-repeat center top">
<a href="" target="_blank">第一张焦点幻灯的标题</a>
</li>

可知，焦点幻灯图片是以背景图片的方式使用，超链接标签的 href 属性则是点击该张焦点图的链接地址，<a>与</a>之间的文本则是幻灯的标题。

怎样将这个焦点幻灯效果应用到我们设计的网页上呢？

首先，要将相关的文件以"对号入座"的方式复制到我们前期创建的 web 文件夹内，即把文件夹"焦点幻灯效果（用于首页焦点幻灯版位）"中的 CSS 文件、js 文件以及图片文件等分别复制到 web 文件里的 CSS 文件夹、js 文件夹和 images 文件夹中。

接着，把"焦点幻灯"文件夹里 index.html 的第 6~7 行拷贝到 web 文件夹中 index.html 文件的<head>与</head>标签之间，把焦点幻灯"文件夹中 index.html 文件的第 12 行至 21 行代码拷贝到 web 文件夹中 index.html 文件"页头"版位代码的下方。此时，首页 index.html 的代码如下：

```
1    <!doctype html>
2    <html>
3    <head>
4    <meta charset="utf-8">
5    <title>无标题文档</title>
6    <link href="css/style.css" rel="stylesheet" type="text/css">
7    <link rel="stylesheet" type="text/css" href="css/jquery.jslides.css" media="screen" />
8    <script type="text/javascript" src="js/jquery-1.8.0.min.js"></script>
9    <script type="text/javascript" src="js/jquery.jslides.js"></script>
10   </head>
11   <body>
12   <!--页头开始-->
13   <div class="top">
14   <div class="center">
15   <div class="logo"><img src="images/logo.png" width="141" height="42"></div>
16   <div class="menu">
17   <a href="#">网站首页</a>
18   <a href="#">关于我们</a>
19    <a href="#">新闻动态</a>
20   <a href="#">产品展示</a>
21   <a href="#">给我留言</a>
22   <a href="#">联系我们</a>
23   </div>
24   </div>
25   </div>
26   <!--页头结束-->
27   <!--焦点幻灯开始-->
28   <div id="full-screen-slider">
29   <ul id="slides">
```

30 <li style="background：url（'images/01. jpg'）no-repeat center top">
31 <a href="" target="_blank">第一张焦点幻灯的标题</a>
32 </li>
33 <li style="background：url（'images/02. jpg'）no-repeat center top">
34 <a href="" target="_blank">第二张焦点幻灯的标题</a>
35 </li>
36 </ul>
37 </div>
38 <!--焦为幻灯结束-->
39 </body>
40 </html>

使用浏览器打开网页文件 index. html，看到效果如图 4-6 所示，说明焦点幻灯引入成功，但细节方面还需要修改。

图 4-6

（2）修改细节，整合古道茶香网站页面

打开所引入的 jquery. jslides. CSS 文件，删除第 1 行，将样式属性"background：#E6E4D5；"增加到复合选择器#full-screen-slider 中，修改复合选择器#full-screen-slider 和 id 选择器#slides 中的"height：396px"为"height：380px"，把 id 选择器#slides 中的"width：100%"改为"width：1000px"，此时，页面的效果如图 4-7 所示。

图 4-7

最后再设计一张"焦点幻灯"版位的图片,切出后替换现有的这两张焦点幻灯图片,至此"焦点幻灯"版位切图已完成,效果如图 4-8 和图 4-9 所示。

图 4-8

图 4-9

4.2.3 "新闻动态、关于我们、最新产品"形成横向版位切图

4.2.3.1 版位分析

通过分析版面源文件可知:

(1)横向版位与"新闻动态""关于我们""最新产品"版位的关系是包含与被包含的关系,用盒子模型表示如图 4-10 所示。

图 4-10

（2）"模向版位"的宽度为1000px，高度为310px。

（3）"新闻动态"版位和"最新产品"版位的宽度为300px，高度为310px

（4）"关于我们"版位的宽度为380px，高度为310 px，它与左、右盒子的间距为10px。

4.2.3.2 切出（或导出）该版位图片（注：图片均保存在web文件夹中的images文件夹里）

（1）"新闻动态"版位中，导出图片 ，图片类型为jpg，文件名为news_thumbnail.jpg；导出图片 ，图片类型为"png"，文件名为more.png。

（2）"关于我们"版位中，导出图片 ，图片类型为"jpg"，文件名为about_img.jpg。

（3）"最新产品"版位中，导出图片 ，图片类型为"jpg"，文件名为produce_thumbnail_1.jpg。

至此，该横向版位需导出的图片已完成，接下来编写该版位的结构与内容了。

4.2.3.3 编写该横向版位的结构与内容代码

```
1    <!--"新闻动态、关于我们、最新产品"形成的横向区域开始-->
2    <div class="container">
3    <!--新闻动态-->
4    <div class="news">
5    <div class="n_top">
6    <div class="cat_title">新闻中心</div>
7    <div calss="more">更多</div>
8    </div>
9    <div class="n_center"><img src="images/news_thumbnail.jpg" width="111" height="90"><div>近期，知名品牌厂商不断有高性价比的新茶上市，茶业门户网站及微信公众平台也频频举行各类团购茶样派发活动，爱茶人士只需稍加留心...</div></div>
10   <div class="n_bottom"><a href="#">养生茶，喝出男性健康</a><a href="#">茶事起源"六朝以前的茶事"</a><a href="#">红碎茶红艳的颜色、鲜爽的香气和很高的营养价值</a><a href="#">中国古代史料中的茶字和世界各国对茶字的音译</a><a href="#">茶是用来喝的一杯陈年普洱味道</a></div>
11   </div>
12   <!--关于我们-->
13   <div calss="about">
14   <div class="a_top">
15   <div class="cat_title">关于我们</div>
16   </div>
17   <div class="a_center"><img src="images/about_img.jpg" width="381" height="148"></div>
```

18   <div calss="a_bottom">古道茶香贸易有限公司,是中国最大的茶叶经营企业和全球最大的绿茶出口企业。其前成立于 1950 年,该公司致力于为全球客户提供绿色、健康、优质的茶叶饮品。以茶为主、贸工结合、多元发展,产品覆盖茶叶、茶制品、茶叶机械、有机农产品等,销售网络遍及全球六十多个国家和地区…[详细]</div>

19   </div>

20   <!--最新产品-->

21   <div class="produce">

22   <div class="n_top">

23   <div class="cat_title">新闻中心</div>

24   <div calss="more">更多</div>

25   </div>

26   <div class="n_center">

27   <!--这里是产品缩略图轻播效果-->

28   </div>

29   </div>

30   </div>

31   <!--"新闻动态、关于我们、最新产品"形成的横向区域结束-->

在最新产品版位中,由于使用轮播的方式展示最新产品的缩略图,所以在该版位中,引入焦点幻灯效果。效果代码见"教材素材"文件夹中的"焦点幻灯效果(用于首页最新产品)",使用的方法与首页"焦点幻灯"版位相似,打开"焦点幻灯效果(用于首页最新产品)"文件夹,将看如到如下的目录结构:

名称	修改日期	类型	大小
images	2016/4/6 23:33	文件夹	
js	2016/4/6 23:33	文件夹	
focus.html	2016/4/6 23:31	360 se HTML Do...	3 KB

接着,把该效果所需的图片与 js 文件复制到 web 文件夹的相应文件夹中,由于前面"焦点幻灯"版位已将 jquery 库文件引入,所以这里不必将文件 jquery1.42.min.js 复制过去,最后使用 Dreamweaver 工具打开 focus.html 文件,将以下的代码复制到"最新产品"版位中的<div class="p_bottom">与</div>之间。

```
32        <div id="slideBox" class="slideBox">
33            <div class="bd">
34                <ul>
35                    <li><a href="" target="_blank"><img src="images/pic1.jpg" /></a></li>
36                    <li><a href="" target="_blank"><img src="images/pic2.jpg" /></a></li>
37                    <li><a href="" target="_blank"><img src="images/pic3.jpg" /></a></li>
38                </ul>
39            </div>
40        </div>
41        <script type="text/javascript">
42        jQuery(".slideBox").slide({mainCell:".bd ul",effect:"left",autoPlay:true});
43        </script>
```

操作完成后并适当修改该版位的代码,代码如下:

1　　`<!--最新产品-->`
2　　`<div class="produce">`
3　　`<div class="p_top">`
4　　`<div class="cat_title">`最新产品`</div>`
5　　`<div class="more"><a href="">`更多`</a></div>`
6　　`</div>`
7　　`<div class="p_bottom">`
8　　`<!--`这里是产品缩略图轻播效果`-->`
9　　`<div id="slideBox" class="slideBox">`
10　`<div class="bd">`
11　`<ul>`
12　`<li><a href="" target="_blank"><img src="images/produce_thumbnail_1.jpg" width="300" height="270" /></a></li>`
13　`<li><a href="" target="_blank"><img src="images/produce_thumbnail_2.jpg" width="300" height="270" /></a></li>`
14　`</ul>`
15　`</div>`
16　`</div>`
17　`<script type="text/javascript">`
18　jQuery(".slideBox").slide({mainCell:".bd ul",effect:"left",autoPlay:true});
19　`</script>`
20　`</div>`
21　`</div>`

最后,将 js 文件 jquery.SuperSlide.2.1.1.js 引入到页面中。

至此,该整个横向版位的结构与内容代码编写完成,下一步将编写 CSS 实现该版位的具体表现。

4.2.3.4　编写 CSS 代码实现版位的具体表现

我们按照从左至右的版位顺序编写 CSS 代码,实现整个横向版位的效果。具体代码如下:

1　　/*新闻动态、关于我们、最新产品"形成的横向区域*/
2　　.container{width:1000px;height:310px;margin:0 auto;clear:both;}
3　　/*新闻动态*/
4　　.container.news{width:300px;height:310px;float:left;}
5　　.container.news.n_top{height:35px;border-bottom:1px solid #999;}
6　　.container.news.n_top.cat_title{float:left;height:35px;line-height:35px;font-size:15px;font-weight:bold;}
7　　.container.news.n_top.more a{width:50px;text-align:center;background:url(../images/more.png)center center no-repeat;height:35px;line-height:35px;float:right;font-size:

12px；color：#FFF；}

8 .container.news.n_center{height：100px；padding-top：5px；}

9 .container.news.n_center img{float：left；margin-right：5px；margin-top：5px；}

10 .container.news.n_center div{font-size：12px；line-height：20px；}

11 .container.news.n_bottom{height：155px；margin-top：10px；}

12 .container.news.n_bottom a{display：block；height：28px；line-height：28px；font-size：13px；color：#333；border-bottom：1px dotted #CCCCCC；}

13 /*关于我们*/

14 .container.about{width：380px；height：310px；float：left；margin-left：10px；}

15 .container.about.a_top{height：35px；border-bottom：1px solid #999；}

16 .container.about.a_top.cat_title{float：left；height：35px；line-height：35px；font-size：15px；font-weight：bold；}

17 .container.about.a_center{margin：5px auto；}

18 .container.about.a_bottom{font-size：13px；line-height：20px；text-indent：2em；margin-top：5px；}

19 /* 最新产品*/

20 .container.produce{width：300px；height：310px；float：right；}

21 .container.produce.p_top{height：35px；border-bottom：1px solid #999；}

22 .container.produce.p_top.cat_title{float：left；height：35px；line-height：35px；font-size：15px；font-weight：bold；}

23 .container.produce.p_top.more a{width：50px；text-align：center；background：url（../images/more.png）center center no-repeat；height：35px；line-height：35px；float：right；font-size：12px；color：#FFF；}

24 .container.produce.p_bottom{height：270px；margin-top：5px；}

25 /*图片切换*/

26 .slideBox{ width：300px；height：270px；overflow：hidden；position：relative；}

27 .slideBox.hd{ height：15px；overflow：hidden；position：absolute；right：5px；bottom：5px；z-index：1；}

28 .slideBox.hd ul{ overflow：hidden；zoom：1；float：left；}

29 .slideBox.hd ul li{ float：left；margin-right：2px；width：15px；height：15px；line-height：14px；text-align：center；background：#fff；cursor：pointer；}

30 .slideBox.hd ul li.on{ background：#f00；color：#fff；}

31 .slideBox.bd{ position：relative；height：100%；z-index：0；}

32 .slideBox.bd li{ zoom：1；vertical-align：middle；}

33 .slideBox.bd img{ width：300px；height：270px；display：block；border：0px；}

以上代码的第 27~35 行，是直接从最新产品焦点幻灯图果 css 代码拷贝过来，当然也可单独形成该焦点幻灯所用的 CSS 文件，然后再将该 CSS 文件使用链接的方式引入。该横向版位的效果如图 4-11 所示。

图 4-11

4.2.4 "页尾"版位切图

4.2.4.1 版位分析

通过分析首页版面源文件可知,该版位的宽度为自适应,主体内容盒子的宽度为1000px,并且居中对齐,高度为120px,版位背景颜色为#66973C,该版位的盒子模型如图 4-12 所示。

| 版权等文本信息 | 二维码图片 |

图 4-12

4.2.4.2 切出(导出)该版位的图片

该版位需切出(或导出)的图片仅有一张,导出的图片类型为 png,文件名为 ewm.png。

4.2.4.3 编写该版位的结构与内容代码

```
1   <!--页尾开始-->
2   <div class="footer">
3     <div class="center_box">
4       <div class="text">
5       古道茶香贸易有限公司<br />
6       电话:0000-0000000    email:xxxxxxx@xxxxxxxxx<br />
7       地址:xxxxx 省 Xxxxxxx 市 xxxxxxxxxxxxx<br />
8       技术支持:XXXXXXXXXXXXXX科技有限公司
9       </div>
10      <div class="ewm">
11        <img src="images/ewm.png" alt="" />
12      </div>
```

13   </div>

14   </div>

15   <!--页尾结束-->

4.2.4.4　编写 CSS 代码实现"页尾"版位的具体表现

1　　/*页尾*/

2　　.footer{height：120px；background：#66973C；clear：both；}

3　　.footer.center_box{width：1000px；height：120px；margin：0 auto；}

4　　.footer.center_box.text{height：105px；color：#FFF；float：left；line-height：23px；font-size：13px；padding-top：15px；padding-left：120px；}

5　　.footer.center_box.ewm{height：95px；float：right；text-align：center；padding-right：120px；padding-top：25px；}

该版位的效果如图 4-13 所示。

图 4-13

至此，首页的版面切图已完成。

首页文件 index.html 的完整代码如下：

1   <!doctype html>

2   <html>

3   <head>

4   <meta charset="utf-8">

5   <title>无标题文档</title>

6   <link href="css/style.css" rel="stylesheet" type="text/css">

7   <link rel="stylesheet" type="text/css" href="css/jquery.jslides.css" media="screen" />

8   <script type="text/javascript" src="js/jquery-1.8.0.min.js"></script>

9   <script type="text/javascript" src="js/jquery.jslides.js"></script>

10   <script type="text/javascript" src="js/jquery.SuperSlide.2.1.1.js"></script>

11   </head>

12   <body>

13   <!--页头开始-->

14   <div class="top">

15   <div class="center">

16   <div class="logo"><img src="images/logo.png" width="141" height="42"></div>

17   <div class="menu"><a href="index.html">网站首页</a><a href="about.html">关于我们</a><a href="article_list.html">新闻动态</a><a href="produce_list.html">产品展示</a><ahref="guestbook.html">给我留言</a><a href="contact.html">联系我们</a></div>

18   </div>

19   </div>

20   <!--页头结束-->
21   <!--焦点幻灯开始-->
22   <div id="full-screen-slider">
23   <ul id="slides">
24   <li style="background：url（'images/banner1.jpg'）no-repeat center top"><a href="" target="_blank">第一张焦点幻灯的标题</a></li>
25   <li style="background：url（'images/banner2.jpg'）no-repeat center top"><a href="" target="_blank">第二张焦点幻灯的标题</a></li>
26   </ul>
27   </div>
28   <!--焦为幻灯结束-->
29   <!--"新闻动态、关于我们、最新产品"形成的横向区域开始-->
30   <div class="container">
31   <!--新闻动态-->
32   <div class="news">
33   <div class="n_top">
34   <div class="cat_title">新闻中心</div>
35   <div class="more"><a href="">更多</a></div>
36   </div>
37   <div class="n_center"><img src="images/news_thumbnail.jpg" width="111" height="90">
38   <div><span style="font-weight：bold；">爱茶人士注意啦</span>
近期，知名品牌厂商不断有高性价比的新茶上市，茶业门户网站及微信公众平台也频频举行各类团购茶样派发活...[<a href="">详细</a>]
39   </div>
40   </div>
41   <div class="n_bottom"><a href="#">养生茶，喝出男性健康</a><a href="#">茶事起源"六朝以前的茶事"</a><a href="#">红碎茶红艳的颜色、鲜爽的香气和很高的营养价值</a><a href="#">中国古代史料中的茶字和世界各国对茶字的音译</a><a href="#">茶是用来喝的一杯陈年普洱味道</a></div>
42   </div>
43   <!--关于我们-->
44   <div class="about">
45   <div class="a_top">
46   <div class="cat_title">关于我们</div>
47   </div>
48   <div class="a_center"><img src="images/about_img.jpg" width="381" height="148"></div>
49   <div class="a_bottom">古道茶香贸易有限公司,是中国最大的茶叶经营企业和全球最大的绿茶出口企业，其前身是成立于1950年，该公司致力于为全球客户提供绿色、健康、优质的茶叶饮品。以茶为主、贸工结合、多元发展，产品覆盖茶叶、茶制品、茶叶机械、有机农产品等，销售网络遍及全球六十多个国家和地区...[详细] </div>

```
50    </div>
51    <!--最新产品-->
52    <div class="produce">
53    <div class="p_top">
54    <div class="cat_title">最新产品</div>
55    <div class="more"><a href="">更多</a></div>
56    </div>
57    <div class="p_bottom">
58    <!--这里是产品缩略图轻播效果-->
59    <div id="slideBox" class="slideBox">
60    <div class="bd">
61    <ul>
62    <li><a href="" target="_blank"><img src="images/produce_thumbnail_1.jpg" width="270" height="270" /></a></li>
63    <li><a href="" target="_blank"><img src="images/produce_thumbnail_2.jpg" width="270" height="270" /></a></li>
64    </ul>
65    </div>
66    </div>
67    <script type="text/javascript">
68    jQuery(".slideBox").slide({mainCell：".bd ul", effect："left", autoPlay：true});
69    </script>
70    </div>
71    </div>
72    </div>
73    <!--"新闻动态、关于我们、最新产品"形成的横向区域结束-->
74    <!--页尾开始-->
75    <div class="footer">
76    <div class="center_box">
77    <div class="text">
78    古道茶香贸易有限公司<br />
79    电话：0000-0000000    e-mail：xxxxxxx@xxxxxxxxx<br />
80    地址：xxxxx省Xxxxxxxx市xxxxxxxxxxxxx<br />
81    技术支持：XXXXXXXXXXXXX科技有限公司<br />
82    友情链接：<a href="">中国茶叶网</a>  <a href="">茶文艺网</a>
83    </div>
```

84 <div class="ewm">

85 <img src="images/ewm.png" alt="" />

86 </div>

87 </div>

88 </div>

89 <!--页尾结束-->

90 </body>

91 </html>

首页（index.html）完整的css代码（含全局样式代码）如下：

1 /*全局样式*/

2 *{padding：0px；margin：0px；}

3 a{text-decoration：none；color：#000；}

4 ul{list-style：none；}

5 /* 页头样式 */

6 .top{height：120px；background：#66973C；}

7 .top.center{height：120px；width：1000px；margin：0 auto；}

8 .top.center.logo{width：141px；height：42px；float：left；margin-top：39px；}

9 .top.center.menu{width：670px；height：40px；float：right；}

10 .top.center.menu a{display：block；float：left；width：110px；height：40px；line-height：40px；text-align：center；color：#FFF；margin-top：40px；font-family：微软雅黑；}

11 .top.center.menu a:hover{background：url（../images/menu_bg_h.png）center center no-repeat；color：#66973C；}

12

13 /*新闻动态、关于我们、最新产品"形成的横向区域*/

14 .container{width：1000px；height：310px；margin：0 auto；clear：both；margin：10px auto；}

15 /*新闻动态*/

16 .container.news{width：300px；height：310px；float：left；}

17 .container.news.n_top{height：35px；border-bottom：1px solid #999；}

18 .container.news.n_top.cat_title{float：left；height：35px；line-height：35px；font-size：15px；font-family：微软雅黑；}

19 .container.news.n_top.more a{width：50px；text-align：center；background：url（../images/more.png）center center no-repeat；height：35px；line-height：35px；float：right；font-size：12px；color：#FFF；}

20 .container.news.n_center{height：100px；padding-top：5px；}

21 .container.news.n_center img{float：left；margin-right：5px；margin-top：5px；}

22 .container.news.n_center div{font-size：12px；line-height：20px；}

23 .container.news.n_bottom{height：155px；margin-top：10px；}

24 .container.news.n_bottom a{display：block；height：28px；line-height：28px；font-size：

13px；color：#333；border-bottom：1px dotted #CCCCCC；}

25　/*新闻动态*/

26　.container.about{width：380px；height：310px；float：left；margin-left：10px；}

27　.container.about.a_top{height：35px；border-bottom：1px solid #999；}

28　.container.about.a_top.cat_title{float：left；height：35px；line-height：35px；font-size：15px；font-family：微软雅黑；}

29　.container.about.a_center{margin：5px auto；}

30　.container.about.a_bottom{font-size：13px；line-height：20px；text-indent：2em；margin-top：5px；}

31　/* 最新产品*/

32　.container.produce{width：300px；height：310px；float：right；}

33　.container.produce.p_top{height：35px；border-bottom：1px solid #999；}

34　.container.produce.p_top.cat_title{float：left；height：35px；line-height：35px；font-size：15px；font-family：微软雅黑；}

35　.container.produce.p_top.more a{width：50px；text-align：center；background：url（../images/more.png）center center no-repeat；height：35px；line-height：35px；float：right；font-size：12px；color：#FFF；}

36　.container.produce.p_bottom{height：270px；margin-top：5px；}

37　/*图片切换*/

38　.slideBox{ width:270px;height:270px;overflow:hidden;position:relative;margin-left:15px;}

39　.slideBox.hd{ height:15px;overflow:hidden;position:absolute;right:5px;bottom:5px;z-index:1; }

40　.slideBox.hd ul{ overflow:hidden;zoom:1;float:left;　}

41　.slideBox.hd ul li{ float:left;margin-right:2px; width:15px;height:15px;line-height:14px;text-align:center;background:#fff;cursor:pointer;}

42　.slideBox.hd ul li.on{ background:#f00;color:#fff;}

43　.slideBox.bd{ position:relative; height:100%; z-index:0;　}

44　.slideBox.bd li{ zoom:1; vertical-align:middle;}

45　.slideBox.bd img{ width:300px; height:270px; display:block; border:0px;}

46　/*页尾*/

47　.footer{height：120px；background：#66973C；clear：both；}

48　.footer.center_box{width：1000px；height：120px；margin：0 auto；}

49　.footer.center_box.text{height：105px；color：#FFF；float：left；line-height：20px；font-size：13px；padding-top：13px；padding-left：120px；}

50　.footer.center_box.text a{color：#FFF；font-size：13px；}

51　.footer.center_box.ewm{height：95px；float：right；text-align：center；padding-right：

120px; padding-top: 25px; }

52 /*"关于我们页面、新闻动态页面、产品展示页面、给我留言页面、联系我们页面"共用部分样式-------------------------------------*/

53 .main{width: 1000px; min-height: 360px; height: auto; margin: 0 auto; }

54 /*slide*/

55 .slide{height: 360px; width: 220px; float: left; border: 1px solid #66973C; margin-top: 5px; margin-bottom: 5px; }

56 .slide.cat_title{height: 40px; line-height: 40px; padding-left: 20px; font-size: 14px; color: #FFF; font-weight: bold; background-color: #66973C; }

57 .slide.qq{height: 85px; width: 190px; border-bottom: 1px dotted #D6D6D6; margin: 0 auto; padding-left: 10px; font-size: 14px; margin-top: 15px; }

58 .slide.qq div{height: 42px; line-height: 42px; margin: 0 auto; }

59 .slide.service{height: 58px; line-height: 24px; width: 160px; border-bottom: 1px dotted #66973C; margin: 0 auto; padding-top: 10px; background: url(../images/clock.jpg)8px center no-repeat; padding-left: 40px; }

60 .slide.service.title{font-weight: bold; font-size: 14px; }

61 .slide.service.detail{color: #F63; font-size: 14px;; }

62 .slide.weixin{height: 58px; line-height: 24px; width: 160px; border-bottom: 1px dotted #66973C; margin: 0 auto; padding-top: 10px; background: url(../images/weixin.jpg)8px center no-repeat; padding-left: 40px; }

63 .slide.weixin.title{font-weight: bold; font-size: 14px; }

64 .slide.weixin.detail{color: #000; font-size: 13px; font-weight: 100; }

65 .slide.email{height: 58px; line-height: 24px; width: 160px; border-bottom: 1px dotted #D6D6D6; margin: 0 auto; padding-top: 10px; background: url(../images/email.jpg)8px center no-repeat; padding-left: 40px; }

66 .slide.email.title{font-weight: bold; font-size: 14px; }

67 .slide.email.detail{color: #000; font-size: 13px; font-weight: 100; }

68 /*right*/

69 .right{min-height: 360px; height: auto; width: 760px; float: right; }

70 .right.submenu{height: 30px; line-height: 30px; width: 750px; border-bottom: 1px solid #666; padding-left: 10px; }

71 .right.submenu a{font-size: 14px; color: #000; font-size: 13px; }

通过浏览器打开首页文件 index.html，所看到的效果如图 4-14 和图 4-15 所示。

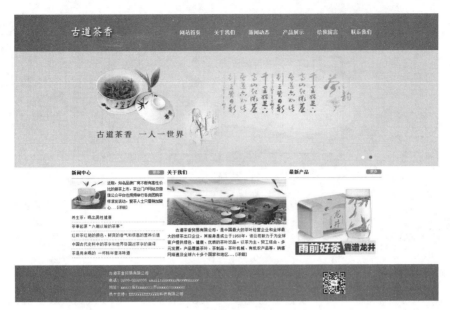

图 4-14

图 4-15

4.3 "关于我们"版面切图

由版面源文件可知,"关于我们"版面的"页头"版位、"焦点幻灯"版位和"页尾"版位与首页相同,因此,该页面只需完成左侧的"slide"版位和右侧"关于我们"内容版位切图即可,它们形成的盒子模型如图 4-16 所示。

图 4-16

4.3.1 "slide"版位切图

4.3.1 版位分析

通过分析版面源文件可知，该版位的宽度为220px，高度为360px，该版位的盒子模型如图 4-17 所示。

图 4-17

4.3.1.2 切出（或导入）该版位的图片

（1）QQ 在线客服图标，只要来源于 QQ 在线客服的 api，因此无需导出该图标。

（2）时钟小图标 🕐 ，导出图片为 clock.jpg。

（3）微信图标 💬 ，导出图片为 weixin.jpg。

（4）电子邮箱图标 ✉ ，导出图片为 email.jpg。

4.3.1.3 编写该版位结构与内容代码

1　<!--about_main 开始-->
2　<div class="about_main">
3　<!--左侧 slide-->
4　<div class="slide">
5　<div class="cat_title">在线客服</div>

6 <div class="qq">

7 <div>客服 1:<img style="CURSOR: pointer" onclick="javascript: window. open('http: //b. qq. com/webc. htm?new=0&sid=382526903&o=http: //&q=7', '_blank', 'height=502, width=644, toolbar=no, scrollbars=no, menubar=no, status=no'); " border="0" SRC=http: //wpa. qq. com/pa?p=1: 382526903: 7 alt="欢迎咨询"></div>

8 <div>客服 2:<img style="CURSOR: pointer" onclick="javascript: window. open('http: //b. qq. com/webc. htm?new=0&sid=382526903&o=http: //&q=7', '_blank', 'height=502, width=644, toolbar=no, scrollbars=no, menubar=no, status=no'); " border="0" SRC=http: //wpa. qq. com/pa?p=1: 382526903: 7 alt="欢迎咨询"></div>

9 </div>

10 <div class="service">

11 <span class="title">24 小时服务热线</span>

12 <span class="detail">0000-0000000</span>

13 </div>

14 <div class="weixin">

15 <span class="title">微信公众号

16 <span class="detail">dreammy168</span>

17 </div>

18 <div class="e-mail">

19 <span class="title">电子邮箱

20 <span class="detail">dreammymavy@163. com</span>

21 </div>

22 </div>

23

30 </div>

31 <!--about_main 结束-->

上述第 7 行和第 8 行的代码为 QQ 在线客服调用代码,可以直接到腾讯客户管理系统的在线状态页面(http: //bizapp. qq. com/webpres. htm)进行设置并生成网页代码,如图 4-18 所示。

4.3.1.4　编写 CSS 实现该版位的具体表现

1 /*关于我们页面--*/

2 . about_main{width: 1000px; min-height: 360px; height: auto; margin: 0 auto; }

3 /*slide*/

4 . about_main. slide{height: 360px; width: 220px; float: left; border: 1px solid #CCC; margin-top: 5px; margin-bottom: 5px; }

5 . about_main. slide. cat_title{height:40px;line-height:40px;padding-left:20px;font-size: 14px; color: #FFF; font-weight: bold; background-color: #66973C; }

6 . about_main. slide. qq{height: 85px; width: 190px; border-bottom: 1px dotted #D6D6D6; margin: 0 auto; padding-left: 10px; font-size: 14px; margin-top: 15px; }

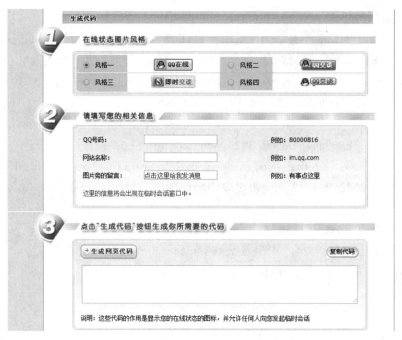

图 4-18

7．about_main. slide. qq div{height：42px；line-height：42px；margin：0 auto；}

8．about_main. slide. service{height：58px；line-height：24px；width：160px；border-bottom：1px dotted #66973C；margin：0 auto；padding-top：10px；background：url（../images/clock. jpg）8px center no-repeat；padding-left：40px；}

9．about_main. slide. service. title{font-weight：bold；font-size：14px；}

10．about_main. slide. service. detail{color：#F63；font-size：bold；font-family：Arial，Helvetica，sans-serif；font-size：14px；；}

11．about_main. slide. weixin{height：58px；line-height：24px；width：160px；border-bottom：1px dotted #66973C；margin：0 auto；padding-top：10px；background：url（../images/weixin. jpg）8px center no-repeat；padding-left：40px；}

12．about_main. slide. weixin. title{font-weight：bold；font-size：14px；}

13．about_main. slide. weixin. detail{color：#000；font-size：bold；font-family：Arial，Helvetica，sans-serif；font-size：13px；}

14．about_main. slide. email{height：58px；line-height：24px；width：160px；border-bottom：1px dotted #D6D6D6；margin：0 auto；padding-top：10px；background：url（../images/email. jpg）8px center no-repeat；padding-left：40px；}

15．about_main. slide. email. title{font-weight：bold；font-size：14px；}

16．about_main. slide. email. detail{color：#000；font-size：bold；font-family：Arial，Helvetica，sans-serif；font-size：13px；}

上述第 2 行代码中，min-height：360px 主要用于设置最小的高度，当 about_main 盒子里面的内容高度小于 360px，about_main 盒子的高度是 360px，若 about_main 盒子里面的内容高度大于 360px 时，about_main 盒子的高度由实际高度决定。

4.3.2 "关于我们"内容版位切图

4.3.2.1 版位分析

由该版面的源文件可知,该版位的盒子模型如图 4-19 所示。

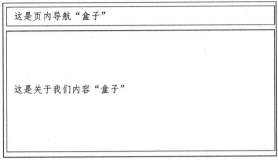

这是"关于我们内容"版位最外层"盒子"

图 4-19

4.3.2.2 切出(或导入)该版位的图片

该版位没有需要切出(或导入)的图片。

4.3.2.3 编写结构与内容代码

1　<!--关于我们内容-->
2　<div class="right">
3　<div class="submenu"><a href="">首页</a>->关于我们</div>
4　<div class="content">关于我们内容。
5　</div>
6　</div>

上述代码放于 slide 版位的结构内容代码的第 22 行代码后。

4.3.2.4 编写 CSS 实现该版位的具体表现

1　/*right*/
2　.about_main .right{min-height：360px；height：auto；width：760px；float：right；}
3　.content{padding：5px；line-height：22px；font-size：13px；text-indent：2em；}
4　/*内页导航--*/
5　.submenu{height：30px；line-height：30px；width：750px；border-bottom：1px solid #666；padding-left：10px；}
6　.right .submenu a{font-size：14px；}

上述代码第 4~6 行为内页导航代码,因为在后面的页面中仍然多次使用到页内导航,因此,将页内导航的样式独立出来以便使用。

至此，该页面的切图就完成了。

关于我们页面（about.html）的完整代码如下：

1　　<!doctype html>
2　　<html>
3　　<head>
4　　<meta charset="utf-8">
5　　<title>无标题文档</title>
6　　<link href="css/style.css" rel="stylesheet" type="text/css">
7　　<link rel="stylesheet" type="text/css" href="css/jquery.jslides.css" media="screen" />
8　　<script type="text/javascript" src="js/jquery-1.8.0.min.js"></script>
9　　<script type="text/javascript" src="js/jquery.jslides.js"></script>
10　<script type="text/javascript" src="js/jquery.SuperSlide.2.1.1.js"></script>
11　</head>
12　<body>
13　<!--页头开始-->
14　<div class="top">
15　<div class="center">
16　<div class="logo"><img src="images/logo.png" width="141" height="42"></div>
17　<div class="menu"><a href="#">网站首页</a><a href="#">关于我们</a><a href="#">新闻动态</a><a href="#">产品展示</a><a href="#">给我留言</a><a href="#">联系我们</a></div>
18　</div>
19　</div>
20　<!--页头结束-->
21　<!--焦点幻灯开始-->
22　<div id="full-screen-slider">
23　<ul id="slides">
24　<li style="background：url（'images/banner1.jpg'）no-repeat center top"><a href="" target="_blank">第一张焦点幻灯的标题</a></li>
25　<li style="background：url（'images/banner2.jpg'）no-repeat center top"><a href="" target="_blank">第二张焦点幻灯的标题</a></li>
26　</ul>
27　</div>
28　<!--焦为幻灯结束-->
29　<!--about_main 开始-->
30　<div class="about_main">
31　<!--左侧 slide-->
32　<div class="slide">
33　<div class="cat_title">在线客服</div>

34 <div class="qq">

35 <div>客服1:<img style="CURSOR:pointer" onclick="javascript:window.open('http://b.qq.com/webc.htm?new=0&sid=382526903&o=http://&q=7','_blank','height=502,width=644,toolbar=no,scrollbars=no,menubar=no,status=no');" border="0" SRC=http://wpa.qq.com/pa?p=1:382526903:7 alt="欢迎咨询"></div>

36 <div>客服2:<img style="CURSOR:pointer" onclick="javascript:window.open('http://b.qq.com/webc.htm?new=0&sid=382526903&o=http://&q=7','_blank','height=502,width=644,toolbar=no,scrollbars=no,menubar=no,status=no');" border="0" SRC=http://wpa.qq.com/pa?p=1:382526903:7 alt="欢迎咨询"></div>

37 </div>

38 <div class="service">

39 <span class="title">24小时服务热线</span>

40 <span class="detail">0000-0000000</span>

41 </div>

42 <div class="weixin">

43 <span class="title">微信公众号

44 <span class="detail">dreammy168</span>

45 </div>

46 <div class="email">

47 <span class="title">电子邮箱

48 <span class="detail">dreammymavy@163.com</span>

49 </div>

50 </div>

51 <!--关于我们内容-->

52 <div class="right">

53 <div class="submenu"><a href="">首页</a>-><a href="">关于我们</a></div>

54 <div class="content">

55 关于我们内容。

56 </div>

57 </div>

58 </div>

59 <!--about_main 结束-->

60 <!--页尾开始-->

61 <div class="footer">

62 <div class="center_box">

63 <div class="text">

64　古道茶香贸易有限公司
65　电话：0000-0000000　email：xxxxxxx@xxxxxxxxx
66　地址：xxxxx省Xxxxxxxx市xxxxxxxxxxxxx
67　技术支持：XXXXXXXXXXXXXX科技有限公司
68　</div>
69　<div class="ewm">
70　<img src="images/ewm. png" alt="" />
71　</div>
72　</div>
73　</div>
74　<!--页尾结束-->
75　</body>
76　</html>

关于我们页面（about. html）完整的css代码如下：

1　/*关于我们页面--*/
2　.about_main{width：1000px；min-height：360px；height：auto；margin：0 auto；}
3　/*slide*/
4　.about_main. slide{height：360px；width：220px；float：left；border：1px solid #CCC；margin-top：5px；margin-bottom：5px；}
5　.about_main. slide. cat_title{height：40px；line-height：40px；padding-left：20px；font-size：14px；color：#FFF；font-weight：bold；background-color：#66973C；}
6　.about_main. slide. qq{height：85px；width：190px；border-bottom：1px dotted #D6D6D6；margin：0 auto；padding-left：10px；font-size：14px；margin-top：15px；}
7　.about_main. slide. qq div{height：42px；line-height：42px；margin：0 auto；}
8　.about_main. slide. service{height：58px；line-height：24px；width：160px；border-bottom：1px dotted #66973C；margin：0 auto；padding-top：10px；background：url（. . /images/clock. jpg）8px center no-repeat；padding-left：40px；}
9　.about_main. slide. service. title{font-weight：bold；font-size：14px；}
10　.about_main. slide. service. detail{color：#F63；font-size：14px；；}
11　.about_main. slide. weixin{height：58px；line-height：24px；width：160px；border-bottom：1px dotted #66973C；margin：0 auto；padding-top：10px；background：url（. . /images/weixin. jpg）8px center no-repeat；padding-left：40px；}
12　.about_main. slide. weixin. title{font-weight：bold；font-size：14px；}
13　.about_main. slide. weixin. detail{color：#000；font-size：13px；}
14　.about_main. slide. email{height：58px；line-height：24px；width：160px；border-bottom：1px dotted #D6D6D6；margin：0 auto；padding-top：10px；background：url（. . /images/email. jpg）8px center no-repeat；padding-left：40px；}
15　.about_main. slide. email. title{font-weight：bold；font-size：14px；}
16　.about_main. slide. email. detail{color：#000；font-size：13px；}

17   /*right*/
18   .about_main .right{min-height：360px；height：auto；width：760px；float：right；}
19   .content{padding：5px；line-height：22px；font-size：13px；text-indent：2em；}
20   /*内页导航--*/
21   .submenu{height：30px；line-height：30px；width：750px；border-bottom：1px solid #666；padding-left：10px；}
22   .right .submenu a{font-size：14px；}

4.4 "新闻动态"版面切图

新闻动态版面主要由新闻动态列表页和新闻动态内容页组成。通过分析版面源文件可知，他们的"页头"版位、"焦点幻灯"版位、左侧"slide"版位和"页尾"版位与关于我们页面的相同。因此，新闻动态列表页版面的切图只需完成该页右侧"文章标题列表"版位的切图即可；同理，新闻动态内容页版面的切图也只需完成该页右侧"文章内容"版位切图即可。

4.4.1 "新闻动态列表页"版面切图

4.4.1.1 "文章标题列表"版位分析

该版位的宽度为760 px，最小高度为360 px，该版位的盒子模型如图4-20所示。

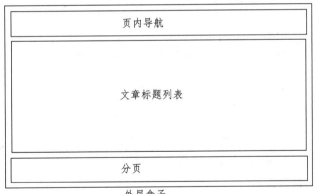

图4-20

4.4.1.2 切出（或导出）该版位的图片

该版位没有需要切出（或导入）的图片。

4.4.1.3 编写该版位结构与内容代码

1   <!--文章标题列表-->
2   <div class="right">
3   <div class="submenu"><a href="">首页</a>-><a href="">新闻动态</a></div>

```
4    <div class="article_content">
5    <div class="row">
6    <div class="title">茶叶具有养胃的功效吗？</div>
7    <div class="date">2016-4-2</div>
8    </div>
9    <div class="row">
10   <div class="title">茶事起源"六朝以前的茶事"</div>
11   <div class="date">2016-4-2</div>
12   </div>
13   <div class="row">
14   <div class="title">红碎茶红艳的颜色、鲜爽的香气和很高的营养价值</div>
15   <div class="date">2016-4-2</div>
16   </div>
17   <div class="row">
18   <div class="title">中国古代史料中的"茶"字和世界各国对该字的音译</div>
19   <div class="date">2016-4-2</div>
20   </div>
21   <div class="row">
22   <div class="title">茶是用来喝的一杯陈年普洱味道</div>
23   <div class="date">2016-4-2</div>
24   </div>
25   <div class="row">
26   <div class="title">入山无处不飞翠，碧螺春香百里醉</div>
27   <div class="date">2016-4-2</div>
28   </div>
29   <div class="row">
30   <div class="title">洱茶越陈越香的年限是多久越陈越香？</div>
31   <div class="date">2016-4-2</div>
32   </div>
33   </div>
34   <div class="page">
35   <a href="">|<</a>
36   <a href=""><<</a>
37   <a href="">1</a>
38   <a href="">2</a>
39   <a href="">>></a>
40   <a href="">>|</a>
41   </div>
```

42 </div>

4.4.1.4 编写CSS实现该版位的具体表现

1   /*文章列表页--*/
2   .article_content{width: 98%; margin: 5px auto; }
3   .article_content.row{height: 40px; line-height: 40px; border-bottom: 1px dotted #CCC; }
4   .article_content.row.title{height: 40px; float: left; font-size: 13px; margin-left: 5px; }
5   .article_content.row.date{font-size: 13px; float: right; margin-right: 5px; }
6   .page{height: 40px; margin: 0 auto; float: right; }
7   .page a{display: block; height: 20px; width: 20px; border: 1px solid #CCC; float: left; margin: -left: 5px; margin-right: 5px; text-align: center; line-height: 20px; font-size: 12px; margin-top: 7px; }

至此，新闻动态列表页的版面切图完毕。

新闻动态列表页（article_list.html）完整的代码如下：

1   <!doctype html>
2   <html>
3   <head>
4   <meta charset="utf-8">
5   <title>无标题文档</title>
6   <link href="css/style.css" rel="stylesheet" type="text/css">
7   <link rel="stylesheet" type="text/css" href="css/jquery.jslides.css" media="screen" />
8   <script type="text/javascript" src="js/jquery-1.8.0.min.js"></script>
9   <script type="text/javascript" src="js/jquery.jslides.js"></script>
10 <script type="text/javascript" src="js/jquery.SuperSlide.2.1.1.js"></script>
11 </head>
12 <body>
13 <!--页头开始-->
14 <div class="top">
15 <div class="center">
16 <div class="logo"><img src="images/logo.png" width="141" height="42"></div>
17 <div class="menu"><a href="index.html">网站首页</a><a href="about.html">关于我们</a><a href="article_list.html">新闻动态</a><a href="produce_list.html">产品展示</a><a href="guestbook.html">给我留言</a><a href="contact.html">联系我们</a></div>
18 </div>
19 </div>
20 <!--页头结束-->
21 <!--焦点幻灯开始-->
22 <div id="full-screen-slider">

```
23    <ul id="slides">
24    <li style="background：url（'images/banner1.jpg'）no-repeat center top"><a href="" target="_blank">第一张焦点幻灯的标题</a></li>
25    <li style="background：url（'images/banner2.jpg'）no-repeat center top"><a href="" target="_blank">第二张焦点幻灯的标题</a></li>
26    </ul>
27    </div>
28    <!--焦为幻灯结束-->
29    <!--main 开始-->
30    <div class="main">
31    <!--左侧 slide-->
32    <div class="slide">
33    <div class="cat_title">在线客服</div>
34    <div class="qq">
35    <div>客服1：<img style="CURSOR：pointer" onclick="javascript：window.open('http：//b.qq.com/webc.htm?new=0&sid=382526903&o=http：//&q=7'，'_blank'，'height=502，width=644，toolbar=no，scrollbars=no，menubar=no，status=no'）；" border="0" SRC=http：//wpa.qq.com/pa?p=1：382526903：7 alt="欢迎咨询"></div>
36    <div>客服2：<img style="CURSOR：pointer" onclick="javascript：window.open('http：//b.qq.com/webc.htm?new=0&sid=382526903&o=http：//&q=7'，'_blank'，'height=502，width=644，toolbar=no，scrollbars=no，menubar=no，status=no'）；" border="0"SRC=http：//wpa.qq.com/pa?p=1：382526903：7 alt="欢迎咨询"></div>
37    </div>
38    <div class="service">
39    <span class="title">24小时服务热线</span><br />
40    <span class="detail">0000-0000000</span>
41    </div>
42    <div class="weixin">
43    <span class="title">微信公众号<br />
44    <span class="detail">dreammy168</span>
45    </div>
46    <div class="email">
47    <span class="title">电子邮箱<br />
48    <span class="detail">dreammymavy@163.com</span>
49    </div>
50    </div>
51    <!--文章标题列表-->
52    <div class="right">
53    <div class="submenu"><a href="">首页</a>-><a href="">新闻动态</a></div>
```

```
54     <div class="article_content">
55      <div class="row">
56       <div class="title"><a href="">茶叶具有养胃的功效吗？</a></div>
57       <div class="date">2016-4-2</div>
58      </div>
59      <div class="row">
60       <div class="title"><a href="">茶事起源"六朝以前的茶事</a></div>
61       <div class="date">2016-4-2</div>
62      </div>
63      <div class="row">
64       <div class="title"><a href="">红碎茶红艳的颜色、鲜爽的香气和很高的营养价值</a></div>
65       <div class="date">2016-4-2</div>
66      </div>
67      <div class="row">
68       <div class="title"><a href="">中国古代史料中的"茶"字和世界各国对该字的音译</a></div>
69       <div class="date">2016-4-2</div>
70      </div>
71      <div class="row">
72       <div class="title"><a href="">茶是用来喝的一杯陈年普洱味道</a></div>
73       <div class="date">2016-4-2</div>
74      </div>
75      <div class="row">
76       <div class="title"><a href="">入山无处不飞翠，碧螺春香百里醉</a></div>
77       <div class="date">2016-4-2</div>
78      </div>
79      <div class="row">
80       <div class="title"><a href="">洱茶越陈越香的年限是多久越陈越香？</a></div>
81       <div class="date">2016-4-2</div>
82      </div>
83     </div>
84     <div class="page">
85      <a href="">|<</a>
86      <a href=""><<</a>
87      <a href="">1</a>
88      <a href="">2</a>
89      <a href="">>></a>
```

```
90    <a href="">>|</a>
91    </div>
92    </div>
93    </div>
94    <!--main 结束-->
95    <!--页尾开始-->
96    <div class="footer">
97    <div class="center_box">
98    <div class="text">
99    古道茶香贸易有限公司<br />
100   电话：0000-0000000 email：xxxxxxx@xxxxxxxxx<br />
101   地址：xxxxx 省 Xxxxxxxx 市 xxxxxxxxxxxxxx<br />
102   技术支持：XXXXXXXXXXXXXX 科技有限公司<br />
103   友情链接：<a href="">中国茶叶网</a> ； ；<a href="">茶文艺网</a>
104   </div>
105   <div class="ewm">
106   <img src="images/ewm. png" alt="" />
107   </div>
108   </div>
109   </div>
110   <!--页尾结束-->
111   </body>
112   </html>
```

4.4.2 "新闻动态"内容页版面切图

4.4.2.1 版位分析

由前面的分析得知新闻动态内容页的切图也只需完成该页右侧"文章内容"版位即可。该版位的宽度为760px，高度为360px，该版位的盒子模型如图4-21所示。

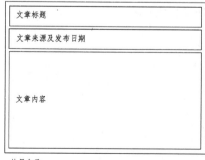

图 4-21

4.4.2.2 切出(或导出)该版位图片

该版位没有需要切出(或导入)的图片。

4.4.2.3 编写该版位结构与内容代码

```
1    <!--文章内容-->
2    <div class="right">
3    <div class="submenu"><a href="">首页</a>-<a href="">新闻动态</a>-</div>
4    <div class="article_content">
5    <div class="title">养生茶,喝出男性健康</div>
6    <div class="from">来源:本站发布日期:2016-4-2</div>
7    <div class="detail">
```

如今许多关于男性不良嗜好的排名很多,如酒桌男、老烟枪、游戏狂人等都是形容男人们一种成瘾的生活习惯,对身体有很大伤害。男人健康问题是人们关注的焦点之一。下面是小编为这些问题男总结的一些通过饮茶来缓解对男人身体造成的伤害。

酒桌男 试试葛花

每天少量的饮酒对身体有好处,但每次都喝高就会对身体产生很大的危害,特别是对消化道、肝脏的损伤尤为严重,长期如此,会大大增加患上肝硬化和脂肪肝的可能性。

专家推荐:保护肝脏的最好办法就是戒酒。如果喝醉了,推荐拿葛花泡茶喝。葛花就是葛根的花,它具有醒酒的功效,拿来泡茶可以解酒。

健康提醒:如果喝酒时适当吃些水果,就能稍微减轻酒精对身体的危害。

想要在平时护肝,可以试试白菊花茶和枸杞茶,白菊花和枸杞都有清肝保肝的作用。佛手花和玫瑰花则能疏肝理气,拿来泡茶喝也不错。

此外,酒桌男平时一定要多吃维生素 C 含量高的水果,比如橙子、橘子等,维生素 B 能保护消化系统,也可以适量补充些。饮食要注意避免食用大鱼大肉,这些东西太油腻,容易伤肝。

老烟枪 罗汉果泡水

抽烟对肺造成伤害,这是众所周知的事实,但是大家可能不知道,香烟中的有害物质被血液吸收后,还会引发心血管疾病,如冠心病、高血压。当然,抽烟的人还会经常咳嗽,这是因为香烟中的有害物质污染了口腔和咽喉部位。所以,烟枪男们,还是赶快戒烟吧。

专家推荐:保护咽喉,很多人第一个联想到的一定是胖大海,其实胖大海只有润喉的作用,值得推荐的是罗汉果泡水。

方法:将一个乒乓球大小的罗汉果用小锤子敲碎,分成八等份,每一份当做是一天的茶叶量,用水泡着喝,直到没有味道为止。

罗汉果的味道又苦又甜,不太好喝,但它有很好的清咽利喉的功效。

另外,百合、萝卜汤、川贝冰糖蒸梨和白果等能止咳化痰,是不错的养肺食物,不妨试试。

每天坐在电脑前疯狂通关的男人和长时间开车的有车一族,都存在用眼过度、久坐不动的情况。别以为每天对着电脑伤害的只是眼睛,中医有这么一个说法:"久视伤肝""久坐伤骨",针对这样的男士,专家提醒:多运动,多锻炼。

专家建议：保肝护肝多吃红枣与枸杞。另外，韭菜炒核桃可以补肾。

专家推荐：不论是看电脑还是开车都很费眼睛，所以，建议长时间用眼的人多喝清肝明目的菊花茶、枸杞茶。还可以多吃些胡萝卜和维生素 A 片，以保护视力，防止眼疾。

久坐人

针对"久坐伤肝"这一点，游戏狂人和开车一族可以参照酒桌男的保健食谱，平时多吃些维生素 C 含量高的水果。

此外，久坐的人特别会发胖，容易患高血脂症，这类人群需要服用一些具备降压调脂、有减肥功能的茶饮，试试苦丁茶、决明子茶，也会有不错的效果。

临床上用于治疗这些疾病的药物有很多，疗效也各不相同，有的药品价格不菲，让很多人吃不消。殊不知，在日常生活中，就有不少对性功能问题有辅助疗效的食物，众所周知的红枣就是其中之一。

```
8       </div>
9       </div>
10      </div>
```

4.4.2.4 编写 CSS 实现版位的具体表现

```
1   /*文章列表页--------------------------------------------*/
2   .article_content{width：98%；margin：5px auto；font-size：13px；line-height：23px；}
3   .article_content.title{heihgt：30px；font-size：14px；font-weight：bold；text-align：center；line-height：30px；}
4   .article_content.from{height：30px；line-height：20px；font-size：13px；text-align：center；}
5   .article_content.detail{line-height：22px；font-size：13px；text-indent：2em；}
```

至此，"新闻动态"内容页的版面切图完毕。

新闻动态内容页（article_show.html）完整的代码如下：

```
1   <!doctype html>
2   <html>
3   <head>
4   <meta charset="utf-8">
5   <title>无标题文档</title>
6   <link href="css/style.css" rel="stylesheet" type="text/css">
7   <link rel="stylesheet" type="text/css" href="css/jquery.jslides.css" media="screen" />
8   <script type="text/javascript" src="js/jquery-1.8.0.min.js"></script>
9   <script type="text/javascript" src="js/jquery.jslides.js"></script>
10  <script type="text/javascript" src="js/jquery.SuperSlide.2.1.1.js"></script>
11  </head>
12  <body>
13  <!--页头开始-->
```

14 <div class="top">

15   <div class="center">

16   <div class="logo"><img src="images/logo. png" width="141" height="42"></div>

17   <div class="menu"><a href="index. html">网站首页</a><a href="about. html">关于我们</a><a href="article_list. html">新闻动态</a><a href="produce_list. html">产品展示</a><a href="guestbook. html">给我留言</a><a href="contact. html">联系我们</a></div>

18   </div>

19 </div>

20 <!--页头结束-->

21 <!--焦点幻灯开始-->

22 <div id="full-screen-slider">

23   <ul id="slides">

24   <li style="background：url（'images/banner1. jpg'）no-repeat center top"><a href="" target="_blank">第一张焦点幻灯的标题</a></li>

25   <li style="background：url（'images/banner2. jpg'）no-repeat center top"><a href="" target="_blank">第二张焦点幻灯的标题</a></li>

26   </ul>

27 </div>

28 <!--焦为幻灯结束-->

29 <!--about_main 开始-->

30 <div class="main">

31 <!--左侧 slide-->

32 <div class="slide">

33   <div class="cat_title">在线客服</div>

34   <div class="qq">

35   <div>客服 1：<img style="CURSOR:pointer" onclick="javascript:window. open('http：//b. qq. com/webc. htm?new=0&sid=382526903&o=http：//&q=7'，'_blank'，'height=502，width=644，toolbar=no，scrollbars=no，menubar=no，status=no'）;" border="0" SRC=http://wpa. qq. com/pa?p=1：382526903：7 alt="欢迎咨询"></div>

36   <div>客服 2：<img style="CURSOR:pointer" onclick="javascript:window. open('http：//b. qq. com/webc. htm?new=0&sid=382526903&o=http：//&q=7'，'_blank'，'height=502，width=644，toolbar=no，scrollbars=no，menubar=no，status=no'）;" border="0" SRC=http://wpa. qq. com/pa?p=1：382526903：7 alt="欢迎咨询"></div>

37   </div>

38   <div class="service">

39   <span class="title">24 小时服务热线</span>

40   <span class="detail">0000-0000000</span>

41   </div>

```
42    <div class="weixin">
43      <span class="title">微信公众号<br />
44      <span class="detail">dreammy168</span>
45    </div>
46    <div class="email">
47      <span class="title">电子邮箱<br />
48      <span class="detail">dreammymavy@163.com</span>
49    </div>
50    </div>
51    <!--文章内容-->
52    <div class="right">
53      <div class="submenu"><a href="">首页</a>-><a href="">新闻动态</a>-></div>
54      <div class="article_content">
55        <div class="title">养生茶，喝出男性健康</div>
56        <div class="from">来源：本站发布日期：2016-4-2</div>
57        <div class="detail">
58          这里是文章的详细内容！
59        </div>
60      </div>
61    </div>
62  </div>
63  <!--main 结束-->
64  <!--页尾开始-->
65  <div class="footer">
66    <div class="center_box">
67      <div class="text">
68        古道茶香贸易有限公司<br />
69        电话：0000-0000000  e-mail：xxxxxxx@xxxxxxxxx<br />
70        地址：xxxxx 省 Xxxxxxxx 市 xxxxxxxxxxxxx<br />
71        技术支持：XXXXXXXXXXXXXX 科技有限公司<br />
72        友情链接：<a href="">中国茶叶网</a>  <a href="">茶文艺网</a>
73      </div>
74      <div class="ewm">
75        <img src="images/ewm.png" alt="" />
76      </div>
77    </div>
78  </div>
79  <!--页尾结束-->
```

80   </body>

81   </html>

4.5 "产品展示"版面切图

产品展示版面主要由产品展示列表页和产品展示内容页组成,通过分析版面源文件可知,他们的"页头"版位、"焦点幻灯"版位、左侧"slide"版位和"页尾"版位与关于我们页面的相同,因此,产品展示列表页版面的切图只需完成该版面右侧"产品图片列表"版位的切图即可,同理,产品展示内容页版面的切图也只需完成该页右侧"产品详细内容"版位切图即可。

4.5.1 "产品展示"列表页版面切图

4.5.1.1 版位分析

由前面的分析可知,该版面只需完成版面右侧"产品图片"版位切图,该版位的宽度是760px,高度由版位内容高度决定,该版位的盒子模型如图4-22所示。

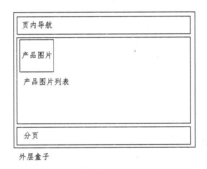

图 4-22

4.5.1.2 切出(或导出)该版位图片

该版位需要切出的图片为产品的缩略图,图片以"pro(序号)"形式命名,图片的格式为jpg格式,共有16张图片需切出或导出。

4.5.1.3 编写结构与内容代码

1   <!--产品展示-->

2   <div class="right">

3   <div class="submenu"><a href="">首页</a>-><a href="">产品展示</a>-></div>

4   <div class="produce_content">

5   <div class="pro_box"><a href=""><img src="images/pro(1).jpg"></a></div>

6   <div class="pro_box"><a href=""><img src="images/pro(2).jpg"></a></div>

7   <div class="pro_box"><a href=""><img src="images/pro(3).jpg"></a></div>

8   <div class="pro_box"><a href=""><img src="images/pro(4).jpg"></a></div>

9 <div class="pro_box"><a href=""><img src="images/pro（5）.jpg"></a></div>
10 <div class="pro_box"><a href=""><img src="images/pro（6）.jpg"></a></div>
11 <div class="pro_box"><a href=""><img src="images/pro（7）.jpg"></a></div>
12 <div class="pro_box"><a href=""><img src="images/pro（8）.jpg"></a></div>
13 <div class="pro_box"><a href=""><img src="images/pro（9）.jpg"></a></div>
14 <div class="pro_box"><a href=""><img src="images/pro（10）.jpg"></a></div>
15 <div class="pro_box"><a href=""><img src="images/pro（11）.jpg"></a></div>
16 <div class="pro_box"><a href=""><img src="images/pro（12）.jpg"></a></div>
17 <div class="pro_box"><a href=""><img src="images/pro（13）.jpg"></a></div>
18 <div class="pro_box"><a href=""><img src="images/pro（14）.jpg"></a></div>
19 <div class="pro_box"><a href=""><img src="images/pro（15）.jpg"></a></div>
20 <div class="pro_box"><a href=""><img src="images/pro（16）.jpg"></a></div>
21 </div>
22 <div class="page">
23 <a href="">|<</a>
24 <a href=""><</a>
25 <a href="">1</a>
26 <a href="">2</a>
27 <a href="">></a>
28 <a href="">>|</a>
29 </div>
30 </div>

4.5.1.4 编写CSS实现版位的具体表现

1 /*产品列表页--*/
2 .produce_content{height：820px；width：760px；}
3 .produce_content.pro_box{height：186px；width：181px；float：left；border：1px solid #CCC；margin-left：6px；margin-top：13px；}

至此，产品展示列表页版面切图完毕。

产品展示列表页（produce_list.html）完整代码如下：

1 <!doctype html>
2 <html>
3 <head>
4 <meta charset="utf-8">
5 <title>无标题文档</title>
6 <link href="css/style.css" rel="stylesheet" type="text/css">
7 <link rel="stylesheet" type="text/css" href="css/jquery.jslides.css" media="screen" />
8 <script type="text/javascript" src="js/jquery-1.8.0.min.js"></script>
9 <script type="text/javascript" src="js/jquery.jslides.js"></script>

```
10    <script type="text/javascript" src="js/jquery. SuperSlide. 2. 1. 1. js"></script>
11    </head>
12    <body>
13    <!--页头开始-->
14    <div class="top">
15    <div class="center">
16    <div class="logo"><img src="images/logo. png" width="141" height="42"></div>
17    <div class="menu"><a href="index. html">网站首页</a><a href="about. html">关于我们</a><a href="article_list. html">新闻动态</a><a href="produce_list. html">产品展示</a><a href="guestbook. html">给我留言</a><a href="contact. html">联系我们</a></div>
18    </div>
19    </div>
20    <!--页头结束-->
21    <!--焦点幻灯开始-->
22    <div id="full-screen-slider">
23    <ul id="slides">
24    <li style="background：url（'images/banner1. jpg'）no-repeat center top"><a href="" target="_blank">第一张焦点幻灯的标题</a></li>
25    <li style="background：url（'images/banner2. jpg'）no-repeat center top"><a href="" target="_blank">第二张焦点幻灯的标题</a></li>
26    </ul>
27    </div>
28    <!--焦点幻灯结束-->
29    <!--about_main 开始-->
30    <div class="main">
31    <!--左侧 slide-->
32    <div class="slide">
33    <div class="cat_title">在线客服</div>
34    <div class="qq">
35    <div>客服1:<img  style="CURSOR:pointer" onclick="javascript:window. open（'http：//b. qq. com/webc. htm?new=0&sid=382526903&o=http：//&q=7'，'_blank'，'height=502，width=644，toolbar=no，scrollbars=no，menubar=no，status=no'）;"  border="0" SRC=http://wpa. qq. com/pa?p=1：382526903：7 alt="欢迎咨询"></div>
36    <div>客服2:<img  style="CURSOR:pointer" onclick="javascript:window. open（'http：//b. qq. com/webc. htm?new=0&sid=382526903&o=http：//&q=7'，'_blank'，'height=502，width=644，toolbar=no，scrollbars=no，menubar=no，status=no'）;"  border="0" SRC=http://wpa. qq. com/pa?p=1：382526903：7 alt="欢迎咨询"></div>
37    </div>
38    <div class="service">
```

```
39    <span class="title">24小时服务热线</span><br />
40    <span class="detail">0000-0000000</span>
41    </div>
42    <div class="weixin">
43    <span class="title">微信公众号<br />
44    <span class="detail">dreammy168</span>
45    </div>
46    <div class="email">
47    <span class="title">电子邮箱<br />
48    <span class="detail">dreammymavy@163.com</span>
49    </div>
50    </div>
51    <!--产品展示-->
52    <div class="right">
53    <div class="submenu"><a href="">首页</a>-><a href="">产品展示</a>-></div>
54    <div class="produce_content">
55    <div class="pro_box"><a href=""><img src="images/pro（1）.jpg"></a></div>
56    <div class="pro_box"><a href=""><img src="images/pro（2）.jpg"></a></div>
57    <div class="pro_box"><a href=""><img src="images/pro（3）.jpg"></a></div>
58    <div class="pro_box"><a href=""><img src="images/pro（4）.jpg"></a></div>
59    <div class="pro_box"><a href=""><img src="images/pro（5）.jpg"></a></div>
60    <div class="pro_box"><a href=""><img src="images/pro（6）.jpg"></a></div>
61    <div class="pro_box"><a href=""><img src="images/pro（7）.jpg"></a></div>
62    <div class="pro_box"><a href=""><img src="images/pro（8）.jpg"></a></div>
63    <div class="pro_box"><a href=""><img src="images/pro（9）.jpg"></a></div>
64    <div class="pro_box"><a href=""><img src="images/pro（10）.jpg"></a></div>
65    <div class="pro_box"><a href=""><img src="images/pro（11）.jpg"></a></div>
66    <div class="pro_box"><a href=""><img src="images/pro（12）.jpg"></a></div>
67    <div class="pro_box"><a href=""><img src="images/pro（13）.jpg"></a></div>
68    <div class="pro_box"><a href=""><img src="images/pro（14）.jpg"></a></div>
69    <div class="pro_box"><a href=""><img src="images/pro（15）.jpg"></a></div>
70    <div class="pro_box"><a href=""><img src="images/pro（16）.jpg"></a></div>
71    </div>
72    <div class="page">
73    <a href="">|<</a>
74    <a href=""><<</a>
75    <a href="">1</a>
76    <a href="">2</a>
77    <a href="">>></a>
```

```
78   <a href="">>|</a>
79   </div>
80   </div>
81   </div>
82   <!--main 结束-->
83   <!--页尾开始-->
84   <div class="footer">
85   <div class="center_box">
86   <div class="text">
87   古道茶香贸易有限公司<br />
88   电话：0000-0000000    e-mail：xxxxxxx@xxxxxxxxx<br />
89   地址：xxxxx 省 Xxxxxxxx 市 xxxxxxxxxxxx<br />
90   技术支持：XXXXXXXXXXXXXX 科技有限公司<br />
91   友情链接：<a href="">中国茶叶网</a> ； ；<a href="">茶文艺网</a>
92   </div>
93   <div class="ewm">
94   <img src="images/ewm. png" alt="" />
95   </div>
96   </div>
97   </div>
98   <!--页尾结束-->
99   </body>
100  </html>
```

4.5.2 "产品内容页"版面切图

4.5.2.1 版位分析

由版面的源文件可知，该版位的盒子模型如图 4-23 所示。

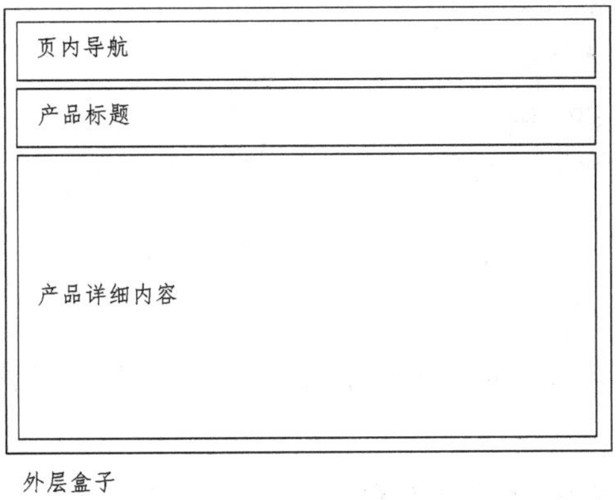

图 4-23

4.5.2.2 切出（或导出）该版位图片

该版位需切出（或导出）的图片有两张，一张是产品参数图片，保存为 pro_d.jpg，另一张是产品特点图版，保存为 pro_s.jpg，其实这两张图片及文本内空并不是必须导出的，因为网站开发出来后，产品的具体内容是由网站后台的编辑器编辑发布的。

4.5.2.3 编写结构与内容代码

1　`<!--产品内容-->`
2　`<div class="right">`
3　`<div class="submenu"><a href="">首页</a>-<a href="">产品展示</a>-</div>`
4　`<div class="produce_show_content">`
5　`<div class="title">养生茶，喝出男性健康</div>`
6　`<div class="detail">`
　　配料表：早春茶鲜叶`<br />`
　　储藏方法：密封、避光、防潮、无异味`<br />`
　　保质期：365`<br />`
　　食品添加剂：无`<br />`
　　净含量：100g`<br />`
　　品牌：川红外包装类型：`<br />`包装
　　包装种类：盒装`<br />`
　　食品工艺：炒青绿茶`<br />`
　　采摘时间：明前`<br />`
　　级别：特级`<br />`
　　产地：中国大陆`<br />`
　　省份：四川省`<br />`
　　城市：宜宾市`<br />`
　　生长季节：春季`<br />`
　　茶种类：雀舌特产`<br />`
　　品类：宜宾早茶`<br />`
　　口感：甘醇爽口`<br />`
　　价格段：100-199 元`<br />`
　　`<img src="images/pro_d.jpg"><br />`
　　`<img src="images/pro_s.jpg">`
7　`</div>`
8　`</div>`
9　`</div>`

注意：上述代码第 6~7 行之间的代码和内容，是可以用文件代替的，后期主要来自于数据库。

4.5.2.4 编写 CSS 实现版位的具体表现

1　`/*产品内容页----------------------------------------*/`

2 　.produce_show_content{width：760px；}

3 　.produce_show_content.title{height：height：37px；line-height：37px；text-align：center；font-size：14px；font-weight：bold；background：#66973C；color：#FFF；}

4 　.produce_show_content.detail{line-height：22px；font-size：13px；}

至此，产品展示内容页版面切图完毕。

产品展示内容页（produce_show.html）完整代码如下：

1 　<!doctype html>

2 　<html>

3 　<head>

4 　<meta charset="utf-8">

5 　<title>无标题文档</title>

6 　<link href="css/style.css" rel="stylesheet" type="text/css">

7 　<link rel="stylesheet" type="text/css" href="css/jquery.jslides.css" media="screen" />

8 　<script type="text/javascript" src="js/jquery-1.8.0.min.js"></script>

9 　<script type="text/javascript" src="js/jquery.jslides.js"></script>

10 　<script type="text/javascript" src="js/jquery.SuperSlide.2.1.1.js"></script>

11 　</head>

12 　<body>

13 　<!--页头开始-->

14 　<div class="top">

15 　<div class="center">

16 　<div class="logo"><img src="images/logo.png" width="141" height="42"></div>

17 　<div class="menu"><a href="index.html">网站首页</a><a href="about.html">关于我们</a><a href="article_list.html">新闻动态</a><a href="produce_list.html">产品展示</a><a href="guestbook.html">给我留言</a><a href="contact.html">联系我们</a></div>

18 　</div>

19 　</div>

20 　<!--页头结束-->

21 　<!--焦点幻灯开始-->

22 　<div id="full-screen-slider">

23 　<ul id="slides">

24 　<li style="background：url（'images/banner1.jpg'）no-repeat center top"><a href="" target="_blank">第一张焦点幻灯的标题</a></li>

25 　<li style="background：url（'images/banner2.jpg'）no-repeat center top"><a href="" target="_blank">第二张焦点幻灯的标题</a></li>

26 　</ul>

27 　</div>

28 　<!--焦为幻灯结束-->

```
29    <!--about_main 开始-->
30    <div class="main">
31    <!--左侧 slide-->
32    <div class="slide">
33    <div class="cat_title">在线客服</div>
34    <div class="qq">
35    <div>客服 1:<img style="CURSOR:pointer" onclick="javascript:window.open('http://b.qq.com/webc.htm?new=0&sid=382526903&o=http://&q=7','_blank','height=502,width=644,toolbar=no,scrollbars=no,menubar=no,status=no');" border="0" SRC=http://wpa.qq.com/pa?p=1:382526903:7 alt="欢迎咨询"></div>
36    <div>客服 2:<img style="CURSOR:pointer" onclick="javascript:window.open('http://b.qq.com/webc.htm?new=0&sid=382526903&o=http://&q=7','_blank','height=502,width=644,toolbar=no,scrollbars=no,menubar=no,status=no');" border="0" SRC=http://wpa.qq.com/pa?p=1:382526903:7 alt="欢迎咨询"></div>
37    </div>
38    <div class="service">
39    <span class="title">24 小时服务热线</span><br />
40    <span class="detail">0000-0000000</span>
41    </div>
42    <div class="weixin">
43    <span class="title">微信公众号<br />
44    <span class="detail">dreammy168</span>
45    </div>
46    <div class="email">
47    <span class="title">电子邮箱<br />
48    <span class="detail">dreammymavy@163.com</span>
49    </div>
50    </div>
51    <!--产品内容-->
52    <div class="right">
53    <div class="submenu"><a href="">首页</a>-><a href="">产品展示</a>-></div>
54    <div class="produce_show_content">
55    <div class="title">养生茶，喝出男性健康</div>
56    <div class="detail">
57    配料表：早春茶鲜叶<br />
58    储藏方法：密封、避光、防潮、无异味<br />
59    保质期：365<br />
60    食品添加剂：无<br />
```

61	净含量：100g
62	品牌：川红外包装类型： 包装
63	包装种类：盒装
64	食品工艺：炒青绿茶
65	采摘时间：明前
66	级别：特级
67	产地：中国大陆
68	省份：四川省
69	城市：宜宾市
70	生长季节：春季
71	茶种类：雀舌特产
72	品类：宜宾早茶
73	口感：甘醇爽口
74	价格段：100-199元
75	<img src="images/pro_d. jpg">
76	<img src="images/pro_s. jpg">
77	</div>
78	</div>
79	</div>
80	</div>
81	<!--main 结束-->
82	<!--页尾开始-->
83	<div class="footer">
84	<div class="center_box">
85	<div class="text">
86	古道茶香贸易有限公司
87	电话：0000-0000000　e-mail：xxxxxxx@xxxxxxxxx
88	地址：xxxxx省Xxxxxxxx市xxxxxxxxxxxxx
89	技术支持：XXXXXXXXXXXXXX科技有限公司
90	友情链接：<a href="">中国茶叶网</a> ； ；<a href="">茶文艺网</a>
91	</div>
92	<div class="ewm">
93	<img src="images/ewm. png" alt="" />
94	</div>
95	</div>
96	</div>
97	<!--页尾结束-->
98	</body>
99	</html>

4.6 "给我留言"版面切图

4.6.1 版位分析

通过分析版面源文件,给我留言版面的"页头"版位、"焦点幻灯"版位、左侧"slide"版位和"页尾"版位与关于我们页面的相同,因此,给我留言版面的切图只需完成该版面右侧"留言填写区"版位的切图即可,该版位的宽度为 760px,最小的高度为 360px,该版位的盒子模型如图 4-24 所示。

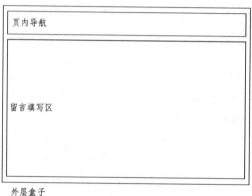

图 4-24

4.6.2 切出(或导出)该版位图片

该版位要导出的图片只有一张——提交按钮,导出类型为 png,保存为 submit.png。

4.6.3 编写结构与内容代码

```
1   <div class="right">
2   <div class="submenu"><a href="">首页</a>-><a href="">给我留言</a></div>
3   <div class="guestbook_content">
4   <form name="form1" id="form1" action="" method="post">
5   <ul>
6   <li class="title"><span class="must">*</span>标题:</li>
7   <li><input name="title" type="text" id="title"></li>
8   </ul>
9   <ul>
10  <li class="title"><span class="must">*</span>称呼:</li>
11  <li><input name="name" type="text" id="name"></li>
12  </ul>
```

```
13  <ul>
14  <li class="title">手机：</li>
15  <li><input name="tel" type="text" id="tel"></li>
16  </ul>
17  <ul>
18  <li class="title">QQ：</li>
19  <li><input name="qq" type="text" id="qq"></li>
20  </ul>
21  <ul>
22  <li class="title"><span class="must">*</span>邮箱：</li>
23  <li><input name="email" type="text" id="email"></li>
24  </ul>
25  <ul class="ct">
26  <li class="title"><span class="must">*</span>内容：</li>
27  <li>
28  <textarea name="content" cols="60" rows="5" id="content"></textarea>
29  </li>
30  </ul>
31  <div>
32  <input type="image" src="images/submit.png">
33  </div>
34  </form>
35  </div>
36  </div>
```

4.6.4 编写 CSS 实现版位的具体表现

```
1   /*给我留言页----------------------------------------*/
2   .guestbook_content{margin-top：10px；width：760px；}
3   .guestbook_content ul{height：40px；font-size：13px；}
4   .guestbook_content ul li{height：40px；line-height：40px；float：left；}
5   .guestbook_content ul li.title{width：150px；text-align：right；}
6   .guestbook_content ul li.title.must{color：red；}；
7   .guestbook_content ul.ct{height：100px；border：1px solid red；}
8   .guestbook_content ul.ct.title{height：100px；line-height：100px；}
9   .guestbook_content ul.ct textarea{margin-top：10px；}
10  .guestbook_content ul li input{height：22px；width：250px；}
11  .guestbook_content div{clear：both；}
12  .guestbook_content div input{margin-left：250px；}
```

至此，给我留言版面切图完毕。

"给我留言"页（guestbook.html）完整代码如下：

1   <!doctype html>

2   <html>

3   <head>

4   <meta charset="utf-8">

5   <title>无标题文档</title>

6   <link href="css/style.css" rel="stylesheet" type="text/css">

7   <link rel="stylesheet" type="text/css" href="css/jquery.jslides.css" media="screen" />

8   <script type="text/javascript" src="js/jquery-1.8.0.min.js"></script>

9   <script type="text/javascript" src="js/jquery.jslides.js"></script>

10   <script type="text/javascript" src="js/jquery.SuperSlide.2.1.1.js"></script>

11   </head>

12   <body>

13   <!--页头开始-->

14   <div class="top">

15   <div class="center">

16   <div class="logo"><img src="images/logo.png" width="141" height="42"></div>

17   <div class="menu"><a href="index.html">网站首页</a><a href="about.html">关于我们</a><a href="article_list.html">新闻动态</a><a href="produce_list.html">产品展示</a><a href="guestbook.html">给我留言</a><a href="contact.html">联系我们</a></div>

18   </div>

19   </div>

20   <!--页头结束-->

21   <!--焦点幻灯开始-->

22   <div id="full-screen-slider">

23   <ul id="slides">

24   <li style="background：url（'images/banner1.jpg'）no-repeat center top"><a href="" target="_blank">第一张焦点幻灯的标题</a></li>

25   <li style="background：url（'images/banner2.jpg'）no-repeat center top"><a href="" target="_blank">第二张焦点幻灯的标题</a></li>

26   </ul>

27   </div>

28   <!--焦为幻灯结束-->

29   <!--about_main 开始-->

30   <div class="main">

31   <!--左侧 slide-->

32   <div class="slide">

33   <div class="cat_title">在线客服</div>

34　　　\<div class="qq"\>
35　　　\<div\>客服 1:\<img style="CURSOR:pointer" onclick="javascript:window. open('http://b. qq. com/webc. htm?new=0&sid=382526903&o=http://&q=7' , '_blank' , 'height=502 , width=644, toolbar=no, scrollbars=no, menubar=no, status=no'); " border="0" SRC=http://wpa. qq. com/pa?p=1：382526903：7 alt="欢迎咨询"\>\</div\>
36　　　\<div\>客服 2:\<img style="CURSOR:pointer" onclick="javascript:window. open('http://b. qq. com/webc. htm?new=0&sid=382526903&o=http://&q=7' , '_blank' , 'height=502 , width=644, toolbar=no, scrollbars=no, menubar=no, status=no'); " border="0" SRC=http://wpa. qq. com/pa?p=1：382526903：7 alt="欢迎咨询"\>\</div\>
37　　　\</div\>
38　　　\<div class="service"\>
39　　　\<span class="title"\>24 小时服务热线\</span\>\<br /\>
40　　　\<span class="detail"\>0000-0000000\</span\>
41　　　\</div\>
42　　　\<div class="weixin"\>
43　　　\<span class="title"\>微信公众号\<br /\>
44　　　\<span class="detail"\>dreammy168\</span\>
45　　　\</div\>
46　　　\<div class="email"\>
47　　　\<span class="title"\>电子邮箱\<br /\>
48　　　\<span class="detail"\>dreammymavy@163. com\</span\>
49　　　\</div\>
50　　　\</div\>
51　　　\<!--给我留言--\>
52　　　\<div class="right"\>
53　　　\<div class="submenu"\>\<a href=""\>首页\</a\>-\>\<a href=""\>给我留言\</a\>\</div\>
54　　　\<div class="guestbook_content"\>
55　　　\<form name="form1" id="form1" action="" method="post"\>
56　　　\<ul\>
57　　　\<li class="title"\>\<span class="must"\>*\</span\>标题：\</li\>
58　　　\<li\>\<input name="title" type="text" id="title"\>\</li\>
59　　　\</ul\>
60　　　\<ul\>
61　　　\<li class="title"\>\<span class="must"\>*\</span\>称呼：\</li\>
62　　　\<li\>\<input name="name" type="text" id="name"\>\</li\>
63　　　\</ul\>
64　　　\<ul\>
65　　　\<li class="title"\>手机：\</li\>
66　　　\<li\>\<input name="tel" type="text" id="tel"\>\</li\>

```
67    </ul>
68    <ul>
69    <li class="title">QQ：</li>
70    <li><input name="qq" type="text" id="qq"></li>
71    </ul>
72    <ul>
73    <li class="title"><span class="must">*</span>邮箱：</li>
74    <li><input name="email" type="text" id="email"></li>
75    </ul>
76
77    <ul class="ct">
78    <li class="title"><span class="must">*</span>内容：</li>
79    <li>
80    <textarea name="content" cols="60" rows="5" id="content"></textarea>
81    </li>
82    </ul>
83    <div>
84    <input type="image" src="images/submit. png">
85    </div>
86    </form>
87    </div>
88    </div>
89    </div>
90    <!--main 结束-->
91    <!--页尾开始-->
92    <div class="footer">
93    <div class="center_box">
94    <div class="text">
95    古道茶香贸易有限公司<br />
96    电话：0000-0000000    e-mail：xxxxxxx@xxxxxxxxx<br />
97    地址：xxxxx 省 Xxxxxxxx 市 xxxxxxxxxxxxxx<br />
98    技术支持：XXXXXXXXXXXXXXX 科技有限公司<br />
99    友情链接：<a href="">中国茶叶网</a> ； ；<a href="">茶文艺网</a>
100   </div>
101   <div class="ewm">
102   <img src="images/ewm. png" alt="" />
103   </div>
104   </div>
```

105   </div>
106   <!--页尾结束-->
107   </body>
108   </html>

4.7 "联系我们"版面切图

通过分析版面源文件，联系我们版面的"页头"版位、"焦点幻灯"版位、左侧"slide"版位和"页尾"版位与"关于我们"页面的相同，因此，"联系我们"版面的切图只需完成该版面右侧"联系我们内容"版位的切图即可。

4.7.1 版位分析

该版位的宽度为760px，最小的高度为360px，该版位的盒子模型如图4-25所示。

图 4-25

4.7.2 切出（或导出）该版位图片

该版位需导出的图片为提交按钮 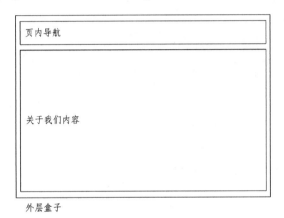，导出的图片的类型为 png，名件名为 submit.png。

4.7.3 编写结构与内容代码

1   <!--关于我们内容-->
2   <div class="right">
3   <div class="submenu"><a href="">首页</a>-><a href="">关于我们</a></div>
4   <div class="about_content">
5   关于我们内容关于我们内容关于我们内容关于我们内容关于我们内容关于我们内容关于我们内容关于我们内容关于我们内容关于我们内容关于我们内容关于我们内容关于我们

内容关于我们内容关于我们内容关于我们内容关于我们内容关于我们内容关于我们内容关于我们内容关于我们内容关于我们内容。

6 </div>

7 </div>

4.7.4 编写CSS实现版位的具体表现

1 /*联系我们--*/

2 .contact_content{width：760px；}

3 .contact_content.contact_img{height：242px；text-align：center；margin-bottom：10px；}

4 .contact_content.detail{line-height：24px；font-size：14px；padding-left：10px；}

至此，"联系我们"版面切图完毕。

"联系我们"页面（contact.html）完整的代码如下：

1 <!doctype html>

2 <html>

3 <head>

4 <meta charset="utf-8">

5 <title>无标题文档</title>

6 <link href="css/style.css" rel="stylesheet" type="text/css">

7 <link rel="stylesheet" type="text/css" href="css/jquery.jslides.css" media="screen" />

8 <script type="text/javascript" src="js/jquery-1.8.0.min.js"></script>

9 <script type="text/javascript" src="js/jquery.jslides.js"></script>

10 <script type="text/javascript" src="js/jquery.SuperSlide.2.1.1.js"></script>

11 </head>

12 <body>

13 <!--页头开始-->

14 <div class="top">

15 <div class="center">

16 <div class="logo"><img src="images/logo.png" width="141" height="42"></div>

17 <div class="menu"><a href="index.html">网站首页</a><a href="about.html">关于我们</a><a href="article_list.html">新闻动态</a><a href="produce_list.html">产品展示</a><a href="guestbook.html">给我留言</a><a href="contact.html">联系我们</a></div>

18 </div>

19 </div>

20 <!--页头结束-->

21 <!--焦点幻灯开始-->

22 <div id="full-screen-slider">

23 <ul id="slides">

24 <li style="background：url（'images/banner1.jpg'）no-repeat center top"><a href=""

target="_blank">第一张焦点幻灯的标题</a></li>

25   <li style="background：url（'images/banner2.jpg'）no-repeat center top"><a href="" target="_blank">第二张焦点幻灯的标题</a></li>

26   </ul>

27   </div>

28   <!--焦为幻灯结束-->

29   <!--about_main 开始-->

30   <div class="main">

31   <!--左侧 slide-->

32   <div class="slide">

33   <div class="cat_title">在线客服</div>

34   <div class="qq">

35   <div>客服 1：<img style="CURSOR：pointer" onclick="javascript：window.open（'http：//b.qq.com/webc.htm?new=0&sid=382526903&o=http：//&q=7'，'_blank'，'height=502，width=644，toolbar=no，scrollbars=no，menubar=no，status=no'）；" border="0" SRC=http：//wpa.qq.com/pa?p=1：382526903：7 alt="欢迎咨询"></div>

36   <div>客服 2：<img style="CURSOR：pointer" onclick="javascript：window.open（'http：//b.qq.com/webc.htm?new=0&sid=382526903&o=http：//&q=7'，'_blank'，'height=502，width=644，toolbar=no，scrollbars=no，menubar=no，status=no'）；" border="0" SRC=http：//wpa.qq.com/pa?p=1：382526903：7 alt="欢迎咨询"></div>

37   </div>

38   <div class="service">

39   <span class="title">24 小时服务热线</span>

40   <span class="detail">0000-0000000</span>

41   </div>

42   <div class="weixin">

43   <span class="title">微信公众号

44   <span class="detail">dreammy168</span>

45   </div>

46   <div class="email">

47   <span class="title">电子邮箱

48   <span class="detail">dreammymavy@163.com</span>

49   </div>

50   </div>

51   <!--联系我们-->

52   <div class="right">

53   <div class="submenu"><a href="">首页</a>-><a href="">联系我们</a></div>

54   <div class="contact_content">

55   <div class="contact_img"><img src="images/contact.jpg"></div>

```
56  <div class="detail">
57  <strong>公司名称：</strong>广东古道茶香贸易有限公司<br />
58  <strong>公司地址：</strong>广东省惠州市惠城区<br />
59  <strong>联系人：</strong>张丰<br />
60  <strong>联系电话：</strong>00000000000<br />
61  <strong>手机：</strong>00000000000<br />
62  <strong>电子邮箱：</strong>dreammymavy@163.com<br />
63  <strong>微信：</strong>dreammy168<br /><br />
64  <img src="images/map.jpg" width="697" height="284">
65  </div>
66  </div>
67  </div>
68  </div>
69  <!--main 结束-->
70  <!--页尾开始-->
71  <div class="footer">
72  <div class="center_box">
73  <div class="text">
74  古道茶香贸易有限公司<br />
75  电话：0000-0000000　e-mail：xxxxxxx@xxxxxxxxx<br />
76  地址：xxxxx 省 Xxxxxxx 市 xxxxxxxxxxxxx<br />
77  技术支持：XXXXXXXXXXXXX 科技有限公司<br />
78  友情链接：<a href="">中国茶叶网</a>  <a href="">茶文艺网</a>
79  </div>
80  <div class="ewm">
81  <img src="images/ewm.png" alt="" />
82  </div>
83  </div>
84  </div>
85  <!--页尾结束-->
86  </body>
87  </html>
```

任务 5 网站数据库设计

能力目标

◎能够使用"E-R"方法分析系统的概念模型。
◎能够根据系统业务逻辑分析系统的数据逻辑结构。
◎能够根据系统数据逻辑结构设计数据表并在数据库服务器上实施。
◎培养学生良好的逻辑思维能力。

知识目标

◎了解"E-R"图的定义和"E-R"方法。
◎熟悉"E-R"图的构成要素。
◎掌握数据逻辑模型知识及"E-R"图的作图。
◎掌握数据表设计和在 MySQL 数据库服务器上实施。

5.1 数据库的"E-R"分析

5.1.1 确定"古道茶香"网站管理系统实体集合

该网站的用户类型有两类,一类是广大的访问者,另一类是网站管理人员。该问者可以浏览公司简介信息(即关于我们页)、新闻动态信息、产品信息、联系我们信息,可以通过留言栏目给公司留言,可以通过 QQ 在线客服进行咨询;管理员可以通过网站的入口进入网站的后台,能够对网站的信息进行管理,它包括设置网站配置信息、管理员信息管理、单页面信息管理(关于我们页面和联系我们)、文章信息管理(即新闻动态)、产品信息管理、焦点幻灯管理、QQ 客服管理、友情链接管理。

由上分析得知,该系统的数据实体有:访问者、网站管理员、网站基本配置、焦点幻灯、单页信息、文章信息(新闻动态)、产品信息、留言信息、QQ 客服信息、友情链接信息。

5.1.2 数据实体属性分析

1. 访问者实体属性分析

广大的访问者无需注册用户或会员,只需连入互联网便可访问网站前台页面的内容,因此，该实体不需要在数据库中体现。

2. 网站基本配置实体属性分析

通过分析，网站基本配置包括的属性如图5-1所示。

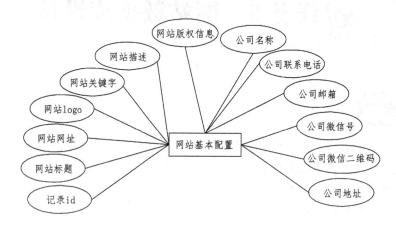

图 5-1

3. 网站管理员实体属性分析

通过分析，网站管理员具有的属性如图5-2所示。

4. 焦点幻灯实体属性分析

通过分析，焦点幻灯具有的属性如图5-3所示。

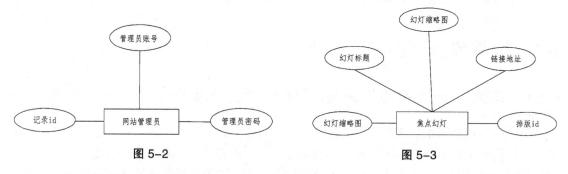

图 5-2　　　　　　　　　　　　　图 5-3

5. 单页信息实体属性分析

通过分析，焦点幻灯具有的属性如图5-4所示。

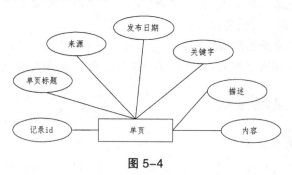

图 5-4

6. 文章（新闻动态）实体属性分析

通过分析，文章具有的属性如图 5-5 所示。

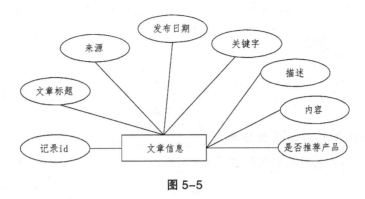

图 5-5

7. 产品信息实体属性分析

通过分析，产品信息具有的属性如图 5-6 所示。

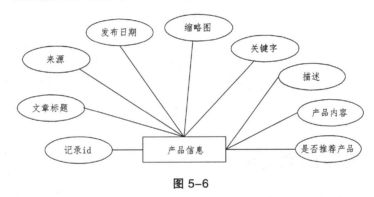

图 5-6

8. 留言信息实体属性分析

通过分析，留言信息具有的属性如图 5-7 所示。

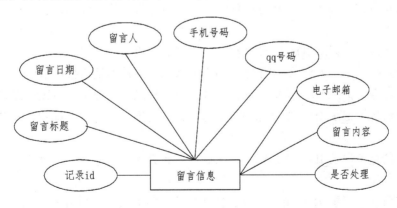

图 5-7

9. QQ 客服信息实体属性分析

通过分析，QQ 客服信息具有的属性如图 5-8 所示。

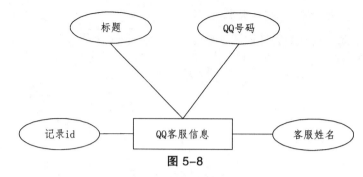

图 5-8

10. 友情链接信息实体属性分析

通过分析,友情链接具有的属性如图 5-9 所示。

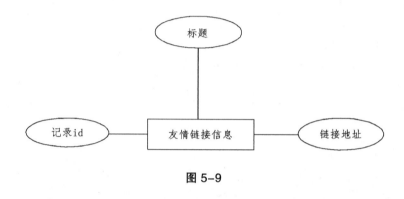

图 5-9

5.2 数据库数据逻辑模型

通过上一节的"E-R"分析,形成网站管理系统的数据库数据逻辑模型如下:

(1)网站基本配置(记录 ID,网站标题,网站网址,网站 LOGO,网站关键字,网站描述,网站版权信息,公司名称,公司联系电话,公司传真,公司邮箱,公司微信,公司二维码,公司地址)。

(2)网站管理员(记录 ID,管理员账号,管理员密码)。

(3)焦点幻灯(记录 ID,幻灯标题,幻灯缩略图,链接地址,排序 ID)。

(4)单页信息(记录 ID,单页标题,来源,发布日期,关键字,描述,内容)。

(5)文章信息(记录 ID,文章标题,来源,发布日期,关键字,描述,文章内容,是否推荐文章)。

(6)产品信息(记录 ID,产品标题,来源,发布日期,缩略图,关键字,描述,产品内容,是否推荐产品)。

(7)留言信息(记录 ID,留言标题,留言日期,留言人,手机号码,QQ 号码,电子邮箱,留言内容,是否处理)。

(8)QQ 客服信息(记录 ID,标题,QQ 号码,客服姓名)。

(9)友情链接信息(记录 ID,标题,链接地址)。

5.3 数据表的设计

根据上一节数据库数据逻辑模型，进一步形成数据表，具体设计如下：

1. 网站基本配置信息表（config）（表5.1）

表 5.1

字段名	类型	Null	主键	外键	唯一	自增	说明
id	int（11）	否	是	否	是	是	记录ID
site_title	varchar（50）	是	否	否	否	否	网站标题
site_url	varchar（50）	是	否	否	否	否	网站地址
site_logo	varchar（100）	是	否	否	否	否	网站LOGO
site_keywords	text	是	否	否	否	否	网站关键字
site_description	text	是	否	否	否	否	网站描述
site_copyright	varchar（100）	是	否	否	否	否	网站版权
company_name	varchar（50）	是	否	否	否	否	公司名称
company_phone	varchar（20）	是	否	否	否	否	公司联系电话
company_fax	varchar（20）	是	否	否	否	否	公司传真
company_email	varchar（30）	是	否	否	否	否	公司邮箱
company_weixin	varchar（30）	是	否	否	否	否	公司微信
company_ewm	varchar（100）	是	否	否	否	否	公司二维码
company_address	varchar（50）	是	否	否	否	否	公司地址

2. 管理员信息表（config）（表5.2）

表 5.2

字段名	类型	Null	主键	外键	唯一	自增	说明
id	int（11）	否	是	否	是	是	记录ID
admin_name	varchar（50）	是	否	否	是	否	管理员账号
admin_pass	varchar（50）	是	否	否	否	否	管理员密码

3. 焦点幻灯信息表（slide）（表5.3）

表 5.3

字段名	类型	Null	主键	外键	唯一	自增	说明
id	int（11）	否	是	否	是	是	记录ID
title	varchar（100）	是	否	否	否	否	幻灯标题
thumbnail	varchar（255）	是	否	否	否	否	缩略图
link	varchar（100）	是	否	否	否	否	链接地址
order	int（11）	是	否	否	否	否	排序ID

4. 单页信息表（single）（表5.4）

表5.4

字段名	类型	Null	主键	外键	唯一	自增	说明
id	int（11）	否	是	否	是	是	记录ID
title	varchar（50）	是	否	否	否	否	单页标题
comefrom	varchar（20）	是	否	否	否	否	来源
pubdate	varchar（20）	是	否	否	否	否	发布日期
keywords	text	是	否	否	否	否	关键字
description	text	是	否	否	否	否	描述
content	text	是	否	否	否	否	单页内容

5. 文章信息表（article）（表5.5）

表5.5

字段名	类型	Null	主键	外键	唯一	自增	说明
id	int（11）	否	是	否	是	是	记录ID
title	varchar（50）	是	否	否	否	否	文章标题
comefrom	varchar（20）	是	否	否	否	否	来源
pubdate	varchar（20）	是	否	否	否	否	发布日期
keywords	text	是	否	否	否	否	关键字
description	text	是	否	否	否	否	描述
content	text	是	否	否	否	否	文章内容
posid	varchar（10）	是	否	否	否	否	是否推荐文章

6. 产品信息表（produce）（表5.6）

表5.6

字段名	类型	Null	主键	外键	唯一	自增	说明
id	int（11）	否	是	否	是	是	记录ID
title	varchar（50）	是	否	否	否	否	文章标题
comefrom	varchar（20）	是	否	否	否	否	来源
pubdate	varchar（20）	是	否	否	否	否	发布日期
thumbnail	varchar（100）	是	否	否	否	否	产品缩略图
keywords	text	是	否	否	否	否	关键字
description	text	是	否	否	否	否	描述
content	text	是	否	否	否	否	文章内容
posid	varchar（10）	是	否	否	否	否	是否推荐产品

7. 留言息表（guestbook）（表 5.7）

表 5.7

字段名	类型	Null	主键	外键	唯一	自增	说明
id	int（11）	否	是	否	是	是	记录 ID
title	varchar（50）	是	否	否	否	否	留言标题
pubdate	varchar（50）	是	否	否	否	否	留言日期
name	varchar（30）	是	否	否	否	否	留言人
tel	varchar（20）	是	否	否	否	否	留言人联系电话
qq	varchar（15）	是	否	否	否	否	留言人 QQ
email	varchar（30）	是	否	否	否	否	留言人 email
content	text	是	否	否	否	否	留言内容
deal	varchar（5）	是	否	否	否	否	是否处理

8. QQ 客服信息表（QQ）（表 5.8）

表 5.8

字段名	类型	Null	主键	外键	唯一	自增	说明
id	int（11）	否	是	否	是	是	记录 ID
title	varchar（30）	是	否	否	否	否	客服标题
qqnum	varchar（15）	是	否	否	否	否	QQ 号码
truename	varchar（20）	是	否	否	否	否	客服真实姓名

9. 友情链接信息表（friend）（表 5.9）

表 5.9

字段名	类型	Null	主键	外键	唯一	自增	说明
id	int（11）	否	是	否	是	是	记录 ID
title	varchar（20）	是	否	否	否	否	友情链接标题
url	varchar（50）	是	否	否	否	否	链接地址

5.4 数据库的实施

数据表设计完成并检查无误后，我们就开始在 MySQL 服务器上实施了。即在 MySQL 数据库服务器上建立数据库，然后按照上一节的数据表设计要求建立数据表。

5.4.1 创建数据库

创建数据库 company，语句为如下：

CREATEDATABASE   company default character SET utf8 collate utf8_general_ci;

5.4.2 创建数据表

开始创建数据表前，首先要选择操作的数据库，代码如下：
USE `company`;

1. 创建"网站基本配置信息表"

SQL 语句如下：
CREATE TABLE `config`（
`id` int（11）NOT NULL AUTO_INCREMENT,
`site_title` varchar（50）DEFAULT NULL COMMENT '网站标题 rn',
`site_url` varchar（50）DEFAULT NULL COMMENT '网站地址',
`site_logo` varchar（100）DEFAULT NULL,
`site_keywords` text COMMENT '网站关键字',
`site_description` text COMMENT '网站描述',
`site_copyright` varchar（100）DEFAULT NULL COMMENT '权版信息',
`company_name` varchar（50）DEFAULT NULL COMMENT '公司名称',
`company_phone` varchar（20）DEFAULT NULL COMMENT '公司联系电话',
`company_fax` varchar（20）DEFAULT NULL,
`company_email` varchar（30）DEFAULT NULL COMMENT '公司电子邮箱',
`company_weixin` varchar（30）DEFAULT NULL COMMENT '微信',
`company_ewm` varchar（100）DEFAULT NULL COMMENT '公司二维码',
`company_address` varchar（50）DEFAULT NULL COMMENT '公司地址',
PRIMARY KEY（`id`）
）ENGINE=MyISAMDEFAULT CHARSET=utf8;

2. 创建"管理员信息表"

SQL 语句如下：
CREATE TABLE `admin`（
`id` int（11）NOT NULL AUTO_INCREMENT COMMENT '管理员 ID',
`admin_name` varchar（50）DEFAULT NULL COMMENT '管理员账号',
`admin_pass` varchar（50）DEFAULT NULL COMMENT '管理员密码',
PRIMARY KEY（`ID`）
）ENGINE=MyISAMDEFAULT CHARSET=utf8;

3. 创建"焦点幻灯信息表"

SQL 语句如下：
CREATE TABLE `slide`（
`id` int（11）NOT NULL AUTO_INCREMENT,
`title` varchar（100）DEFAULT NULL,

`thumbnail` varchar（255）DEFAULT NULL,
`link` varchar（100）DEFAULT NULL,
`orderid` int（11）DEFAULT NULL,
PRIMARY KEY（`ID`）
）ENGINE=MyISAMDEFAULT CHARSET=utf8;

4. 创建"单页信息表"

SQL 语句如下：
CREATE TABLE `single`（
`id` int（11）NOT NULL AUTO_INCREMENT,
`title` varchar（50）DEFAULT NULL COMMENT '标题',
`comefrom` varchar（20）DEFAULT NULL COMMENT '来源',
`pubdate` varchar（20）DEFAULT NULL COMMENT '发布日期',
`keywords` text COMMENT '关键字',
`description` text COMMENT '描述',
`content` text COMMENT '内容',
PRIMARY KEY（`ID`）
）ENGINE=MyISAMDEFAULT CHARSET=utf8;

5. 创建"文章信息表"

SQL 语句如下：
CREATE TABLE `article`（
`id` int（11）NOT NULL AUTO_INCREMENT COMMENT '文章id',
`title` varchar（50）DEFAULT NULL COMMENT '文章标题',
`comefrom` varchar（20）DEFAULT NULL COMMENT '来源',
`pubdate` varchar（20）DEFAULT NULL COMMENT '发布日期',
`keywords` text CHARACTER SET utf8mb3 COMMENT '关键字',
`description` text CHARACTER SET utf8mb3 COMMENT '描述',
`content` text CHARACTER SET utf8mb3 COMMENT '内容',
`posid` varchar（50）CHARACTER SET utf8mb3 DEFAULT NULL COMMENT '推荐位',
PRIMARY KEY（`ID`）
）ENGINE=MyISAMDEFAULT CHARSET=utf8;

6. 创建"产品信息表"

SQL 语句如下：
CREATE TABLE `produce`（
`id` int（11）NOT NULL AUTO_INCREMENT COMMENT '文章id',
`title` varchar（50）DEFAULT NULL COMMENT '产品标题',
`comefrom` varchar（20）DEFAULT NULL COMMENT '来源',
`pubdate` varchar（20）DEFAULT NULL COMMENT '发布日期',
`thumbnail` varchar（100）DEFAULT NULL COMMENT '缩略图',

`keywords` text COMMENT '关键字',
`description` text COMMENT '描述',
`content` text COMMENT '内容',
`posid` varchar（50）DEFAULT NULL COMMENT '推荐位',
PRIMARY KEY（`ID`）
）ENGINE=MyISAMDEFAULT CHARSET=utf8;

7. 创建"留言信息表"

SQL 语句如下：

CREATE TABLE `guestbook`（
`id` int（11）NOT NULL AUTO_INCREMENT,
`title` varchar（50）DEFAULT NULL COMMENT '留言标题',
`pubdate` varchar（50）DEFAULT NULL COMMENT '留言时间',
`name` varchar（30）DEFAULT NULL COMMENT '称呼',
`tel` varchar（20）DEFAULT NULL COMMENT '手机号码',
`qq` varchar（15）CHARACTER SET utf32 DEFAULT NULL COMMENT 'qq',
`email` varchar（30）DEFAULT NULL COMMENT '邮箱',
`content` text COMMENT '留言内容',
`deal` varchar（5）DEFAULT '否' COMMENT '是否处理',
PRIMARY KEY（`ID`）
）ENGINE=MyISAM　DEFAULT CHARSET=utf8;

8. 创建"QQ 客服信息表"

SQL 语句如下：

CREATE TABLE `QQ`（
`id` int（11）NOT NULL COMMENT 'id',
`title` varchar（30）DEFAULT NULL COMMENT '标题',
`qqnum` varchar（15）DEFAULT NULL COMMENT 'QQ 号码',
`truename` varchar（20）DEFAULT NULL COMMENT '客服姓名',
PRIMARY KEY（`id`）
）ENGINE=MyISAM DEFAULT CHARSET=utf8;

9. 创建"友情链接信息表"

SQL 语句如下：

CREATE TABLE `friend`（
`id` int（11）NOT NULL,
`title` varchar（20）DEFAULT NULL COMMENT '标题',
`url` varchar（50）DEFAULT NULL COMMENT '链接地址',
PRIMARY KEY（`ID`）
）ENGINE=MyISAM DEFAULT CHARSET=utf8;

至此，数据表创建完成。重新检查无误后，数据库设计任务结束。

知识点讲解

1. 关于"E-R"图

（1）"E-R"图定义

E-R图也称实体-联系图（Entity Relationship Diagram），提供了表示实体类型、属性和联系的方法，用来描述现实世界的概念模型。

（2）"E-R"方法

E-R方法是"实体-联系方法"（Entity-Relationship Approach）的简称。它是描述现实世界概念结构模型的有效方法。是表示概念模型的一种方式，用矩形表示实体型，矩形框内写明实体名；用椭圆表示实体的属性，并用无向边将其与相应的实体型连接起来；用菱形表示实体型之间的联系，在菱形框内写明联系名，并用无向边分别与有关实体型连接起来，同时在无向边旁标上联系的类型（1∶1，1∶n或m∶n）。

（3）"E-R"构成要素

构成 E-R 图的基本要素是实体型、属性和联系，其表示方法为：

① 实体（Entity）。具有相同属性的实体具有相同的特征和性质，用实体名及其属性名集合来抽象和刻画同类实体；在 E-R 图中用矩形表示，矩形框内写明实体名，如图 5-10 所示。

图 5-10

② 属性（Attribute）。实体所具有的某一特性，一个实体可由若干个属性来刻画。在 E-R 图中用椭圆形表示，并用无向边将其与相应的实体连接起来；比如学生的姓名、学号、性别、都是属性，如图 5-11 所示。

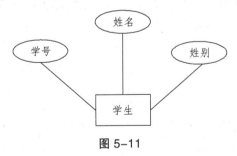

图 5-11

③ 联系（Relationship）。联系也称关系，信息世界中反映实体内部或实体之间的联系。实体内部的联系通常是指组成实体的各属性之间的联系；实体之间的联系通常是指不同实体集之间的联系。在 E-R 图中用菱形表示，菱形框内写明联系名，并用无向边分别与有关实体连接起来，同时在无向边旁标上联系的类型（1∶1，1∶n或m∶n）。比如老师给学生授课存在授课关系，学生选课存在选课关系。如果是弱实体的联系则在菱形外面再套菱形。

联系可分为以下 3 种类型：

一对一联系（1∶1）：例如，一个部门有一个经理，而每个经理只在一个部门任职，则部门与经理的联系是一对一的，如图 5-12 所示。

图 5-12

一对多联系（1∶n）：例如，一个班级与学生之间存在一对多的联系"有"，即一个班级可以有多个学生，但是每个学生只能属于一个班，如图 5-13 所示。

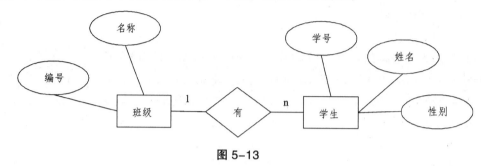

图 5-13

多对多联系（m∶n）：例如，学生与课程间的联系（"学"）是多对多的，即一个学生可以学多门课程，而每门课程可以有多个学生来学，如图 5-14 所示。

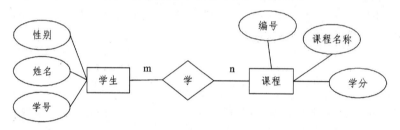

图 5-14

当然，联系也可能有属性，例如，学生"学"某门课程所取得的成绩，既不是学生的属性也不是课程的属性。由于"成绩"既依赖于某名特定的学生又依赖于某门特定的课程，所以它是学生与课程之间的联系"学"的属性，如图 5-15 所示。

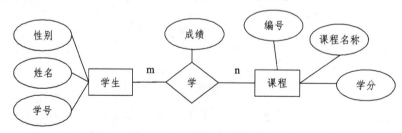

图 5-15

（4）画"E-R"图的步骤

① 确定所有的实体集合。
② 选择实体集应包含的属性。
③ 确定实体集之间的联系。
④ 确定实体集的关键字，用下划线在属性上表明关键字的属性组合。

⑤确定联系的类型，在用线将表示联系的菱形框联系到实体集时，在线旁注明是 1 或 n（多）来表示联系的类型。

2. MySQL 数据库基本操作

（1）连接数据库

mysql 命令用户连接数据库的语法格式如下：

mysql -h 主机地址 -u 用户名 –p 用户密码

①例如连接到本机上的 MySQL。首先打开 DOS 窗口，然后进入目录 mysql\bin，再键入命令 mysql -u root -p，回车后提示你输密码。

注意：用户名前可以有空格也可以没有空格，但是密码前必须没有空格，否则让你重新输入密码。

②连接到远程主机上的 MySQL。假设远程主机的 IP 为：110.110.110.110，用户名为 root，密码为 abcd123。则键入以下命令：

mysql -h110.110.110.110 -u root -p 123；

③退出 MYSQL 命令：exit（回车）。

（2）修改用户密码

mysqladmin 命令用于修改用户密码。

mysqladmin 命令格式：mysqladmin -u 用户名 -p 旧密码 password 新密码

①给 root 加个密码 ab12（假设原来没有密码）

首先在 DOS 下进入目录 mysql\bin，然后键入以下命令：

mysqladmin -u root -password ab12；

注：因为开始时 root 没有密码，所以 -p 旧密码一项就可以省略了。

②再将 root 的密码改为 abc888

mysqladmin -u root -p ab12 password abc888

（3）新增用户

grant on 命令用于增加新用户并控制其权限，命令格式如下：

grant SELECT on 数据库.* to 用户名@登录主机 identified by "密码"

①增加一个用户 test1，密码为 abc，让他可以在任何主机上登录，并对所有数据库有查询、插入、修改、删除的权限。首先用 root 用户连入 MYSQL，然后键入以下命令：

grant SELECT, INSERT, UPDATE, DELETE ON *.* to [email=test1@"%"]test1@"%"[/email]" Identified by "abc";

但增加的用户是十分危险的，你想如某个人知道 test1 的密码，那么他就可以在 Internet 上的任何一台电脑上登录你的 mysql 数据库并对你的数据可以为所欲为了，解决办法如下。

②增加一个用户 test2 密码为 abc，让他只可以在 localhost 上登录，并可以对数据库 mydb 进行查询、插入、修改、删除的操作（localhost 指本地主机，即 MYSQL 数据库所在的那台主机），这样用户即使用知道 test2 的密码，他也无法从 Internet 上直接访问数据库，只能通过 MYSQL 主机上的 web 页来访问了。

grant SELECT, INSERT, UPDATE, DELETE ON mydb.* to [email=test2@localhost]test2 @localhost[/email] identified by "abc";

如果你不想 test2 有密码，可以再打一个命令将密码消掉。

grant SELECT，INSERT，UPDATE，delete on mydb. * to [email=test2@localhost]test2@localhost[/email] identified by ""；

（4）创建数据库

CREATE 命令用于创建数据库。

CREATE 命令格式：CREATE DATABASE<数据库名>；

注意：创建数据库之前要先连接 MySQL 服务器。

例如：建立一个名为 db_test 的数据库，命令：CREATE DATABASE xhkdb；

（5）显示数据库

show DATABASES 命令用于显示所有数据库。

SHOW DATABASES 命令格式：SHOW DATABASES；（注意：最后有个 s）

例如要显示数据库服务器所有的数据库，命令：SHOW DATABASES；

（6）删除数据库

DROP 命令用于删除数据库，命令格式如下：DROP DATABASE<数据库名>；

【例1】删除一个已经确定存在的数据库 db_test，命令：DROP DATABASEDROP_database；

执行后的结果：Query OK，0 rows affected（0.00 sec）

【例2】删除一个不确定存在的数据库 db_stusys，命令：DROP DATABASE db_stusys；

执行后的结果：ERROR 1008（HY000）：Can't DROP DATABASE 'db_stusys'; database doesn't exist

结果的意思是：发生错误，不能删除'DROP_database'数据库，该数据库不存在。

如果将命令改写为：DROP DATABASE if exists db_stusys；

则执行的结果是：Query OK，0 rows affected，1 warning（0.00 sec）

结果的意思是：产生一个警告说明此数据库不存在

（7）使用数据库

use 命令用于把指定的数据库作为默认（当前）数据库使用，用于后续语句。该数据库保持为默认数据库，直到语段的结尾，或者直到出现下一个不同的 use 语句。

use 命令格式：use <数据库名>；

例如：把数据库 db_test 设置为默认数据库，命令如下：use db_test；

执行后的结果为：Database changed

（8）创建数据表

CREATE TABLE 命令用来创建数据表。

CREATE TABLE 命令格式：CREATE TABLE<表名>（<字段名1><类型1> [,..<字段名n><类型n>]）；

例如，建立一个名为 menber 的表（表5.10）：

mysql>CREATE TABLE menber（

> id int not null primary key auto_increment，

> name varchar（30）not null，

> sex varchar（2）not null，

> age smallint default null default '0'）；

表 5.10

字段名	类型	空（NULL）	主键	外键	自增	默认值
id	int	否	是	否	是	
name	varchar（30）	否	否	否	否	
sex	varchar（2）	否	否	否	否	
age	smallint	是	否	否	否	0

（9）获取表结构

desc 命令用于获取数据表结构。

desc 命令格式：desc 表名；

同样，使用以下命令格式也能获取数据表结构：

show columns from 表名；

例如：查看学生信息表 student 的数据表结构，命令如下：

desc student；

或

show columns from student；

（10）删除数据表

DROP TABLE 命令用于删除数据表。

DROP TABLE 命令格式：DROP TABLE<表名>；

例如，删除表名为 info 的表，命令：DROP TABLE info；

（11）向表中插入数据

INSERT INTO 命令用于向表中插入数据。

INSERT INTO 命令格式：INSERT INTO<表名> [(<字段名 1>[,..<字段名 n >])] VALUES（值 1）[,（值 n）]；

例如：向 student 表插入一条记录，记录表示：学号为 2007001，姓名为张东，性别为男，班级为 13 级计算机应用 1 班。

INSERT INTO student（stu_number, stu_name, sex, class）VALUES（2007001,'张东','男','13 级计算机应用 1 班'）;

（12）查询表中数据

① 查询所有行。

命令格式：SELECT<字段 1，字段 2，...> from <表名>WHERE<表达式>；

例如，查看表 student 中所有数据：SELECT* FROM student；

② 查询前几行数据

例如，查看表 MyClass 中前 2 行数据：SELECT* FROM student ORDER BY id LIMIT 0，2；

SELECT 一般配合 WHERE 使用，以查询更精确更复杂的数据。

（13）删除记录

DELETE FROM 命令用于删除表中的数据。

DELETE FROM 命令格式：DELETE FROM 表名 WHERE 表达式

例如，删除表 student 中学号为 2007001 的记录：

DELETE FROM student WHERE stu_number=2007001；

（14）修改表中的数据

UPDATE set 命令用来修改表中的数据。

UPDATE set 命令格式：UPDATE 表名 SET 字段=新值，… WHERE 条件；

例如：修改 student 表中学号为 2007001 的学生姓名为李四，命令如下：

UPDATE student SET name='李四' WHERE stu_number=2007001；

（15）增加字段

ALTER ADD 命令用来增加表的字段。

ALTER ADD 命令格式：ALTER TABLE 表名 add 字段类型其他；

例如，在表 student 中添加了一个字段 address，类型为 varchar（40），默认值 NULL,，命令：ALTER TABLE student ADD address varchar（40）default null；

① 加索引，命令的格式：ALTER TABLE 表名 ADD index 索引名（字段名 1[，字段名 2 …]）；

例如：在表 employee 中增加名 emp_name 的索引，索引的字段为 name，命令如下：

ALTER TABLE employee ADD index emp_name（name）；

② 加主关键字的索引，命令的格式如下：

ALTER TABLE 表名 ADD primary key（字段名）；

例如：ALTER TABLE employee ADD primary key（id）；

③ 加唯一限制条件的索引，命令的格式：

ALTER TABLE 表名 ADD unique 索引名（字段名）；

例如：ALTER TABLE employee ADD unique emp_name2（cardnumber）；

④ 删除某个索引，命令的格式：ALTER TABLE 表名 drop index 索引名；

例如：ALTER TABLE employee DROP index emp_name；

⑤ 增加字段，命令的格式：ALTER TABLE 表名 ADD 字段名字段类型；

例如：ALTER TABLE employee ADD age int；

⑥ 修改原字段名称及类型，命令的格式：ALTER TABLE 表名 CHANGE 原字段名新字段名新字段类型；

例如：ALERT TABLE student CHANGE stu_name name varchar（20）；

⑦ 删除字段，命令的格式：ALTER TABLE 表名 DROP 字段名；

例如：ALTER TABLE student DROP age；

（16）修改表名，命令的格式：rename table 原表名 to 新表名；

例如，把表 student 名字更改为 stu，命令：rename table student to stu；

（17）备份数据库

mysqldump 命令用来备份数据库。

mysqldump 命令在 DOS 的[url=file：//\\mysql\\bin]\\mysql\\bin[/url]目录下执行。

① 导出整个数据库（导出文件默认是存在 mysql\bin 目录下），命令的格式如下：

mysqldump -u 用户名 -p 数据库名>导出的文件名

例如：mysqldump -u user_name -p123456 database_name > outfile_name. sql

② 导出一个表，命令的格式如下：

mysqldump -u 用户名 -p 数据库名表名>导出的文件名

例如：mysqldump -u user_name -p database_name table_name > outfile_name. sql

③ 导出一个数据库结构，命令的格式如下：

mysqldump -u 用户名 -p -d –add-DROP-table 数据库名>导出的文件名

其中，"-d"表示没有数据，"–add-DROP-table"表示在每个 CREATE 语句之前增加一个 DROP TABLE。

例如：mysqldump -u user_name -p -d –add-drop-table database_name > outfile_name. sql

④ 带语言参数导出，命令的格式如下：

mysqldump -u 用户名 –p –default-character-set=默认字符编码 –set-charset=字符集 –skip-opt 数据库名>导出的文件名

例如：mysqldump -uroot -p –default-character-set=latin1 –set-charset=utf8 –skip-opt database_name > outfile_name. sql

通过命令行的方式，有利于对 sql 语句的记忆，有利于加深对数据库操作的理解。但是，从开发效率角度来分析，这种方式的工作效率不高，因此在实际的项目开发中，往往引入第三方 MySQL 数据库管理工具，如 phpmyadmin, navicate 等，这些都是非常好用的工具，具体如何使用不作详细讲解。

任务 6 网站后台开发

能力目标

◎ 能够根据功能需求,使用 PHP 动态网站开发技术的开发项目功能模块,以培养学生 PHP 项目开发能力。
◎ 培养学生分析问题与解决问题的能力。
◎ 培养学生良好的逻辑思维能力。
◎ 培养学生良好的代码编写规范和严谨的工作态度。

知识目标

◎ 掌握 PHP 基础知识。
◎ 掌握掌用常用 PHP 函数的应用。
◎ 掌握在线编辑器在 PHP 的应用。
◎ 掌握 PHP 操作数据库数据的四大操作,即写入数据、查询数据、修改数据、删除数据。
◎ 掌握分页的原理与应用。

6.1 配置开发环境

搭建 PHP 的环境方法有很多,主要分为独立安装和集成安装两种。独立安装需要你分别下载 Apache、MySQL 和 PHP 等软件,而集成安装只需要下载一个软件安装包就可以了。对于初学者,为了节约时间,只需要学习集成安装方法这一种就够用了。

集成安装包主要有:WampServer、AppServ、Easyphp 等,只要下载其中一种就可以了。此处以 Appserv 为例给大家讲解安装的过程。

首先到 appserv 官方网站(http://www.appservnetwork.com/en/)下载安装包。接下来按以下的步骤进行安装:

(1)双击安装包文件,依次单击【Next】,【I Agree】,然后选择要安装的目录,并且单击【Next】,如图 6-1 所示。

(2)保持默认,单击【Next】,如图 6-2 所示。

(3)接下来配置 Apache 中的 Server Name、Administrator's Email Address 以及 HTTP 服务的端口,Server Name 一般设置为 localhost,默认端口为:80,如果 80 端口已有其他服务,

需要修改 HTTP 的服务端口，比如 8080，邮箱填写一个自己的邮箱或者是随便一个邮箱地址。然后单击【Next】，如图 6-3 所示。

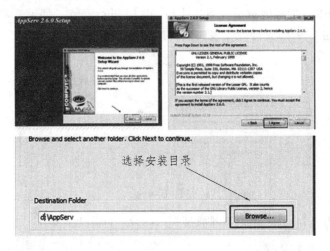

图 6-1

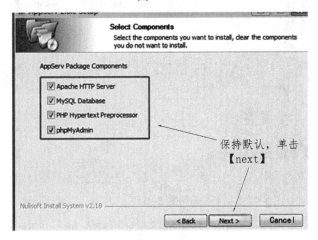

图 6-2

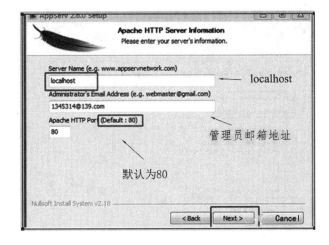

图 6-3

（4）配置 AppServ 中的 MySQL 服务用户名和密码。MySQL 服务数据库的默认管理账户为 root，默认字符集为 UTF-8，用户根据自己需要可修改相关的字符集编码，一般英文用 UTF-8。中文用 GBK。配置完成后，点击【Install】，进行安装。如果杀毒软件弹出窗口，要允许操作，不要阻止，否则会导致安装失败，如图 6-4 所示。

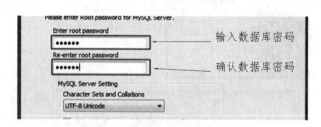

图 6-4

（5）单击【Finish】，完成安装，并启动相关服务，如图 6-5 所示。

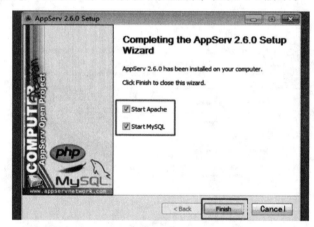

图 6-5

（6）验证 AppServ 是否安装成功。在浏览器地址栏输入 http：//localhost 或者是 127.0.0.1，回车看到界面如下，则安装成功，如图 6-6 所示。

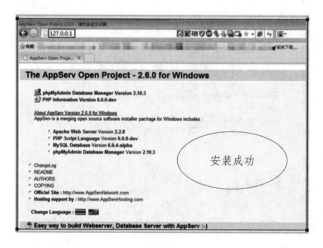

图 6-6

（7）安装成功后，我们进入到安装目录，可以看到如图6-7目录结构，其中"www"文件夹为网站的根目录，若要卸载AppServ，只点双击文件"Uninstall-AppServ2.6.0.exd"即可。

6.2 开发登录验证模块

图 6-7

在开发该模块前，应先把任务5产生的文件（即整个web文件夹）剪切至网站的根目录（即www），本模块产生的文件存放至路径"www/web/admin"以及该路径下相应的文件夹。

6.2.1 设计登录验证页面

6.2.1.1 设计登录验证版面

该模块作为进入网站后台的入口，因此，在版面设计中要体现账号和密码文本域，同时应包含登录后台按钮，页面的色调采用蓝色，该页的版面效果如图6-8所示。

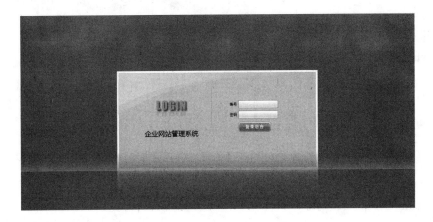

图 6-8

6.2.1.2 "登录验证"版面切图

版面图设计出来以后，我们使用切图技术，将版面图转换成网页文件login.php保存到路径"www/web/admin"。

（1）编写结构与内容代码

代码如下：

1　<!DOCTYPE html PUBLIC "-//W3C//DTD XHTML 1.0 Transitional//EN" "http：//www.w3.org/TR/xhtml1/DTD/xhtml1-transitional.dtd">

2　<html xmlns="http：//www.w3.org/1999/xhtml">

3　<head>

4　<meta http-equiv="Content-Type" content="text/html；charset=utf-8" />

5　<title>企业网站管理系统</title>

6 </head>

7 <body>

8 <div id="main">

9 <div id="wrapper">

10 <form action="login_check.php" method="Post" id="form1" onSubmit="return chk（this）">

11 <div id="sys_name">

12 <p> ；</p>

13 <p> ；</p>

14 <p>企业网站管理系统</p>

15 </div>

16 <ul id="cont">

17 <li>

18 <label class="lb" for="uname">账号</label>

19 <input name="admin_name" id="uname" type="text" class="ip" value="" maxlength="18" />

20 </li>

21 <li>

22 <label class="lb" for="pwd">密码</label>

23 <input name="admin_pass" id="pwd" type="password" class="ip" value="" maxlength="10" />

24 </li>

25

26 <li><span>

27 <input type="image" src="images/ente.png" title="登录系统"/>

28 </span></li>

29 </ul>

30 <p id="copy"></p>

31 </form>

32 </div>

33 </div>

34 </body>

35 </html>

（2）编写CSS实现该页面的具体表现

编写CSS（login.css）文件保存到路径"jiaocai/admin/css"中，并把文件通过链接的方式引入到login.php页面。login.CSS文件的完整代码如下：

1 @charset "utf-8"；

2 body{margin：0；padding：0；text-align：center；background：url（../images/main_bg.gif）repeat-x top center #0e85c2；font-size：12px；font-family：arial,helvetica,sans-serif,"

宋体"; }
3　img{border: 0; }
4　ul, li{list-style: none; }
5　a{color: #fff; text-decoration: none; outline: none; }
6　a: link{color: #fff; text-decoration: none; }
7　a: visited{color: #fff; text-decoration: none; }
8　a: hover{color: #fe9715; text-decoration: underline; }
9　#main{width: 960px; margin: 0 auto; }
10　#logo{position: absolute; top: 35px; left: 180px; width: 694px; height: 466px; background: url（../images/login_logo.gif）no-repeat; }
11　#wrapper{width: 694px; height: 466px; top: 188px; margin-left: auto; margin-right: auto; background: url（../images/loginmain_bg.gif）no-repeat; position: relative; }
12　#sys_name{
13　position: absolute;
14　top: 67px;
15　left: 95px;
16　font-size: 23px;
17　font-family: "微软雅黑";
18　height: 150px;
19　background: url（../images/login_logo.png）center top no-repeat;
20　}
21　#cont{
22　margin: 0;
23　padding: 0;
24　position: absolute;
25　top: 96px;
26　left: 358px;
27　}
28　#cont li{height: 35px; line-height: 35px; text-align: left; }
29　#cont li label. lb{float: left; width: 50px; padding: 0 5px; line-height: 35px; text-align: right; }
30　#cont li input. ip{width: 132px; border: #41a1be 1px solid; font-size: 12px; background: url（../images/inputstyle.gif）repeat-x; color: #898989; font-family: , "verdana"; height: 20px; line-height: 20px; padding: 2px; }
31　#cont li span{display: block; padding-left: 60px; }
32　#cont span{padding-left: 3px; padding-top: 6px; }
33　. entestyle{background: url（../images/login_logo.gif）no-repeat; width: 115px; height: 36px; }
34　#copy{margin: 0 auto; position: relative; top: 345px; color: #fff; }

为了增加该模块的用户体验，在没有输入账号和密码的情况下点击"登录后台"按钮，应弹窗提示"请输入账号！"或"请输入密码！"。我们在 login.php 文件的<head>与</head>之间编写 javascript 代码来实现该效果，代码如下：

```
1   <script type="text/javascript">
2   function chk（theForm）{
3     if（theForm.admin_name.value == ""）{
4       alert（"请输入账号！"）;
5       theForm.admin_name.focus（）;
6       return（false）;
7     }
8     else if（theForm.admin_pass.value == ""）{
9       alert（"请输入密码！"）;
10      theForm.admin_pass.focus（）;
11      return（false）;
12    }else{
13      return true；
14    }
15  }
16  </script>
```

在上述代码中，第 2 行创建自定义函数，函数的名称为 chk，同时该函数带了一个形参 theForm；第 3~14 行为函数体的内容，实现对账号和密码文域进行非空判断。

至此，login.php 页面代码编写完毕，该页面的完整代码如下：

```
1   <!DOCTYPE html PUBLIC "-//W3C//DTD XHTML 1.0 Transitional//EN" "http：//www.w3.org/TR/xhtml1/DTD/xhtml1-transitional.dtd">
2   <html xmlns="http：//www.w3.org/1999/xhtml">
3   <head>
4   <meta http-equiv="Content-Type" content="text/html；charset=utf-8" />
5   <title>企业网站管理系统 1.0</title>
6   <link href="css/login.css" rel="stylesheet" type="text/css" />
7   <script type="text/javascript">
8   function chk（theForm）{
9     if（theForm.admin_name.value == ""）{
10      alert（"请输入账号！"）;
11      theForm.admin_name.focus（）;
12      return（false）;
13    }
14    else if（theForm.admin_pass.value == ""）{
15      alert（"请输入密码！"）;
16      theForm.admin_pass.focus（）;
```

```
17    return（false）;
18    }else{
19    return true;
20    }
21    }
22    </script>
23    </head>
24    <body>
25    <div id="main">
26    <div id="wrapper">
27    <form action="login_check. php" method="Post" id="form1" onSubmit="return chk（this）">
28    <div id="sys_name">
29    <p> ；</p>
30    <p> ；</p>
31    <p>企业网站管理系统</p>
32    </div>
33    <ul id="cont">
34    <li>
35    <label class="lb" for="uname">账号</label>
36    <input name="admin_name" id="uname" type="text" class="ip" value="" maxlength="18" />
37    </li>
38    <li>
39    <label class="lb" for="pwd">密码</label>
40    <input name="admin_pass" id="pwd" type="password" class="ip" value="" maxlength="10" />
41    </li>
42
43    <li><span>
44    <input type="image" src="images/ente. png" title="登录系统"/>
45    </span></li>
46    </ul>
47    <p id="copy"></p>
48    </form>
49    </div>
50    </div>
51    </body>
52    </html>
```

6.2.2 编写数据库连接文件（conn.php）

页面在操作数据库数据之前，首先要与数据库建立连接，并选择要操作的数据库。因为在后续的模块开发中，大部分页面需操作数据库的数据，因此应把连接数据库的代码写在单独的文件，然后使用 require_once（）函数将该文件引入即可。这样可以避免代码的重复编写，提高了编写代码的效率。该文件编写好后保存在路径"www/web/inc"中，conn.php 文件的代码如下：

```
    //创建数据库连接对象
1   $conn=mysql_connect（"localhost"，"root"，"123"）;
2   //如果数据库连接对象创建失败，抛出错误信息
3   if（!$conn）
4   {
5   die（'Could not connect：'. mysql_error（））;
6   }
7   //选择要操作的数据库对象
8   $dbselect=mysql_select_db（"company"，$conn）;
9   //如果数据库选择失败，抛出错误信息
10  if（!$dbselect）
11  {
12  die（'Can\'t use DataBase：'. mysql_error（））;
13  }
14  //设置编码为 utf8
15  mysql_query（"set names utf8"）;
```

6.2.3 编写登录验证文件（login_check.php）

该文件主要是对表单页面（login.php）提交过来的账号和密码进行验证，若在数据库的 admin 表中能找与提交过来的账号和密码一致的记录，则使用 session 存储相关信息并进入网站的后台；若未能找到与提交过来的账号和密码一致的记录，则提示账号或密码不正确并返回到登录页面。该文件的完整代码如下：

```
1   <?php session_start（）; ?>
2   <!DOCTYPE html PUBLIC "-//W3C//DTD XHTML 1.0 Transitional//EN" "http：//www.w3.org/TR/xhtml1/DTD/xhtml1-transitional.dtd">
3   <html xmlns="http：//www.w3.org/1999/xhtml">
4   <head>
5   <meta http-equiv="Content-Type" content="text/html; charset=utf-8" />
6   <title>无标题文档</title>
7   </head>
8   <body>
9   <?php
```

10　require_once'conn.php';
11　//接收表单传递过来的值并赋给相应的变量$admin_name和$admin_pass
12　$admin_name=$_POST['admin_name'];
13　$admin_pass=$_POST['admin_pass'];
14　//将查询语句赋给变量$sql
15　$sql="SELECT* FROM admin WHERE admin_name='". $admin_name. "' and admin_pass='". $admin_pass. "'";
16　//执行sql语句，并将结果返回给变量$result，实际上，返回的结果是一个数组
17　$result=mysql_query（$sql）;
18　if（$result）{
19　//获取$result数组中记录的行数
20　$row=mysql_num_rows（$result）;
21　//判断是否找到相应的数据记录
22　if（$row>0）{
23　$_SESSION['ischecked']="ok";
24　$_SESSION['admin_name']=$_POST['admin_name'];
25　echo "<script>alert（'登录成功!'）; window. location. href='index. php'</script>";
26　exit;
27　}else{
28　echo "<script>alert（'你的账号或密码不正确!'）; window. location. href='login. php'</script>";
29　exit;
30　}
31　}
32　//关闭数据库连接
33　mysql_close（$conn）;
34　?>
35　</body>
36　</html>

6.2.4　编写session文件（session.php）

从登录验证文件（login_check.php）分析可知，若输入的用户名和密码均正确的情况下，在跳转到网站后台之前，执行了"$_SESSION['ischecked']='ok';"和"$_SESSION['zh']=$_POST['admin_name'];"代码，这样做有什么作用呢？

作用一：传值。在进入网站后台后，若某个页面需用到用户名，直接使用"$_SESSION['zh']"代码便可取出用户名。

作用二：通常用于用户身份认证功能。通过session记录用户的有关信息，以供用户再次以此身份对web服务器提供要求时作出确认。从另一个角度来看，也可以理解为利用SESSION的这种特性保护后台文件的访问权限。如果没有SESSION对后台文件的访问保护，那么，只

要知道路径就可以访问后台文件,那是一件非常危险的事情,关于 SESSION 的知识请见该任务后的知识点讲解。

该文件(session.php)完整的代码如下:

```
<?php
session_start();
if(empty($_SESSION['zh']) && $_SESSION['ischecked']!='ok'){
echo "<script>alert('请不要非法访问!');window.location.href='login.php'</script>";
exit;
}
?>
```

以上代码块的意义是:如果$_SESSION['zh']的值为空,并且$_SESSION['ischecked']的值不等 ok,则弹出窗口提示并返回到登录页面 login.php。

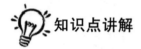知识点讲解

1. 登录验证原理

登录验证模块是企业网站后台的入口,管理员在登录页面输入账号和密码并点击提交按钮后,验证文件将接收账号和密码数据进行验证。如果输入的账号和密码无误,则进入网站的后台,否则弹窗提示"温馨提示:账号或密码不正确!"。点击"确定"按钮后重新跳转至登录页面。该模块的流程如图 6-9 所示。

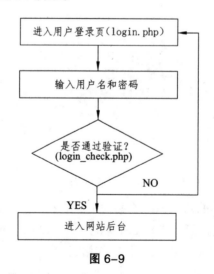

图 6-9

2. Javascript 实现非空验证

login.php 文件的第 7~22 行代码为 javascript 代码,它实现了对账号和密码的非空验证以增强用户的体验,该代码写成了函数形式(函数名 chk)。因此,在表单的开始标签<form>中加入代码 onSubmit="return chk(this)进行调用。

3. mysql_connect（）函数

该函数用于打开非持久的 MySQL 连接，如果连接成功，则返回一个 MySQL 连接标识，失败则返回 false。

【其语法格式】

mysql_connect（server，user，pwd）

【参数说明】

server：可选，用于规定连接的服务器，如 mysql server 在本地端，则使用 localhost 或 127.0.0.1。

user：可选，服务器的用户名。

pwd：可选，用于连接服务器的密码。

4. mysql_select_db（）函数

该函数用于设置活动的 mysql 数据库，也可以理解为设置要操作的数据库对象。如果设置成功，则该函数返回 true。如果设置失败，则返回 false。

【语法的格式】

mysql_select_db（database，connection）

【参数说明】

database：必需。设置要操作的数据库对象。

connection：可选。用于规定 MySQL 连接，如果未指定，则使用上一个连接。

5. mysql_query（）函数

该函数用于执行 mysql 语句，执行成功时返回 TRUE，出错时返回 FALSE。

【语法格式】

mysql_query（query，connection）

【参数说明】

query：必需。规定要发送的 SQL 查询。

connection：可选。规定 SQL 连接标识符。如果未规定，则使用上一个打开的连接。

6. 超全局变量$_POST 和$_GET

PHP 中的许多预定义变量都是"超全局的"，$_POST 和$_GET 是其中的两个，它们在一个脚本的全部作用域中都可用。

（1）$_POST 用于接收表单使用 method="post"方法提交的数据。

例如：<form action="" method="post">

用户名：<input type="text" name="user" />

<input type="submit" value="提交" />

</form>

你的用户名是：<?=$_POST['user']?>

（2）$_GET 用于接收表单使用 method="get" 方法提交的数据。

例如：<form action="" method="get">

年龄：<input type="text" name="age" />

<input type="submit" value="提交" />

</form>
你的用户名是：<?=$_GET['age']?>

7. mysql_fetch_array（）函数

该函数用于从结果集取得的行生成数组，如果没有取得行则返回 false。

【语法格式】

mysql_fetch_array（data，array_type）

【参数说明】

data：可选。规定要使用的数据指针。该数据指针通常是 mysql_query（）函数产生的结果。

array_type：可选。规定返回哪种结果。可能的值：

MYSQL_ASSOC - 关联数组

MYSQL_NUM - 数字数组

MYSQL_BOTH - 默认。同时产生关联和数字数组

8. session、$_session 和 session_start（）

（1）session

HTTP 协议是 Web 服务器与客户端（浏览器）相互通信的协议，它是一种无状态协议。所谓无状态，指的是不会维护 http 请求数据，http 请求是独立的，非持久的。而越来越复杂的 WEB 应用，需要保存一些用户状态信息。这时候，Session 这种方案应需而生。session 是很抽象的一个概念。

当每个用户访问 Web，PHP 的 session 初始化函数都会给当前来访用户分配一个唯一的 session ID。并且在 session 生命周期结束的时候，将用户在此周期产生的 session 数据持久到 session 文件中。用户再次访问的时候，session 初始化函数，又会从 session 文件中读取 session 数据，开始新的 session 生命周期。。

（2）$_session

$_session 是一个全局变量，类型是 Array，映射了 session 生命周期的 session 数据，寄存在内存中。在 session 初始化的时候，从 session 文件中读取数据，填入该变量中。在 session 生命周期结束时，将$_SESSION 数据写回 session 文件。

（3）session_start（）

函数 session_start（）开始一个会话，它会初始化 session，也标志着 session 生命周期的开始。要使用 session，必须初始化一个 session 环境。有点类似于 OOP 概念中调用构造函数构创建对象实例一样。session 初始化操作，声明一个全局数组$_SESSION，映射寄存在内存的 session 数据。如果 session 文件已经存在，并且保存有 session 数据，session_start（）则会读取 session 数据，填入$_SESSION 中，开始一个新的 session 生命周期。

【使用技巧】

在调用 Session_Start（）之前不能有任何输出，若较多的页面使用 session，你可以直接修改配置文件 php.ini，将 session.auto_start = 1，这样就不需要在使用 session 的每个页面写 session_start（）。

9. require_once（）函数

require_once（）语句在脚本执行期间包含并运行指定文件（通俗一点，括号内的文件会执行一遍），如果该文件中的代码已经被包含了，则不会再次包含。

6.3 开发后台框架模块

6.3.1 确定后台框架结构

后台框架主要是把各个功能模块有序地组织起来，使得网站后台界面得体美观，功能的操作简单快捷，常用的后台框架结构有以下三种，分别如图 6-10、图 6-11、图 6-12 所示。

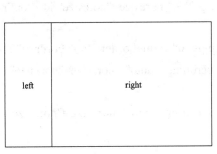
图 6-10

图 6-11

在以上的三种结构中，left 版位通常用来输出功能操作菜单，right 版位通常用来输出功能操作区，top 版位用来输出网站 LOGO 或后台名称（如 XXX 网站管理系统），bottom 版位通常用来输入版权类的信息（如设计与开发：XXX 等）。

编者将使用第 3 种（即图 6-12）结构进行设计开发。

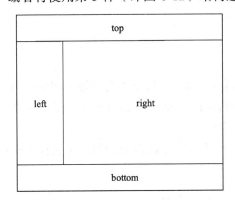
图 6-12

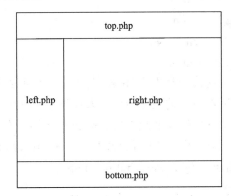
图 6-13

6.3.2 确定在每位版位输出的文件名称（图 6-13）

6.3.2.1 编写框架的主体文件（index.php），完整代码如下：

```
1   <?php
2   session_start();
3   require_once('session.php');
4   ?>
5   <!DOCTYPE html PUBLIC "-//W3C//DTD XHTML 1.0 Frameset//EN" "http://www.w3.org/TR/xhtml1/DTD/xhtml1-frameset.dtd">
```

6　<html xmlns="http：//www.w3.org/1999/xhtml">
7　<head>
8　<meta http-equiv="Content-Type" content="text/html；charset=utf-8" />
9　<link href="css/main.css" rel="stylesheet" type="text/css">
10　<title>企业网站管理系统</title>
11　</head>
12　<frameset rows="108，*，30" cols="*" frameborder="No" border="0" framespacing="0">
13　<frame src="top.php" name="topFrame" scrolling="No" noresize="noresize" id="topFrame" title="topFrame" />
14　<frameset rows="*" cols="190，*" framespacing="0" frameborder="no" border="0">
15　　<frame src="left.php" name="leftFrame" scrolling="auto" noresize="noresize" id="leftFrame" title="leftFrame" />
16　<frame src="right.php" name="mainFrame" scrolling="auto" noresize="noresize" id="mainFrame" title="mainFrame" />
17　</frameset>
18　<frame src="bottom.php" name="bottomFrame" scrolling="No" noresize="noresize"id="bottomFrame" title="bottomFrame" />
19　</frameset>
20　<noframes>
21　<body>
22　</body>
23　</noframes>
24　</html>

上述代码利用 frameset 与 frame 对页面分割成 4 个子窗口，每个子窗口输出相应的页面构成了网站后台的主体结构。其中第 2 行的作用是开启该面的 session，只有开启了，第 3 行引入的文件代码才能起作用：防止非法用户登录网站后台。

上述代码第 13 行、第 15 行、第 16 行和第 18 行，使用 src 属性分别引入了文件 top.php、left.php、right.php、bottom.php。

6.3.2.2　编写 top 子窗口文件（top.php），完整代码如下

1　<?php session_start（）; ?>
2　<!DOCTYPE html PUBLIC "-//W3C//DTD XHTML 1.0 Transitional//EN" "http：//www.w3.org/TR/xhtml1/DTD/xhtml1-transitional.dtd">
3　<html xmlns="http：//www.w3.org/1999/xhtml">
4　<head>
5　<title></title>
6　<meta http-equiv="Content-Type" content="text/html；charset=utf-8" />
7　<style type="text/css">
8　body {

```
9    margin-left：0px；
10   margin-top：0px；
11   margin-right：0px；
12   margin-bottom：0px；
13   }
14   </style>
15   </head>
16   <body>
17   <table width="100%"  border="0" cellpadding="8" cellspacing="0" align=center>
18   <tr style="background-image：url（images/top_back.gif）;">
19   <td width="36%" valign="middle" style=" background：url（images/logo_left.png）no-repeat 10px center；font-size：30px；height：60px"> </td>
20   <td width="64%" valign="bottom" align="right" style="color：#FFF；font-size：12px；">当前时间：<span id="time">
21   <script>
22   document.getElementById（'time'）.innerHTML=new Date（）.toLocaleString（）+'星期'+'日一二三四五六'.charAt（new Date（）.getDay（））;
23   setInterval（"document.getElementById（'time'）.innerHTML=new Date（）.toLocaleString（）+'星期'+'日一二三四五六'.charAt（new Date（）.getDay（））;"，1000）;
24   </script></span></td>
25   </tr>
26   <tr style="background-image：url（images/top_bg.gif）；height：16px；">
27   <td width="36%" style="color：#000000；font-size：12px；">欢迎您：<span style="color：#F30；font-weight：600；"><?php echo $_SESSION['admin_name']?></span>，您现在登录的是企业网站管理系统</td>
28   <td width="64%" align="right" style="color：#000000；"><input type="button" value="退出" onclick="window.parent.location.href='loginout.php'" style="margin-top：-3px；height：21px；margin-right：5px；" /></td>
29   </tr>
30   </table>
31   </body>
32   </html>
```

上述代码的第 9 行，通过背景的方式设置了网站后台的标题，该标题是通过 png 图片的方式形成的。应注意的是，使用 Photoshop 或 Fireworks 导出图片前，应将背景设置为透明，这样导出的图片能够适应任何背景颜色。

上述代码的第 20~24 行为输出当前的日期与时间。

上述代码的第 27 行，主要作用是输出欢迎信息，其中代码<?php echo $_SESSION['admin_name']?>为输出管理员的账号，该账号信息在登录验证文件 login_check.php 中产生，该 session 将会存活并能取出输出直至销毁。

6.3.2.3 编写 left 子窗口的菜单文件 left.php

该文件主要用采用树型的结构组织网站后台功能菜单，因此将引入用于实现树型结构的 javascript 文件 dtree.js。为了方便后面的开发，我们现在约定每个功能模块的文件名称，并在实现左侧功能菜单时，把模块的链接地址也写上。功能模块的文件名称详细见表 6.1。

表 6.1

功能模块	文件名称	说明
网站基本配置	config.php	设置网站信息
管理员管理	admin_add.php	添加管理员信息-表单页面文件
	admin_add_pass.php	添加管理员信息-写入数据库页面文件
	admin_list.php	查询输出管理员信息列表页文件
	admin_modify.php	修改管理员信息-显示页面文件
	admin_modify_pass.php	修改管理员信息-修改数据库记录页面文件
	admin_delete.php	删除管理员信息页面文件
单页管理	single_add.php	添加单页信息-表单页面文件
	single_add_pass.php	添加单页信息-写入数据库页面文件
	single_list.php	查询输出单页信息列表页文件
	single_modify.php	修改单页信息-显示页面文件
	single_modify_pass.php	修改单页信息-修改数据库记录页面文件
	single_delete.php	删除单页信息页面文件
文章管理	article_add.php	添加文章信息-表单页面文件
	article_add_pass.php	添加文章信息-写入数据库页面文件
	article_list.php	查询输出文章信息列表页文件
	article_modify.php	修改文章信息-显示页面文件
	article_modify_pass.php	修改文章信息-修改数据库记录页面文件
	article_delete.php	删除文章信息页面文件
产品管理	produce_add.php	添加产品信息-表单页面文件
	produce_add_pass.php	添加产品信息-写入数据库页面文件
	produce_list.php	查询输出产品信息列表页文件
	produce_modify.php	修改产品信息-显示页面文件
	produce_modify_pass.php	修改产品信息-修改数据库记录页面文件
	produce_delete.php	删除产品信息页面文件
留言管理	guestbook.php	查询输出留言信息列表页文件
	guestbook_deal.php	处理留言信息页面文件
	geustbook_delete.php	删除留言信息页面文件

续表 6.1

功能模块	文件名称	说明
焦点幻灯管理	slide_add.php	添加焦点幻灯信息-表单页面文件
	slide_add_pass.php	添加焦点幻灯信息-写入数据库页面文件
	slide_list.php	查询输出焦点幻灯信息列表页文件
	slide_modify.php	修改焦点幻灯信息-显示页面文件
	slide_modify_pass.php	修改焦点幻灯信息-修改数据库记录页面文件
	slide_delete.php	删除焦点幻灯信息页面文件
QQ客服管理	qq_add.php	添加QQ客服信息-表单页面文件
	qq_add_pass.php	添加QQ客服信息-写入数据库页面文件
	qq_list.php	查询输出QQ客服信息列表页文件
	qq_modify.php	修改QQ客服信息-显示页面文件
	qq_modify_pass.php	修改QQ客服信息-修改数据库记录页面文件
	qq_delete.php	删除QQ客服信息页面文件
友情链接管理	friend_add.php	添加QQ客服信息-表单页面文件
	friend_add_pass.php	添加友情链接信息-写入数据库页面文件
	friend_list.php	查询输出友情链接信息列表页文件
	friend_modify.php	修改友情链接信息-显示页面文件
	friend_modify_pass.php	修改友情链接信息-修改数据库记录页面文件
	friend_delete.php	删除友情链接信息页面文件
退出后台	loginout.php	退出网站后台文件

在明确各功能模块文件名称的情况下编写文件 left.php，完整代码如下：

1 <!DOCTYPE html PUBLIC "-//W3C//DTD XHTML 1.0 Transitional//EN" "http：//www.w3.org/TR/xhtml1/DTD/xhtml1-transitional.dtd">

2 <html xmlns="http：//www.w3.org/1999/xhtml">

3 <head>

4 <meta http-equiv="Content-Type" content="text/html；charset=utf-8" />

5 <title></title>

6 <style type="text/css">

7 <!--

8 body {

9 margin-left：0px；

10 margin-top：0px；

11 background-color：#ecf4ff；

```
12  }
13  .dtree {
14  font-family: Verdana, Geneva, Arial, Helvetica, sans-serif;
15  font-size: 12px;
16  color: #0000ff;
17  white-space: nowrap;
18  }
19  .dtree img {
20  border: 0px;
21  vertical-align: middle;
22  }
23  .dtree a {
24  color: #333;
25  text-decoration: none;
26  }
27  .dtree a.node, .dtree a.nodeSel {
28  white-space: nowrap;
29  padding: 1px 2px 1px 2px;
30  }
31  .dtree a.node:hover, .dtree a.nodeSel:hover {
32  color: #0000ff;
33  }
34  .dtree a.nodeSel {
35  background-color: #AED0F4;
36  }
37  .dtree.clip {
38  overflow: hidden;
39  }
40  -->
41  </style>
42  <link href="css/main.css" rel="stylesheet" type="text/css">
43  <script type="text/javascript" src="js/dtree.js"></script>
44  </head>
45  <body>
46  <table width="96%" border="0" cellpadding="10" cellspacing="0" align=center >
47  <tr>
48  <td valign="top" >
49  <div class=menu>
50  <table width="100%" border="0" cellpadding="0" cellspacing="0">
```

51 `<tr>`

52 `<td height=25><a href="javascript：d. openAll（）; "><img src="images/view_detailed. gif" width ="15" height="15" border="0" align="absmiddle" alt="展开列表"></a><a href="javascript：d. closeAll（）; "><img src="images/view_tree. gif" width="15" height="15" border="0" align="absmiddle" alt="收缩列表"></a><a href="right. php" target="mainFrame">系统首页</a>|<a href=". . /" target="_blank">网站首页</a></td>`

53 `</tr>`

54 `<tr>`

55 `<td>`

56 `<script type="text/javascript">`

57 `<!--`

58 `d  = new dTree（'d'）;`

59 `d. config. target="mainFrame";`

60 `d. add（0，-1，'系统内容管理'）;`

61 `d. add（1，0，'网站基本配置'，"）;`

62 `d. add（11，1，'设置网站信息'，'config. php'）;`

63 `d. add（2，0，'管理员管理'，"）;`

64 `d. add（21，2，'添加管理员'，'admin_add. php'）;`

65 `d. add（22，2，'管理员列表'，'admin_list. php'）;`

66 `d. add（3，0，'单页管理'，"）;`

67 `d. add（31，3，'添加单页'，'single_add. php'）;`

68 `d. add（32，3，'单页列表'，'single_list. php'）;`

69 `d. add（4，0，'文章管理'，"）;`

70 `d. add（41，4，'添加文章'，'article_add. php'）;`

71 `d. add（42，4，'文章列表'，'article_list. php'）;`

72 `d. add（5，0，'产品管理'，"）;`

73 `d. add（51，5，'添加产品'，'produce_add. php'）;`

74 `d. add（52，5，'产品列表'，'produce_list. php'）;`

75 `d. add（6，0，'留言管理'，"）;`

76 `d. add（61，6，'留言列表'，'guestbook. php'）;`

77 `d. add（7，0，'焦点幻灯管理'，"）;`

78 `d. add（71，7，'添加焦点幻灯'，'slide_add. php'）;`

79 `d. add（72，7，'焦点幻灯列表'，'slide_list. php'）;`

80 `d. add（8，0，'QQ客服管理'，"）;`

81 `d. add（81，8，'添加客服'，'qq_add. php'）;`

82 `d. add（82，8，'客服列表'，'qq_list. php'）;`

83 `d. add（9，0，'友情链接管理'，"）;`

84 `d. add（91，9，'添加友情链接'，'friend_add. php'）;`

85 `d. add（92，9，'友情链接列表'，'friend_list. php'）;`

86　d. add（10，0，'退出系统'，''）;
87　d. add（101，10，'退出'，'loginout. php'）;
88　document. write（d）;
89　//-->
90　</script>
91　</td>
92　</tr>
93　</table>
94　</div>
95　</td>
96　</tr>
97　</table>
98　</body>
99　</html>

6.3.2.4　编写 right 子窗口的欢迎界面文件 right. php

该文件通常用来显示欢迎信息、系统简介信息、程序说明信息等，编者将用于输出系统简介信息和程序说明信息。该文件完整的代码如下：

1　<?php session_start（）; ?>
2　<!doctype html public "-//w3c//dtd xhtml 1. 0 transitional//en" "http：//www. w3. org/tr/xhtml1/dtd/xhtml1-transitional. dtd">
3　<html xmlns="http：//www. w3. org/1999/xhtml">
4　<head>
5　<meta http-equiv="content-type" content="text/html；charset=utf-8" />
6　<link rel=stylesheet type=text/css href="css/right. css">
7　<title>无标题文档</title>
8　<style type="text/css">
9　body {
10　background-color：#eef2fb；margin：0px
11　}
12　td {
13　font-family：arial, helvetica, sans-serif; font-size：12px
14　}
15　. table_southidc {
16　background-color：#c66800；margin-bottom：5px
17　}
18　. tr_southidc {
19　background-color：#ecf5ff
20　}

```
21    </style>
22    </head>
23    <body>
24    <table border="0" cellspacing="0" cellpadding="0" width="100%">
25    <tbody>
26    <tr>
27    <td valign="top" background="images/mail_leftbg. gif" width="17"><img
28    src="images/left-top-right. gif" width="17" height="29"></td>
29    <td valign="top" background="images/content-bg. gif">
30    <table id="table2" class="left_topbg" border="0" cellspacing="0" cellpadding="0"
31    width="100%" height=31>
32    <tbody>
33    <tr>
34    <td height="31">
35    <div class="titlebt">欢迎界面</div></td></tr></tbody></table></td>
36    <td valign="top" background="images/mail_rightbg. gif" width="16"><img
37    src="images/nav-right-bg. gif" width="16" height="29"></td></tr>
38    <tr>
39    <td valign="center" background="images/mail_leftbg. gif">  </td>
40    <td bgcolor="#f7f8f9" valign="top">
41    <table border="0" cellspacing="0" cellpadding="0" width="98%" align="center">
42    <tbody>
43    <tr>
44    <td valign="top" colspan="2">  </td>
45    <td width="7%">  </td>
46    <td valign="top" width="40%">  </td></tr>
47    <tr>
48    <td valign="top" colspan="4"><p><span
49    class="left_bt">感谢您使用企业网站管理系统</span><br><br>
50    <span
51    class="left_txt">  <img src="images/ts. gif" width="16"
52    height="16">
53    提示: <br>
54                  您现在使用的是企业网站
管理系统! </span><span
55    class=left_txt><br>
56                  该系统使用方便, 操作简单, 只
需会打字, 会上网, 就能够理网站内容! <br>
57              企业网站管理系统是您建立中小型企业网
```

站的首选方案！该系统源代码整套出售，有意者请联系qq：382526903</span></p>

```
58   <p><span
59   class=left_txt><br>
60   </span></p></td></tr>
61   <tr>
62   <td colspan="4">
63   <!--html 部分-->
64   </td></tr>
65   <tr>
66   <td height="40" colspan="4">
67   <table class="line_table" border="0" cellspacing="0" cellpadding="0"
68   width="100%" height="205">
69   <tbody>
70   <tr>
71   <td class="left_bt2" height="27"
72   background="images/news-title-bg.gif"
73   width="31%">   程序说明</td>
74   <td class="left_bt2" background="images/news-title-bg.gif"
75   width="69%"></td></tr>
76   <tr>
77   <td height="102" valign="top" colspan="2">
78   <table width="95%" height="153" border="0"
79   align="center" cellpadding="2" cellspacing="1">
80   <tbody>
81   <tr>
82   <td height="23" width="48%">用户名：<?=$_SESSION["admin_name"]?></td>
83   <td width="52%">ip：<?=$_SERVER['REMOTE_ADDR']?></td></tr>
84   <tr>
85   <td height="23" width="48%">身份过期：<?=ini_get（'session.gc_maxlifetime'）?></td>
86   <td width="52%">现在时间：<?php
87   date_default_timezone_set（'prc'）;
88   echo date（"y-m-d h：i：s"）;
89   ?></td></tr>
90   <tr>
91   <td height="23" width="48%">服务器域名：<?=$_SERVER["HTTP_HOST"]?></td>
92   <td width="52%">脚本解释引擎：<?=$_SERVER['SERVER_SOFTWARE']?></td></tr>
93   <tr>
94   <td height="23">获取php运行方式：<?=php_sapi_name（）?></td>
95   <td>浏览器版本：<?=$_SERVER[HTTP_USER_AGENT]?></td></tr>
```

```
96      <tr>
97      <td height="23">服务器端口：<?=$_SERVER['SERVER_PORT']?></td>
98      <td>系统类型及版本号：<?=php_uname（）?></td></tr></tbody></table></td></tr>
99      <tr>
100     <td height="5" colspan="2"> ；</td></tr></tbody></table></td></tr>
101     <tr>
102     <td width="2%"> ；</td>
103     <td class="left_txt" width="51%"></a><br>
104     <td> ；</td>
105     <td> ；</td></tr></tbody></table></td>
106     <td background="images/mail_rightbg.gif"> ；</td></tr>
107     <tr>
108     <td valign="bottom" background="images/mail_leftbg.gif"><img
109     src="images/buttom_left2.gif" width="17" height="17"></td>
110     <td background="images/buttom_bgs.gif"><img
111     src="images/buttom_bgs.gif" width="17" height="17"></td>
112     <td valign="bottom" background="images/mail_rightbg.gif"><img
113     src="images/buttom_right2.gif" width="16"
114     height="17"></td></tr></tbody></table>
115     </body>
116     </html>
```

6.3.2.5 编写 bottom 子窗口的底部文件 bottom.php

该文件通常用于输出版权类的信息，该文件完整的代码如下：

```
1   <!DOCTYPE html PUBLIC "-//W3C//DTD XHTML 1.0 Transitional//EN" "http：//www.w3.org/TR/xhtml1/DTD/xhtml1-transitional.dtd">
2   <html xmlns="http：//www.w3.org/1999/xhtml">
3   <head>
4   <meta http-equiv="Content-Type" content="text/html；charset=utf-8" />
5   <title><%=sysInfo%></title>
6   <style type="text/css">
7   body {margin：0px；}
8   td {font-size：12px；color：#000；font-family：Helvetica, sans-serif, "宋体"；}
9   </style>
10  </head>
11  <body>
12  <table width="100%" height="30" border="0" cellpadding="0" cellspacing="0">
13  <tr>
14  <td align="center" background="images/bottom_bg.gif"> Copyright &copy；林龙健
```

2016-2018 All Rights Reserved. </td>

15   </tr>

16   </table>

17   </body>

18   </html>

至此，网站框架模块开发完毕。效果如图 6-14 所示。

图 6-14

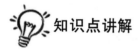知识点讲解

1. frameset 与 frame 知识

frameset 与 frame 知识是网页开发必须掌握的知识。例如后台架构、局部刷新，页面分割，都是其用途表现。

（1）frameset

Frameset 具有以下属性：

① border：设置框架的边框粗细。

② bordercolor：设置框架的边框颜色。

③ frameborder：设置是否显示框架边框。设定值只有 0、1；0 表示不要边框，1 表示要显示边框。

④ cols：纵向分割页面。其数值表示方法有三种："30%、30（或者 30px）、*"；数值的个数代表分成的视窗数目且数值之间用","隔开。"30%"表示该框架区域占全部浏览器页面区域的 30%；"30"表示该区域横向宽度为 30 像素；"*"表示该区域占用余下页面空间。例如：cols="25%，200，*" 表示将页面分为三部分，左面部分占页面 30%，中间横向宽度为 200 像素，页面余下的作为右面部分。

⑤ rows：横向分割页面。数值表示方法与意义与 cols 相同。

⑥ framespacing：设置框架与框架间的保留的空白距离。

【例1】

`<frameset cols="213，*" frameborder="no" border="0" framespacing="0">`

以上代码中，使用 cols 属性纵向分割了左右两个子窗口。其中，左边子窗口的宽度为 213，余下的宽度为右边子窗口的宽度。

【例2】

`<frameset cols="40%，*，*">`

上述代码的意思是：第一个框架占整个浏览器窗口的 40%，剩下的空间平均分配给另外两个框架。

（2）frame

Frame 具有以下的属性：

① name：设置框架名称。此为必须设置的属性。

② src：设置此框架要显示的网页名称或路径。此为必须设置的属性。

③ scrolling：设置是否要显示滚动条。设定值为 auto，yes，no。

④ bordercolor：设置框架的边框颜色。

⑤ frameborder：设置是否显示框架边框。设定值只有 0、1；0 表示不要边框，1 表示要显示边框。

⑥ noresize：设置框架大小是否能手动调节。

⑦ marginwidth：设置框架边界和其中内容之间的宽度。

⑧ marginhight：设置框架边界和其中内容之间的高度。

⑨ width：设置框架宽度。

⑩ height：设置框架高度。

（3）iframe

iframe 是浮动的框架（frame），其常用属性与 frame 类似。它具有以下属性：

① align：设置垂直或水平对齐方式。

② allowTransparency：设置或获取对象是否可为透明。

例如：

`<iframe name="123" align="middle" marginwidth="0" marginheight=0 src="" frameborder="0" scrolling="no" width="776" height="2500"></iframe>`

注意：iframe 标签与 frameset、frame 标签的验证方法不同，是 XHTML 1.0 Transitional。且 iframe 是放在 body 标签之内，而 frameset、frame 是放在 body 标签之外。

（4）综合示例

```
<html>
<head>
<title>综合示例</title>
</head>
<frameset cols="25%，*">
<frame src="menu.htm" scrolling="no" name="Left">
<frame src="page1.htm" scrolling="auto" name="Main">
<noframes>
```

```
<body>
<p>对不起,您的浏览器不支持"框架"!</p>
</body>
</noframes>
</frameset>
</html>
```

说明:<noframes></noframes>标志对也是放在<frameset></frameset>标志对之间,用来在那些不支持框架的浏览器中显示文本或图像信息。在此标志对之间先紧跟<body></body>标志对,然后才可以使用我们熟悉的任何标志。

2. PHP 中 $_SERVER 的详细参数与说明

PHP 编程中经常需要输出服务器的一些资料,表 6.2 给出了 $_SERVER 的详细参数。

表 6.2

参数	说明
$_SERVER['PHP_SELF']	当前正在执行脚本的文件名,与 document root 相关
$_SERVER['argv']	传递给该脚本的参数
$_SERVER['argc']	包含传递给程序的命令行参数的个数(如果运行在命令行模式)
$_SERVER['GATEWAY_INTERFACE']	服务器使用的 CGI 规范的版本。例如,"CGI/1.1"
$_SERVER['SERVER_NAME']	当前运行脚本所在服务器主机的名称
$_SERVER['SERVER_SOFTWARE']	服务器标识的字串,在响应请求时的头部中给出
$_SERVER['SERVER_PROTOCOL']	请求页面时通信协议的名称和版本。例如,"HTTP/1.0"
$_SERVER['REQUEST_METHOD']	访问页面时的请求方法。例如:"GET"、"HEAD","POST","PUT"
$_SERVER['QUERY_STRING']	查询(query)的字符串
$_SERVER['DOCUMENT_ROOT']	当前运行脚本所在的文档根目录。在服务器配置文件中定义
$_SERVER['HTTP_ACCEPT']	当前请求的 Accept: 头部的内容
$_SERVER['HTTP_ACCEPT_CHARSET']	当前请求的 Accept-Charset: 头部的内容。例如:"iso-8859-1,*,utf-8"
$_SERVER['HTTP_ACCEPT_ENCODING']	当前请求的 Accept-Encoding: 头部的内容。例如:"gzip"
$_SERVER['HTTP_ACCEPT_LANGUAGE']	当前请求的 Accept-Language: 头部的内容。例如:"en"
$_SERVER['HTTP_CONNECTION']	当前请求的 Connection: 头部的内容。例如:"Keep-Alive"
$_SERVER['HTTP_HOST']	当前请求的 Host: 头部的内容
$_SERVER['HTTP_REFERER']	链接到当前页面的前一页面的 URL 地址
$_SERVER['HTTP_USER_AGENT']	当前请求的 User-Agent: 头部的内容
$_SERVER['HTTPS']	如果通过 https 访问,则被设为一个非空的值(on),否则返回 off

续表 6.2

$_SERVER['REMOTE_ADDR']	正在浏览当前页面用户的 IP 地址
$_SERVER['REMOTE_HOST']	正在浏览当前页面用户的主机名
$_SERVER['REMOTE_PORT']	用户连接到服务器时所使用的端口
$_SERVER['SCRIPT_FILENAME']	当前执行脚本的绝对路径名
$_SERVER['SERVER_ADMIN']	管理员信息
$_SERVER['SERVER_PORT']	服务器所使用的端口
$_SERVER['SERVER_SIGNATURE']	包含服务器版本和虚拟主机名的字符串
$_SERVER['PATH_TRANSLATED']	当前脚本所在文件系统（不是文档根目录）的基本路径
$_SERVER['SCRIPT_NAME']	包含当前脚本的路径。这在页面需要指向自己时非常有用
$_SERVER['REQUEST_URI']	访问此页面所需的 URI。例如，"/index.html"

6.4 开发网站基本配置模块

该模块主要用于设置网站的基本信息，编辑好配置信息后只需点击"保存"按钮便可把信息保存在数据库中。因此，在数据表 config 中只存在一条数据记录，开发该模块前应先在数据表 config 中创建一条记录。

该模块文件 config.php 完整的代码如下：

1　　<?php
2　　require_once（'session.php'）;
3　　require_once（'../inc/conn.php'）;
4　　$sql="SELECT* FROM config";
5　　$result=mysql_query（$sql）;
6　　$r=mysql_fetch_array（$result）;
7　　?>
8　　<!DOCTYPE html PUBLIC "-//W3C//DTD XHTML 1.0 Transitional//EN" "http：//www.w3.org/TR/xhtml1/DTD/xhtml1-transitional.dtd">
9　　<html xmlns="http：//www.w3.org/1999/xhtml">
10　　<head>
11　　<meta http-equiv="Content-Type" content="text/html；charset=utf-8" />
12　　<title>无标题文档</title>
13　　<link href="css/table.css" rel="stylesheet" type="text/css" />
14　　<link rel="stylesheet" href="kindeditor/themes/default/default.css" />
15　　<script charset="utf-8" src="kindeditor/kindeditor-min.js"></script>
16　　<script charset="utf-8" src="kindeditor/lang/zh_CN.js"></script>

```
17  <script>
18  var editor;
19  KindEditor. ready ( function ( K )
20  {
21  var editor = K. editor ( {
22  allowFileManager: true
23  } );
24  //上传网站LOGO
25  K ( '#image3' ) . click ( function ( ) {
26  editor. loadPlugin ( 'image', function ( ) {
27  editor. plugin. imageDialog ( {
28  showRemote: false,
29  imageUrl: K ( '#site_logo' ) . val ( ),
30  clickFn: function ( url, title, width, height, border, align ) {
31  K ( '#site_logo' ) . val ( url );
32  editor. hideDialog ( );
33  }
34  } );
35  } );
36  } );
37  //上传公司二维码
38  K ( '#image4' ) . click ( function ( ) {
39  editor. loadPlugin ( 'image', function ( ) {
40  editor. plugin. imageDialog ( {
41  showRemote: false,
42  imageUrl: K ( '#company_ewm' ) . val ( ),
43  clickFn: function ( url, title, width, height, border, align ) {
44  K ( '#company_ewm' ) . val ( url );
45  editor. hideDialog ( );
46  }
47  } );
48  } );
49  } );
50  } );
51  </script>
52  </head>
53  
54  <body>
55  <form id="form1" name="form1" method="post" action="config. php?act=save">
```

```
56    <table width="100%" border="1" cellspacing="0" cellpadding="0">
57    <tr>
58    <td height="35" colspan="3" class="tt">网站基础配置</td>
59    </tr>
60    <tr>
61    <td width="16%" height="33">网站标题：</td>
62    <td colspan="2"><label for="site_title"></label>
63    <input name="site_title" type="text" id="site_title" value="<?php echo $rs['site_title']?>" size="40" /></td>
64    </tr>
65    <tr>
66    <td height="33">网站 logo</td>
67    <td colspan="2"><input name="site_logo" type="text" id="site_logo" value="<?php echo $rs['site_logo']; ?>" size="40" />
68    <input type="button" id="image3" value="上传" /></td>
69    </tr>
70    <tr>
71    <td height="33">公司二维码</td>
72      <td colspan="2"><input name="company_ewm" type="text" id="company_ewm" value="<?php echo $rs['company_ewm']; ?>" size="40" />
73    <input type="button" id="image4" value="上传" /></td>
74    </tr>
75    <tr>
76    <td height="32">网站地址：</td>
77    <td width="53%"><input name="site_url" type="text" id="site_url" value="<?php echo $rs['site_url']?>" size="40" />
78    </tr>
79    <tr>
80    <td height="64">网站关键字：</td>
81     <td><textarea name="site_keywords" cols="60" rows="3" id="site_keywords"><?php echo $rs['site_keywords']?></textarea></td>
82    </tr>
83    <tr>
84    <td height="61">网站描述：</td>
85     <td><textarea name="site_description" cols="60" rows="3" id="site_description"><?php echo $rs['site_description']?></textarea></td>
86    </tr>
87    <tr>
88    <td height="62">底部版权信息（支持 html 标记）：</td>
```

```
89    <td colspan="2"><textarea name="site_copyright" cols="60" rows="3" id="site_copyright"> <?php echo $rs['site_copyright']?></textarea></td>
90    </tr>
91    <tr>
92    <td height="32">公司名称</td>
93    <td colspan="2"><label for="company_name"></label>
94    <input name="company_name" type="text" id="company_name" value="<?php echo $rs['company_name']?>" size="40" /></td>
95    </tr>
96    <tr>
97    <td height="31">联系电话</td>
98    <td colspan="2"><input name="company_phone" type="text" id="company_phone" value="<?php echo $rs['company_phone']?>" size="40" /></td>
99    </tr>
100   <tr>
101   <td height="31">传真</td>
102   <td colspan="2"><input name="company_fax" type="text" id="company_fax" value="<?php echo $rs['company_fax']?>" size="40" /></td>
103   </tr>
104   <tr>
105   <td height="28">电子邮箱</td>
106   <td colspan="2"><input name="company_email" type="text" id="company_email" value="<?php echo $rs['company_email']?>" size="40" /></td>
107   </tr>
108   <tr>
109   <td height="28">微信</td>
110   <td colspan="2"><input name="company_weixin" type="text" id="company_weixin" value="<?php echo $rs['company_weixin']?>" size="40" /></td>
111   </tr>
112   <tr>
113   <td height="33">公司地址</td>
114   <td colspan="2"><label for="company_address"></label>
115   <input name="company_address" type="text" id="company_address" value="<?php echo $rs['company_address']?>" size="80" /></td>
116   </tr>
117   <tr>
118   <td height="32" colspan="3"><input type="submit" name="Submit" value="修改" /></td>
119   </tr>
```

120 </table>
121 </form>
122
123
124 </body>
125 </html>
126 <?php
127 if（$_GET['act']=="save"）{
128 mysql_query（"UPDATE config SET site_title='".$_POST['site_title']."', site_url='".$_POST['site_url']."', site_logo='".$_POST['site_logo']."', company_ewm='".$_POST['company_ewm']."', site_keywords='".$_POST['site_keywords']."', site_description='".$_POST['site_description']."', site_copyright='".$_POST['site_copyright']."', company_name='".$_POST['company_name']."', company_phone='".$_POST['company_phone']."', company_fax='".$_POST['company_fax']."', company_email='".$_POST['company_email']."', company_weixin='".$_POST['company_weixin']."', company_address='".$_POST['company_address']."'",$conn）;
129 echo "<script>alert（'修改成功！'）; window.location.href='config.php'; </script>";
130 exit;
131 }
132 mysql_close（$conn）;
133 ?>

上述代码中，第 13 行为后台功能操作页调用的 CSS 文件；第 14~16 行为调用编辑器所需的 CSS 文件和 javascript 文件；第 17~51 行为调用编辑器的上传功能实现网站 LOGO 上传和公司二维码上传；第 126~133 行代码的意义是实现网站基本信息的数据库记录修改功能；127 行使用了条件语句判断在什么情况下才执行修改代码。

该模块的效果图如图 6-15 所示。

图 6-15

 知识点讲解

1. 关于在线编辑器

在线编辑器是一种通过浏览器等来对文字、图片等内容进行在线编辑修改的工具。一般所指的在线编辑器是指 HTML 编辑器。

在线编辑器用来对网页等内容进行在线编辑修改,让用户在网站上获得"所见即所得"效果,所以较多用来做网站内容信息的编辑和发布和在线文档的共享等,比如新闻、博客发布等。由于其简单易用,被网站广泛使用,为众多网民所熟悉。比如百度百科的词条创建、修改的过程中,就使用的是在线编辑器。

一般在线编辑器都具有三种模式:编辑模式、代码模式和预览模式。编辑模式让用户可以进行文本、图片等内容增加、删除和修改。代码模式用于专业技术人员来查看和修改原始代码(如 HTML 代码等)。预览模式则是用来查看最终的编辑效果。

在线编辑器一般具有如下基本功能:文字的增加、删除和修改;文字格式(如字体、大小、颜色、样式等)的增加、删除和修改;表格的插入和编辑;图片、音频、视频等多媒体的上传、导入和样式修改;文档格式的转换;多媒体的上传、播放支持;图文样式调整、排版;图片处理,如上传图片自动生成缩略图,以解决打开图片库选图速度慢的问题;非本地服务器图片自动下载及保存;完善的表格编辑功能(可插入、删除、修改、合并、拆分等),可编辑表格背景色、表格线等,并有预览功能,满意后插入/修改;表格线的加上与去除支持;插入 WORD/EXCEL 等代码;自定义 CSS 样式等。

常见的在线编辑器有 FreeTextBox,CKeditor(其旧版本为 FCKeditor 等)。也有一些国人写的相当优秀的在线编辑器,如 KindEditor,WebNoteEditor 等,还有上述编辑器的改进版本等。

2. KindEditor 在线编辑器

(1)KindEditor 在线编辑器简介

KindEditor 是国人开发的一套开源的在线 HTML 编辑器,主要用于让用户在网站上获得所见即所得编辑效果,开发人员可以用 KindEditor 把传统的多行文本输入框(textarea)替换为可视化的富文本输入框。KindEditor 使用 JavaScript 编写,可以无缝地与 Java、.NET、PHP、ASP 等程序集成,比较适合在 CMS、商城、论坛、博客、Wiki、电子邮件等互联网应用上使用。该编辑器的默认模式的截图如图 6-16 所示。

图 6-16

(2)KindEditor 在线编辑器特点

① 快速：体积小，加载速度快。
② 开源：开放源代码，高水平，高品质。
③ 底层：内置自定义 DOM 类库，精确操作 DOM。
④ 扩展：基于插件的设计，所有功能都是插件，可根据需求增减功能。
⑤ 风格：修改编辑器风格非常容易，只需修改一个 CSS 文件。
⑥ 兼容：支持大部分主流浏览器，比如 IE、Firefox、Safari、Chrome、Opera。
（3）KindEditor 在线编辑器下载
该在线编辑器可以在其官方网站上下载，网站地址是：http：//kindeditor.net/。
（4）KindEditor 在线编辑器使用方法
首先需要在官方网站上下载 KindEditor 在线编辑器，解压后得到文件夹 KindEditor，假设要使用编辑器的网页文件和编辑器文件包 KindEditor（即 KindEditor 文件夹）在同一个目录。
第一步，在网页的<head>与</head>标签之间引入编辑器的 CSS 文件和 javascript 文件。代码如下：
<link rel="stylesheet" href="kindeditor/themes/default/default.css" />
<script charset="utf-8" src="kindeditor/kindeditor-min.js"></script>
<script charset="utf-8" src="kindeditor/lang/zh_CN.js"></script>
第二步，编写 javascript 初始化一个应用对象，代码如下：
<script>
var editor；
KindEditor.ready（function（K）{
editor = K.create（'textarea[name="content"]'，{
allowFileManager：true
}）；
}）；
</script>
第三步，在需要插入编辑器的地方插入如下代码：
<textarea name="content" style="width：800px；height：300px；visibility：hidden；"></textarea>
编辑器的宽度和高度可以根据实际情况来确定。
若要单独调用编辑器图片上传功能，则需要在编辑器初始化时，为图片上传按钮添加点击事件。例如以下代码：
1　K（'#image3'）.click（function（）{
2　editor.loadPlugin（'image'，function（）{
3　editor.plugin.imageDialog（{
4　showRemote：false，
5　imageUrl：K（'#site_logo'）.val（），
6　clickFn：function（url, title, width, height, border, align）{
7　K（'#site_logo'）.val（url）；
8　editor.hideDialog（）；

```
9    }
10   });
11   });
12   });
```

在上述代码中，第 1 行的意义是为 id="image3" 的按钮添加点事件，第 2~8 行代码为弹出上传图片的窗口并实现图片的上传功能，其中第 7 行代码是把上传图片后的路径通过回调函数的方式设置成 id="site_logo" 的元素的 value 值。

6.5 开发管理员管理模块

该模块主要由添加管理员、查询输出管理员信息列表、修改管理员信息和删除管理员信息四个功能操作组成，以下将详细讲解每个功能操作的实现。

6.5.1 添加管理员

该功能操作首先是在添加管理员表单页 admin_add.php 编辑信息，编辑完成后提交表单，此时，表单的数据将提交到 admin_add_pass.php 文件，该文件连接到 mysql 数据库，并把接收到的数据写入管理员信息表的相应字段。这样，管理员信息写入数据库的操作就完成了。

6.5.1.1 编写"添加管理员信息-表单页"文件（admin_add.pbp）

该文件（admin_add.php）的完整代码如下：

```
1    <?php
2    require_once('session.php');
3    ?>
4    <!DOCTYPE html PUBLIC "-//W3C//DTD XHTML 1.0 Transitional//EN" "http：//www.w3.org/TR/xhtml1/DTD/xhtml1-transitional.dtd">
5    <html xmlns="http：//www.w3.org/1999/xhtml">
6    <head>
7    <meta http-equiv="Content-Type" content="text/html；charset=utf-8" />
8    <title>管理员列表</title>
9    <link href="css/table.css" rel="stylesheet" type="text/css" />
10   </head>
11   <body>
12       <form name="form_add" id="form_add" action="admin_add_pass.php" method="post" >
13       <table width="100%" border="1" cellspacing="0" cellpadding="0">
14       <tr>
15       <td class="tt" colspan="6">添加管理员</td>
16       </tr>
```

17   \<tr>

18   \<td width="6%" height="35">*\账号\</td>

19   \<td width="30%">\<input type="text" name="admin_name" id="admin_name" />\</td>

20   \<td width="13%">*\密码\</td>

21   \<td width="28%">\<input name="admin_pass" type="password" id="admin_pass" size="30" />\</td>

22   \<td width="23%" colspan="2">\<input type="submit" name="button" id="button" value="添加" />\</td>

23   \</tr>

24   \</table>

25   \</form>

26   \</body>

27   \</html>

该页的效果如图 6-17 所示。

图 6-17

6.5.1.2 编写"添加管理员信息-写入数据库"文件（admin_add_pass.php）

该文件的主要作是把表单页传递过来的数据接收并写入数据库，该文件完整的代码如下：

1   \<?php

2   require_once（'session.php'）;

3   require_once（'../inc/conn.php'）;

4   ?>

5   \<!DOCTYPE html PUBLIC "-//W3C//DTD XHTML 1.0 Transitional//EN" "http：//www.w3.org/TR/xhtml1/DTD/xhtml1-transitional.dtd">

6   \<html xmlns="http：//www.w3.org/1999/xhtml">

7   \<head>

8   \<meta http-equiv="Content-Type" content="text/html；charset=utf-8" />

9   \<title>无标题文档\</title>

10   \</head>

11   \<body>

12   \<?php

13   $admin_name=$_POST['admin_name'];

14   if（$admin_name==""）{

15   echo "\<script>alert（'账号不能为空！'）; history.go（-1）\</script>";

16   exit;

17   }elseif(mysql_num_rows(mysql_query("select * FROM admin WHERE admin_name='".

```
        $_POST['admin_name']. "'" )) >0 ) {
18      echo "<script>alert（'该账号已存在，请换另一个账号！'）; window. location. href='admin_add. php'</script>";
19      exit;
20      }
21
22      $admin_pass=$_POST['admin_pass'];
23      if ( $admin_pass=="" ) {
24      echo "<script>alert（'密码不能为空！'）; history. go（-1）</script>";
25      exit;
26      }
27      $sql_add="INSERT INTO admin( admin_name, admin_pass )VALUES( '". $admin_name. "', '". $admin_pass. "' ) ";
28      mysql_query（$sql_add）;
29      echo "<script>alert（'添加成功！'）; window. location. href='admin_list. php'; </script>";
30      exit;
31      mysql_close（$conn）;
32      ?>
33      </body>
34      </html>
```

在上述的代码中：

第 1 行用于把文件 session.php 包含进来以保护该文件，所起到的效果是：只有经过登录验证模块进来的管理员才能查看得到该页面。

第 2 行用于把连接数据库的文件包含到本页面中。

第 13~20 行中，首先是接收表单元素 admin_name 的数据，并发赋给变量$admin_name，接着对变量$admin_name 进行非空验证.若为空则弹窗输出提示信息，若不为空，则判断该管理员的账号是否存在。若存在，则弹窗输出该管理员已存在的提示信息；其中代码 mysql_num_rows（mysql_query（"SELECT* FROM admin WHERE admin_name='". $_POST['admin_name']. "'" ）) 返回的结果为查询该管理员记录的条数；若为 0，说明该账号不存在，可以使用；若大于 0，则说明管理员信息表中已存在该账号了，不能重新添加该账号。

第 22 行用于接收表单元素 admin_pass 传递过来的数据，并发赋给变量$admin_name，然后再对变量$admin_name 进行非空判断。

第 27 行是把接收到的数据写入数据表 admin 的 SQL 语句。

第 28 行用于执行变量$sql_add 存储的 SQL 语句。

第 31 行中，mysql_close（）函数用于关闭数据连接。

6.5.2 查询输出管理员信息列表

该操作主要是查询数据库的 admin 表，并把管理员信息以列表的形式输出。

编写"管理员信息列表页"文件（admin_list.php），完整代码如下：

```
1   <?php
2   require_once ( 'session. php' );
3   require_once ( '. . /inc/conn. php' );
4   ?>
5   <!DOCTYPE html PUBLIC "-//W3C//DTD XHTML 1. 0 Transitional//EN" "http: //www. w3. org/TR/xhtml1/DTD/xhtml1-transitional. dtd">
6   <html xmlns="http: //www. w3. org/1999/xhtml">
7   <head>
8   <meta http-equiv="Content-Type" content="text/html; charset=utf-8" />
9   <title>管理员列表</title>
10  <link href="css/table. css" rel="stylesheet" type="text/css" />
11  </head>
12  <body>
13  <form name="form_add" id="form_add" action="admin_add_pass. php" method="post" >
14  <table width="100%" border="1" cellspacing="0" cellpadding="0">
15  <tr>
16  <td class="tt" colspan="2">管理员列表</td>
17  </tr>
18  <tr>
19  <td height="35">账号</td>
20  <td width="25%">操作</td>
21  </tr>
22  <?php
23  //记录的总条数
24  $total_num=mysql_num_rows ( mysql_query ( "SELECT id from admin" ));
25  //设置每页显示的记录数
26  $pagesize=10;
27  //计算总页数
28  $page_num=ceil ( $total_num/$pagesize );
29  //设置页数
30  $page=$_GET['page'];
31  if ( $page<1 || $page=="" ) {
32  $page=1;
33  }
34  if ( $page>$page_num ) {
35  $page=$page_num;
36  }
37  //计算记录的偏移量
38  $offset=$pagesize* ( $page-1 );
```

39　//上一页、下一页
40　$prepage=（$page<>1）?$page-1：$page；
41　$nextpage=（$page<>$page_num）?$page+1：$page；
42　//读取指定记录数
43　$sql="SELECT* FROM admin LIMIT $offset，$pagesize"；
44　$result=mysql_query（$sql）;
45　while（$row=mysql_fetch_array（$result））{
46　?>
47　<tr>
48　<td height="35"><?=$row['admin_name']?></td>
49　<td><input type="button" name="button" id="button" value="修改" onclick="window.location.href='admin_modify.php?id=<?=$row['id']?>'" /> ； ；
50　<input type="button" name="button2" id="button2" value="删除" onclick="window.location.href='admin_delete.php?id=<?=$row['id']?>'" <?php if（$row['admin_name']=='admin'）{echo"disabled='disabled'"；}?> /></td>
51　</tr>
52　<?
53　}
54　?>
55　<tr>
56　<td height="35" colspan="2" align="center"><?=$page?>/<?=$page_num?> ； ；<a href="?page=1">首页</a> ； ；　<a href="?page=<?=$prepage?>">上一页</a> ； ；<a href="?page=<?=$nextpage?>">下一页</a> ； ；<a href="?page=<?=$page_num?>">尾页</a></td>
57　</tr>
58　</table>
59　</form>
60　<body>
61　</html>

在上述代码中：

第24行代码的意义为计算数据库admin表的记录总数并赋给变量$total_num。

第26行代码的意义为创建变量$pagesize，并把数字10赋给该变量，即该变量用于设置每页显示记录条数。

第28行代码的意义为根据总记录数和每页显示记录数计算总页数，当出现小数时，将使用函数ceil（）向上舍入为最接近的整数。

第30~36行代码，为设置当前的页数。

第38行为设置记录的偏移量。

第40行、41行代码分别设置上一页和下一页。

第45~53行代码为使用while循环输出管理员信息，形成管理员信息列表。

第 56 行为输出分页导航信息。

第 49 行代码中，为两个按钮（修改、删除）。当点击修改按钮的时候，触发了点击事件，该事件为跳转到 admin_modify. php 页面，同时传递该条记录的 id，因为到下一个页面须知道要修改的是哪条记录。若没有传递 id，则到下一个页，默认显示的是结果集中的第一条记录，使得修改数据不准确。对于删除按键，其原理和修改按钮基本一致，不同的是在该按钮中多了代码<?php if（$row['admin_name']=='admin'）{echo"disabled='disabled'"；}?>，该代码的作用是为了确保账号为“admin”管理员信息不能被删除，如果不这样做的话，可能会出现整个网站后台没有管理，以至管理不了网站的数据了。

该文件的页面效果如图 6-18 所示。

管理员列表		
帐号	操作	
admin	修改	删除
abc11	修改	删除
aa	修改	删除
1/1 首页 上一页 下一页 尾页		

图 6–18

6.5.3 修改管理员信息

修改管理员信息，首先需把要修改的信息查询显示在表单元素上，此时便可以修改管理员的信息，然后通过表单把信息传递到信息修改的文件。该文件将接收表单传递过来的信息覆盖数据表中原来的记录信息以达到修改管理员信息的目的。

6.5.3.1 编写“修改管理员信息-显示页”文件（admin_modify. pbp）

该文件完整的代码如下：

```
<?php
require_once（'session. php'）;
require_once（'. . /inc/conn. php'）;
$sql="SELECT* FROM admin WHERE id='". $_GET['id']. "'";
$result=mysql_query（$sql）;
$row=mysql_fetch_array（$result）;
?>
<!DOCTYPE html PUBLIC "-//W3C//DTD XHTML 1. 0 Transitional//EN" "http：//www.
w3. org/TR/xhtml1/DTD/xhtml1-transitional. dtd">
<html xmlns="http：//www. w3. org/1999/xhtml">
<head>
<meta http-equiv="Content-Type" content="text/html；charset=utf-8" />
<title>管理员列表</title>
<link href="css/table. css" rel="stylesheet" type="text/css" />
```

14   </head>
15   <body>
16   <form name="form_add" id="form_add" action="admin_modify_pass. php?id= <?= $row ['id']?>" method="post" >
17   <table width="100%" border="1" cellspacing="0" cellpadding="0">
18   <tr>
19   <td height="35" colspan="6" class="tt">修改管理员</td>
20   </tr>
21   <tr>
22   <td width="6%" height="35">账号</td>
23   <td width="30%"><input name="admin_name" type="text" id="admin_name" value="<?= $row ['admin_name']?>" disabled='disabled' /></td>
24   <td width="8%">密码</td>
25   <td width="47%"><input name="admin_pass" type="password" id="admin_pass" size="25"/>
26   <spna style="color：#F30；font-size：12px；">
27   （注：若修改，请输入新密码！）</span></td>
28   <td width="9%" colspan="2"><input type="submit" name="button" id="button" value="修改" /></td>
29   </tr>
30   </table>
31   </form>
32   </body>
33   </html>

上述代码第 16 行为 form 标签，我们会发现该标签 action 的属性值为 admin_modify_pass. php?id=<?=$row['id']?>，它的意义是把该表单数据传递给 admin_modify. php 文件，同时把该修改的记录 idr 值赋给变量 id 进行传递；第 23 行 input 标签代码 disabled='disabled'，该代码的作用是使用该账号不能被修改，只能修改密码。同时应注意输出提示信息告之用户，若修改，请输入新密码；不修改则留空等信息。

该文件页面效果如图 6-19 所示。

图 6-19

6.5.3.2 编写"修改管理员信息–修改页"文件 admin_modify_pass. php

该文件的完整的代码如下：

1   <?php
2   require_once ('session. php');
3   require_once ('. . /inc/conn. php');

4   ?>
5   <!DOCTYPE html PUBLIC "-//W3C//DTD XHTML 1.0 Transitional//EN" "http：//www.w3.org/TR/xhtml1/DTD/xhtml1-transitional.dtd">
6   <html xmlns="http：//www.w3.org/1999/xhtml">
7   <head>
8   <meta http-equiv="Content-Type" content="text/html；charset=utf-8" />
9   <title>无标题文档</title>
10 </head>
11 <body>
12 <?php
13 if（$_POST['admin_pass']==''）{
14 echo "<script>alert（'请输入新密码!'）；window.location.href='admin_list.php'</script>";
15 exit；
16 }
17 $sql="UPDATE admin SET admin_pass='".$_POST['admin_pass']."' WHERE id='".$_GET['id']."'"；
18 mysql_query（$sql）；
19 echo "<script>alert（'修改成功!'）；window.location.href='admin_list.php'</script>";
20 mysql_close（$conn）；
21 ?>
22 </body>
23 </html>

上述代码的第 17 行为更新管理员信息的 SQL 语句。

6.5.4 删除管理员信息

编写"删除管理信息页"文件（admin_delete.php），该文件的主要作用是删除数据表中 id 字段的值等于传递过来的 id 变量的值的记录。该文件完整的代码如下：

1   <?php
2   require_once（'session.php'）；
3   require_once（'../inc/conn.php'）；
4   ?>
5   <!DOCTYPE html PUBLIC "-//W3C//DTD XHTML 1.0 Transitional//EN" "http：//www.w3.org/TR/xhtml1/DTD/xhtml1-transitional.dtd">
6   <html xmlns="http：//www.w3.org/1999/xhtml">
7   <head>
8   <meta http-equiv="Content-Type" content="text/html；charset=utf-8" />
9   <title>无标题文档</title>
10 </head>

11 <body>
12 <?php
13 $sql="DELETE FROM admin WHERE id='". $_GET['id']. "'";
14 mysql_query（$sql）;
15 echo "<script>alert（'删除成功!'）; window. location. href='admin_list. php'</script>";
16 mysql_close（$conn）;
17 ?>
18 </body>
19 </html>

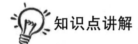知识点讲解

1. ceil（）函数

该函数为向上舍入为最接近的整数。

语法格式如下：

ceil（x）

其中，x 为必需的。返回不小于 x 的下一个整数，x 如果有小数部分则进一位。ceil（）返回的类型仍然是 float。

例如对不同的值应用 ceil（）函数：

<?php
echo（ceil（0. 60）;   //该行代码输出的结果为 1
echo（ceil（0. 40）;   //该行代码输出的结果为 1
echo（ceil（5）;   //该行代码输出的结果为 5
echo（ceil（5. 1）;   //该行代码输出的结果为 6
echo（ceil（-5. 1）;   //该行代码输出的结果为 -5
echo（ceil（-5. 9））;   //该行代码输出的结果为 -5
?>

2. mysql_num_rows 函数

该函数用于返回结果集中行的数目，此命令仅对 SELECT 语句有效。要取得被 INSERT，UPDATE 或者 DELETE 查询所影响到的行的数目，用 mysql_affected_rows（）。例如：

$stu_total=mysql_num_rows（mysql_query（"SELECT* FROM student"））;

3. MySQL 中 LIMIT 用法

使用查询语句的时候，经常要返回前几条或者中间某几行数据，LIMIT 子句可以被用于强制 SELECT 语句返回指定的记录数。LIMIT 接受一个或两个数字参数。参数必须是一个整数常量。

如果给定两个参数，第一个参数指定第一个返回记录行的偏移量，第二个参数指定返回

记录行的最大数目。例如：

SELECT* FROM table　　LIMIT [offset，] rows | rows OFFSET offset

如果 LIMIT 后跟着两个参数，第一个是偏移量，第二个是数目，又如：

SELECT* FROM employee LIMIT 3，7；//返回 4-11 行

SELECT* FROM employee LIMIT 3，1；//返回第 4 行

若是一个参数，则表示返回前几行，如：

SELECT* FROM employee LIMIT 3；//返回前 3 行

4．关于分页

通常的 Web 开发都要涉及与数据库打交道，客户端从服务器端读取通常都是以分页的形式来显示，一页一页阅读起来既方便又美观。所以说写分页程序是 Web 开发的一个重要组成部分，在这里，我们共同来研究分页程序的编写。

要对记录进行分页，首先要弄清楚以下几个参数：

① 记录总数。取得记录的总数，常用的有两种方法，以查询学生信息表 student 为例进行说明：

第一种方法，直接查询 student 表，并利用 sql 的 count（）函数统计记录数并返回，代码如下：

$record_total=mysql_query（"SELECT count（*）from student"）；

第二种方法：使用 mysql_num_rows 函数实现，代码如下：

$record_total=mysql_num_rows（mysql_query（"SELECT* FROM student"））；

② 每一页显示的记录数。该记录数由我们自定义，代码如下：

$pagesize=10；//意义为设置每页输出的记录为 10 条。

③ 总页数。从前两个已知的变量得知，总页数是等于总记录数除以每页的记录数，细心的读者会发现，总页数可能会出现小数的情况，例如总记录数为 18，每页显示的记录数为 10，按照前面的计算方法得出的结果为 1.8 页，那究竟有多少页呢？答案是 2 页，很明显，出现小数的情况下，我们只要能向上舍入为最接近的整数，这样问题就解决，在本任务的第 1 个知识点讲解的 ceil（）函数便能解决该问题。因此，计算总页数的公式就是：

总页数=ceil（总记录数/每页的记录数）

因此，计算学生信息表 student 记录的总页数的代码为：

$page_total=ceil（$record_total/$pagesize）；

④ 当前页数（即当前显示第几页的记录）。当前的页数，我们通常用变量$page 来表示，但是要注意以下情况的判断：

第一，如果取得当前变量 $page 值为空或小于 1 的，则应强制给$page 变量赋值为最小页码，参考代码如下：

$page=（empty（$_GET['page']）|| $_GET['page']<1）?1：$_GET['page']；

第二，如果取得当前变量$page 的值大于总页数，则应强制给$page 变量赋值为最大页码，参考代码如下：

if（$_GET['page']>$page_total）{

$page=$page_total；

}

第三，为了防止$page变量的值为非数字类型，应对$page变时的值进行强制转换为整型，参考代码如下：

$page=（int）$page；

⑤偏移量。偏移量是理解分页原理的关键。它是指输出当前页记录的时候，应从结果集的哪一条记录开始输出，并输出$pagesize条，SQL语句的LIMIT用法恰好能解决该问题。

通常用$offset变量表示，其计算的方法为： $offset=（$page-1）*$pagesize；

例如：要查询学生信息表，并进行分页，则SQL查询语句应为：$sql="SELECT* FROM student LIMIT $offset，$pagesize"

⑥首页、上一页、下一页、尾页。在分页中，通常会引入"首页、上一页、下一页、尾页"控制方式，方便用户对记录的浏览。

A. 首页：首页，即页码为1。

B. 上一页：这里要考虑的情况是：若当前页码为1时，上一页就不应为0而强制为1；若当前的页码不为1时，上一页就应该是当前页码减1（或使链接失效），参考的代码如下：

$prepage=（$page<>1）?$page-1：$page；

C. 下一页：这里要考虑的情况是：若当前页码为最后一页时（即当前页码为$page_total），下一页就不应为当前页加1，而应强制设置为最大页码数（或使链接失效）。参考的代码如下：

$nextpage=（$page<>$page_num）?$page+1：$page；

D. 尾页：即页码为总页数。

5. 关于while循环语句

While循环只要指定的条件为真，while循环就会执行代码块，其语法如下：

while（条件为真）{

要执行的代码；

}

例如：

```
<?php
$x=1；
while（$x<=5）{
    echo "这个数字是：$x <br>";
    $x++；
}
?>
```

上述代码中，首先把变量 $x 设置为 1（$x=1）。然后执行 while 循环直至$x值大于5，循环每运行一次，$x 将递增 1。

6.6 开发单页管理模块

该模块主要由添加单页、查询输出单页信息列表、修改单页信息和删除单页四个功能操作组成，以下将详细讲解每个功能操作的实现。

6.6.1 添加单页信息

6.6.1.1 编写"添加单页信息-表单页"文件 single_add.php

该页文件完整的代码如下：

```
1   <?php require_once ('session.php'); ?>
2   <!DOCTYPE html PUBLIC "-//W3C//DTD XHTML 1.0 Transitional//EN" "http://www.w3.org/TR/xhtml1/DTD/xhtml1-transitional.dtd">
3   <html xmlns="http://www.w3.org/1999/xhtml">
4   <head>
5   <meta http-equiv="Content-Type" content="text/html; charset=utf-8" />
6   <title></title>
7   <link rel="stylesheet" href="kindeditor/themes/default/default.css" />
8   <link href="css/table.css" rel="stylesheet" type="text/css" />
9   <script charset="utf-8" src="kindeditor/kindeditor-min.js"></script>
10  <script charset="utf-8" src="kindeditor/lang/zh_CN.js"></script>
11  <script>
12  var editor;
13  KindEditor.ready(function(K)
14  {
15  editor = K.create('textarea[name="content"]', {
16  allowFileManager: true
17  });
18  K('#image3').click(function() {
19  editor.loadPlugin('image', function() {
20  editor.plugin.imageDialog({
21  showRemote: false,
22  imageUrl: K('#url3').val(),
23  clickFn: function(url, title, width, height, border, align) {
24  K('#url3').val(url);
25  editor.hideDialog();
26  }
27  });
28  });
29  });
30  });
31  </script>
32  </head>
33
```

```
34    <body>
35    <form id="form1" name="form1" method="post" action="single_add_pass.php">
36    <table width="100%" border="1" cellspacing="0" cellpadding="0">
37    <tr>
38    <td    colspan="2" class="tt">添加单页</td>
39    </tr>
40    <tr>
41    <td width="15%" height="35"><span style="color：#F30">*</span>标题：</td>
42    <td width="85%"><input name="title" type="text" id="title" size="50" /></td>
43    </tr>
44    <tr>
45    <td height="31">来源：</td>
46    <td><input name="comefrom" type="text" id="comefrom" value="本站" /></td>
47    </tr>
48    <tr>
49    <td height="29">发布日期：</td>
50    <td><input name="pubdate" type="text" id="pubdate" value="<?php
51    date_default_timezone_set（'UTC'）;
52    echo date（Y 年 m 月 d 日）;
53    ?>" /></td>
54    </tr>
55    <tr>
56    <td height="68">关键字：</td>
57    <td><label for="keywords"></label>
58    <textarea name="keywords" cols="60" rows="3" id="keywords"></textarea></td>
59    </tr>
60    <tr>
61    <td height="69">描述：</td>
62    <td><textarea name="description" cols="60" rows="3" id="url3"></textarea></td>
63    </tr>
64    <tr>
65    <td height="353"><span style="color：#F30">*</span>内容：</td>
66    <td><textarea name="content" style="width：800px; height：300px; visibility：hidden;
"></textarea></td>
67    </tr>
68    <tr>
69      <td height="35" colspan="2"><input type="submit" name="Submit" value="提交"
/></td>
70    </tr>
```

71　</table>

72　</form>

73　</body>

74　</html>

该页的效果如图 6-20 所示。

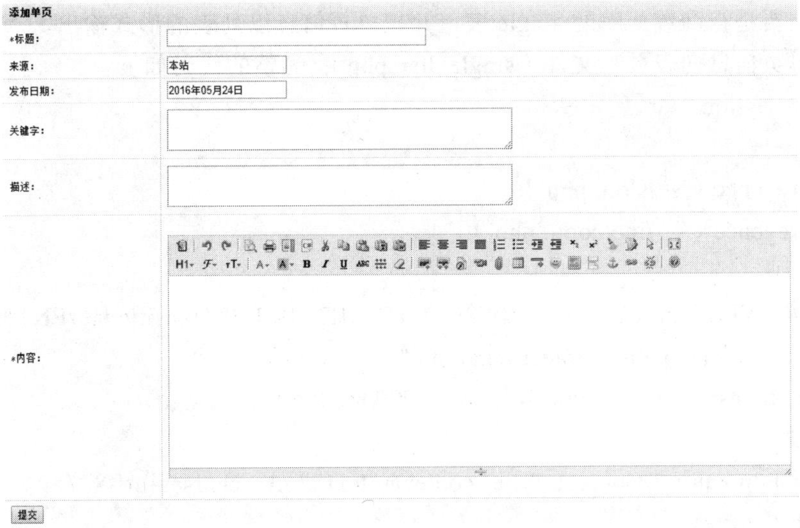

图 6-20

6.6.1.2　编写"添加单页信息-写入数据库"文件 single_add_pass.php

该页完整的代码如下：

1　<?php session_start（）;?>

2　<!DOCTYPE html PUBLIC "-//W3C//DTD XHTML 1.0 Transitional//EN" "http：//www.w3.org/TR/xhtml1/DTD/xhtml1-transitional.dtd">

3　<html xmlns="http：//www.w3.org/1999/xhtml">

4　<head>

5　<meta http-equiv="Content-Type" content="text/html; charset=utf-8" />

6　<title></title>

7　</head>

8　<body>

9　<?php

10　require_once（'session.php'）;

11　require_once（'../inc/conn.php'）;

12　$sql="INSERT INTO single（title, comefrom, pubdate, keywords, description, content）VALUES（'".$_POST['title']."', '".$_POST['comefrom']."', '".$_POST['pubdate']."', '".$_POST['keywords']."', '".$_POST['description']."', '".$_POST['content']."'）";

13　mysql_query（$sql, $conn）;

14　echo "<script>alert（'添加成功！'）; window.location.href='single_add.php'; </script>";

15 mysql_close（$conn）;
16 ?>
17 </body>
18 </html>

6.6.2 查询输出单页信息列表

该操作主要是查询数据库的 single 表，并把单页信息以列表的形式输出。

编写"单页信息列表页"文件（single_list.php），完整的代码如下：

1 <?php session_start（）; ?>
2 <?php
3 require_once（'session.php'）;
4 require_once（'../inc/conn.php'）;
5 ?>
6 <!DOCTYPE html PUBLIC "-//W3C//DTD XHTML 1.0 Transitional//EN" "http：//www.w3.org/TR/xhtml1/DTD/xhtml1-transitional.dtd">
7 <html xmlns="http：//www.w3.org/1999/xhtml">
8 <head>
9 <meta http-equiv="Content-Type" content="text/html; charset=utf-8" />
10 <title></title>
11 <link href="css/table.css" rel="stylesheet" type="text/css" />
12 </head>
13
14 <body>
15 <table width="100%" border="1" cellspacing="0" cellpadding="0">
16 <tr>
17 <td class="tt" colspan="5">单页管理</td>
18 </tr>
19 <tr>
20 <td width="6%" height="35">单页 ID</td>
21 <td width="19%">标题</td>
22 <td width="29%">发布日期</td>
23 <td colspan="2">操作</td>
24 </tr>
25 <?php
26 //记录的总条数
27 $total_num=mysql_num_rows（mysql_query（"SELECT id from single"））;
28 //设置每页显示的记录数
29 $pagesize=10;
30 //计算总页数
31 $page_num=ceil（$total_num/$pagesize）;

```
32    //设置页数
33    $page=$_GET['page'];
34    if（$page<1 || $page==""）{
35    $page=1;
36    }
37    if（$page>$page_num）{
38    $page=$page_num;
39    }
40    //计算记录的偏移量
41    $offset=$pagesize*（$page-1）;
42    //上一页、下一页
43    $prepage=（$page<>1）?$page-1：$page;
44    $nextpage=（$page<>$page_num）?$page+1：$page;
45    //读取指定记录数
46    $sql="SELECT* FROM single LIMIT $offset，$pagesize";
47    $result=mysql_query（$sql）;
48    while（$row=mysql_fetch_array（$result））{
49    ?>
50    <tr>
51    <td height="31"><?php echo $rs['id']?></td>
52    <td><?php echo $row['title']?></td>
53    <td><?php echo $row['pubdate']?></td>
54    <td width="12%"><input type="button" name="button" id="button" value="修改" onclick="window.location.href='single_modify.php?id=<?php echo $row['id']?>'" /></td>
55    <td width="11%"><input type="button" name="button2" id="button2" value="删除" onclick="window.location.href='single_delete.php?id=<?php echo $row['id']?>'" /></td>
56    </tr>
57    <?php
58    }
59    ?>
60    <tr>
61    <td height="43" colspan="5" align="center"><?=$page?>/<?=$page_num?> ； ；<a href="?page=1">首页</a> ； ；<a href="?page=<?=$prepage?>">上一页</a> ； ；<a href="?page=<?=$nextpage?>">下一页</a> ； ；<a href="?page=<?=$page_num?>">尾页</a></td>
62    </tr>
63    </table>
64    </body>
65    </html>
```

66 <?php
67 mysql_close（$conn）;
68 ?>

该页运行的效果如图 6-21 所示。

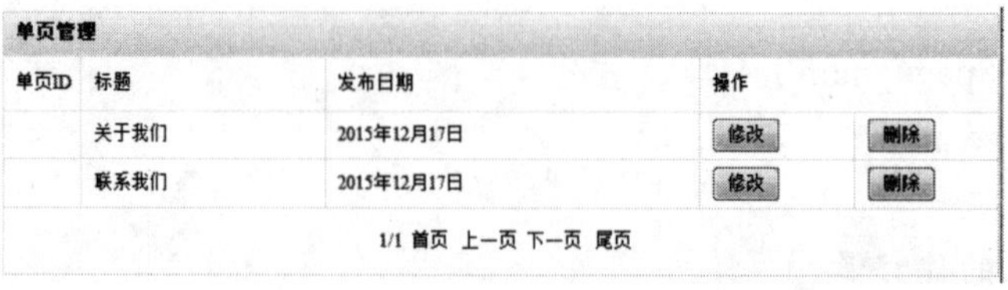

图 6-21

6.6.3 修改单页信息

6.6.3.1 编写"修改单页信息–显示页"文件 single_modify.php

1 <?php
2 session_start（）;
3 require_once（'session.php'）;
4 ?>
5 <!DOCTYPE html PUBLIC "-//W3C//DTD XHTML 1.0 Transitional//EN" "http：//www.w3.org/TR/xhtml1/DTD/xhtml1-transitional.dtd">
6 <html xmlns="http：//www.w3.org/1999/xhtml">
7 <head>
8 <meta http-equiv="Content-Type" content="text/html；charset=utf-8" />
9 <title></title>
10 <link rel="stylesheet" href="kindeditor/themes/default/default.css" />
11 <link href="css/table.css" rel="stylesheet" type="text/css" />
12 <script charset="utf-8" src="kindeditor/kindeditor-min.js"></script>
13 <script charset="utf-8" src="kindeditor/lang/zh_CN.js"></script>
14 <script>
15 var editor;
16 KindEditor.ready（function（K）
17 {
18 editor = K.create（'textarea[name="content"]'，{
19 allowFileManager：true
20 }）;
21 K（'#image3'）.click（function（）{
22 editor.loadPlugin（'image'，function（）{
23 editor.plugin.imageDialog（{
24 showRemote：false，

```
25    imageUrl：K（'#url3'）.val（），
26    clickFn：function（url, title, width, height, border, align）{
27    K（'#url3'）.val（url）;
28    editor.hideDialog（）;
29    }
30    }）;
31    }）;
32    }）;
33    }）;
34    </script>
35    </head>
36    <body>
37    <?php
38    require_once（'../inc/conn.php'）;
39    $sql="SELECT* FROM single WHERE id='". $_GET['id']. "'";
40    $result=mysql_query（$sql）;
41    $rs=mysql_fetch_array（$result）;
42    ?>
43    <form id="form1" name="form1" method="post" action="single_modify_pass.php?id=<?php echo $rs['id']?>">
44    <table width="100%" border="1" cellspacing="0" cellpadding="0">
45    <tr>
46    <td colspan="2" class="tt">修改单页</td>
47    </tr>
48    <tr>
49    <td width="12%" height="35"><span style="color：#F30">*</span>标题：</td>
50    <td width="88%"><input name="title" type="text" id="title" value="<?php echo $rs['title']?>" size="50" /></td>
51    </tr>
52    <tr>
53    <td height="31">来源：</td>
54    <td><input name="comefrom" type="text" id="comefrom" value="<?php echo $rs['comefrom']?>" /></td>
55    </tr>
56    <tr>
57    <td height="29">发布日期：</td>
58    <td><input name="pubdate" type="text" id="pubdate" value="<?php echo $rs['pubdate']?>" /></td>
59    </tr>
```

60   <tr>

61   <td height="68">关键字：</td>

62   <td><label for="keywords"></label>

63   <textarea name="keywords" cols="60" rows="3" id="keywords"><?php echo $rs['keywords']?></textarea></td>

64   </tr>

65   <tr>

66   <td height="69">描述：</td>

67   <td><textarea name="description" cols="60" rows="3" id="url3"><?php echo $rs['description']?></textarea></td>

68   </tr>

69   <tr>

70   <td height="353"><span style="color：#F30">*</span>内容：</td>

71   <td><textarea name="content" id="content" style="width：800px；height：300px；visibility：hidden；">

72   <?php echo htmlspecialchars（$rs['content']）；?>

73   </textarea></td>

74   </tr>

75   <tr>

76   <td height="35" colspan="2"><input type="submit" name="Submit" value="提交"/></td>

77   </tr>

78   </table>

79   </form>

80   </body>

81   </html>

82   <?php

83   mysql_close（$conn）；

84   ?>

该页面效果如图 6-22 所示。

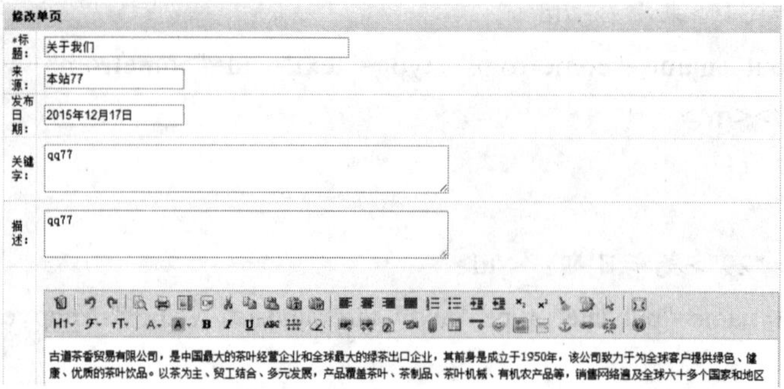

图 6-22

6.6.3.2 编写"修改单页信息-修改页"文件

1 `<?php`
2 session_start（）;
3 require_once（'session.php'）;
4 ?>
5 `<!DOCTYPE html PUBLIC "-//W3C//DTD XHTML 1.0 Transitional//EN" "http：//www.w3.org/TR/xhtml1/DTD/xhtml1-transitional.dtd">`
6 `<html xmlns="http：//www.w3.org/1999/xhtml">`
7 `<head>`
8 `<meta http-equiv="Content-Type" content="text/html；charset=utf-8" />`
9 `<title></title>`
10 `</head>`
11 `<body>`
12 `<?php`
13 require_once（'../inc/conn.php'）;
14 $sql="UPDATE single SET title='".$_POST['title']."'，comefrom='".$_POST['comefrom']."'，pubdate='".$_POST['pubdate']."'，keywords='".$_POST['keywords']."'，description='".$_POST['description']."'，content='".$_POST['content']."' WHERE id='".$_GET['id']."'";
15 mysql_query（$sql,$conn）;
16 echo "`<script>`alert（'修改成功！'）;window.location.href='single_list.php';`</script>`";
17 mysql_close（$conn）;
18 ?>
19 `</body>`
20 `</html>`

6.6.4 删除单页信息

编写"删除单页信息页"文件（single_delete.php），该文件的主要作用是删除数据表中 id 字段的值等于传递过来的 ID 变量的值的记录。该文件完整的代码如下：

1 `<?php`
2 session_start（）;
3 require_once（'session.php'）;
4 ?>
5 `<!DOCTYPE html PUBLIC "-//W3C//DTD XHTML 1.0 Transitional//EN" "http：//www.w3.org/TR/xhtml1/DTD/xhtml1-transitional.dtd">`
6 `<html xmlns="http：//www.w3.org/1999/xhtml">`
7 `<head>`
8 `<meta http-equiv="Content-Type" content="text/html；charset=utf-8" />`

```
9    <title></title>
10   </head>
11   <body>
12   <?php
13   require_once ('../inc/conn.php');
14   $sql="DELETE FROM single WHERE id='".$_GET['id']."'";
15   mysql_query ($sql, $conn);
16   echo "<script>alert ('删除成功'); window.location.href='single_list.php'</script>";
17   mysql_close ($conn);
18   ?>
19   </body>
20   </html>
```

知识点讲解

什么是单页管理模块呢？我们可以这样理解：在一个企业网站中，通常有一些栏目只需一个页面的篇幅就能显示其内容的，我们把这些页面称之为单页，例如关于我们页面、联系我们页面、商家加盟信息页面等。为了方便对这些单页面进行管理，通常会开发单页管理模块，通过此模块可以根据实际情况增加、删除、修改单页信息。在使用时应注意，只有先在后台单页管理模块中添加了单页，在网站的前台才能相应地输出该单页面。

6.7 开发文章管理模块

该模块主要由添加文章信息、查询输出文章信息列表、修改文章信息和删除文章信息四个功能操作组成，以下将详细讲解每个功能操作的实现。

6.7.1 添加文章信息

6.7.1.1 编写"添加文章信息–表单页"文件 article_add.php

```
1    <?php
2    session_start ();
3    require_once ('session.php');
4    require_once ("../inc/conn.php");
5    ?>
6    <!DOCTYPE html PUBLIC "-//W3C//DTD XHTML 1.0 Transitional//EN" "http://www.w3.org/TR/xhtml1/DTD/xhtml1-transitional.dtd">
7    <html xmlns="http://www.w3.org/1999/xhtml">
```

```
8   <head>
9   <meta http-equiv="Content-Type" content="text/html; charset=utf-8" />
10  <title></title>
11  <link rel="stylesheet" href="kindeditor/themes/default/default.css" />
12  <link href="css/table.css" rel="stylesheet" type="text/css" />
13  <script charset="utf-8" src="kindeditor/kindeditor-min.js"></script>
14  <script charset="utf-8" src="kindeditor/lang/zh_CN.js"></script>
15  <script>
16  var editor;
17  KindEditor.ready（function（K）
18  {
19  editor = K.create（'textarea[name="content"]'，{
20  allowFileManager：true
21  }）;
22  K（'#image3'）.click（function（）{
23  editor.loadPlugin（'image'，function（）{
24  editor.plugin.imageDialog（{
25  showRemote：false,
26  imageUrl：K（'#url3'）.val（），
27  clickFn：function（url, title, width, height, border, align）{
28  K（'#url3'）.val（url）;
29  editor.hideDialog（）;
30  }
31  }）;
32  }）;
33  }）;
34  }）;
35  </script>
36  </head>
37
38  <body>
39  <form id="form1" name="form1" method="post" action="article_add_pass.php">
40  <table width="100%" border="1" cellspacing="0" cellpadding="0">
41  <tr>
42  <td class="tt" colspan="2">添加文章</td>
43  </tr>
44  <tr>
45  <td width="12%" height="35"><span style="color：#F30">*</span>标题：</td>
46  <td width="88%"><input name="title" type="text" id="title" size="50" /></td>
```

```
47      </tr>
48      <tr>
49      <td height="31">来源：</td>
50      <td><input name="comefrom" type="text" id="comefrom" value="本站" /></td>
51      </tr>
52      <tr>
53      <td height="29">发布日期：</td>
54      <td><input name="pubdate" type="text" id="pubdate" value="<?php
55      date_default_timezone_set（'UTC'）;
56      echo date（Y 年 m 月 d 日）;
57      ?>" /></td>
58      </tr>
59      <tr>
60      <td height="60">关键词：</td>
61      <td><label for="keywords"></label>
62      <textarea name="keywords" cols="60" rows="3" id="keywords"></textarea></td>
63      </tr>
64      <tr>
65      <td height="60">描述：</td>
66      <td><label for="description"></label>
67      <textarea name="description" id="description" cols="60" rows="3"></textarea></td>
68      </tr>
69      <tr>
70      <td height="243"><span style="color：#F30">*</span>内容：</td>
71      <td><textarea name="content" style="width：800px；height：300px；visibility：hidden；"></textarea></td>
72      </tr>
73      <tr>
74      <td height="33">推荐位：</td>
75      <td><input name="posid[]" type="checkbox" id="posid" value="setindex" />
76      首页推荐 ； ；<input name="posid[]" type="checkbox" id="posid" value="settop" />
77      首页置顶</td>
78      </tr>
79      <tr>
80      <td height="43" colspan="2"><input type="submit" name="Submit" value="提交" /></td>
81      </tr>
82      </table>
```

83   </form>
84   </body>
85   </html>

该页面运行的效果如图 6-23 所示。

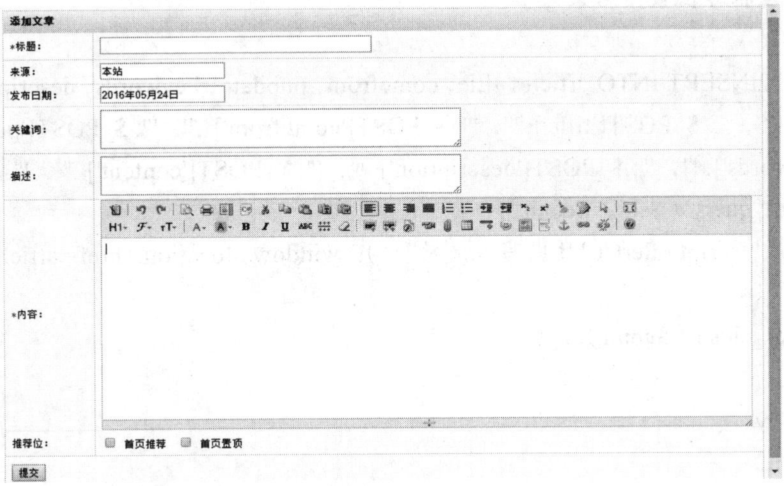

图 6-23

6.7.1.2　编写 "添加文章信息-写入数据库" 文件 article_add_pass.php

1   <?php
2   session_start ( );
3   require_once ('session.php');
4   require_once ('. . /inc/conn.php');
5   ?>
6   <!DOCTYPE html PUBLIC "-//W3C//DTD XHTML 1.0 Transitional//EN" "http：//www.w3.org/TR/xhtml1/DTD/xhtml1-transitional.dtd">
7   <html xmlns="http：//www.w3.org/1999/xhtml">
8   <head>
9   <meta http-equiv="Content-Type" content="text/html；charset=utf-8" />
10   <title></title>
11   </head>
12   <body>
13   <?php
14   /*处理推荐位数据开始*/
15   if ($_POST['posid']<>"") {
16   foreach ($_POST['posid'] as $i)
17   {
18    $posid. = $i . "，";
19   }

20　　$posid=substr（$posid, 0, -1）;
21　}else{
22　　$posid="";
23　}
24　/*处理推荐位数据结束*/
25
26　$sql="INSERT INTO article（title, comefrom, pubdate, keywords, description, content, posid）VALUES（'".$_POST['title']."', '".$_POST['comefrom']."', '".$_POST['pubdate']."', '".$_POST['keywords']."', '".$_POST['description']."', '".$_POST['content']."', '".$posid."'）";
27　mysql_query（$sql, $conn）;
28　echo "<script>alert（'数据写入成功！'）; window.location.href='article_add.php';</script>";
29　mysql_close（$conn）;
30　?>
31　</body>
32　</html>

6.7.1.3　编写"文章列表页"文件 article_list.php

1　<?php
2　session_start（）;
3　require_once（'session.php'）;
4　require_once（'../inc/conn.php'）;
5　//记录的总条数
6　$total_num=mysql_num_rows（mysql_query（"SELECT* FROM article"））;
7　//每页记录数
8　$pagesize=10;
9　//总页数
10　$page_num=ceil（$total_num/$pagesize）;
11　//设置页数
12　$page=$_GET['page'];
13　if（$page<1 || $page==""）{
14　　$page=1;
15　}
16　if（$page>$page_num）{
17　　$page=$page_num;
18　}
19　//计算机记录的偏移量
20　$offset=$pagesize*（$page-1）;
21　//上一页、下一页

22　$prepage=（$page<>1）?$page-1：$page；

23　$nextpage=（$page<>$page_num）?$page+1：$page；

24

25　$result=mysql_query（"SELECT* FROM article ORDER BY id desc LIMIT $offset,$pagesize"）;

26　?>

27　<!DOCTYPE html PUBLIC "-//W3C//DTD XHTML 1.0 Transitional//EN" "http://www.w3.org/TR/xhtml1/DTD/xhtml1-transitional.dtd">

28　<html xmlns="http://www.w3.org/1999/xhtml">

29　<head>

30　<meta http-equiv="Content-Type" content="text/html; charset=utf-8" />

31　<title>无标题文档</title>

32　<link href="css/table.css" rel="stylesheet" type="text/css" />

33　</head>

34

35　<body>

36　<table width="100%" border="1" cellspacing="0" cellpadding="0">

37　<tr>

38　<td class="tt" colspan="5">文章管理</td>

39　</tr>

40　<tr>

41　<td width="6%" height="35">文章ID</td>

42　<td width="40%">标题</td>

43　<td width="16%">发布日期</td>

44　<td colspan="2">操作</td>

45　</tr>

46　<?php

47　if（$total_num>0）{

48　while（$row=mysql_fetch_array（$result））{

49　?>

50　<tr>

51　<td height="31"><?php echo $row['id']?></td>

52　<td><?php echo $row['title']?><?php if(strpos($row['posid'], 'setindex')!==false){echo " [<span style='color：red;'>首页推荐</span>] "; }if（strpos（$row['posid'], 'settop'）!==false）{echo " [<span style='color：red;'>首页置顶</span>]"; }?></td>

53　<td><?php echo $row['pubdate']?></td>

54　<td width="12%"><input type="submit" name="button" id="button" value="修改" onclick="window.location.href='article_modify.php?id=<?php echo $row['id']?>'" /></td>

55 <td width="11%"><input type="submit" name="button2" id="button2" value="删除" onclick="window. location. href='article_delete. php?id=<?php echo $row['id']?>'" /></td>
56 </tr>
57 <?php
58 }
59 }else{
60 ?>
61 <tr>
62 <td height="35" colspan="5">暂无记录!</td>
63 </tr>
64 <?php
65 }
66 mysql_close ($conn);
67 ?>
68 <tr>
69 <td height="43" colspan="6" align="center">
70 <?=$page?>/<?=$page_num?>   <a href="?page=1">首页</a>   <a href="?page=<?=$prepage?>">上一页</a>   <a href="?page=<?=$nextpage?>">下一页</a>   <a href="?page=<?=$page_num?>">尾页</a>
71 </td>
72 </tr>
73 </table>
74 </body>
75 </html>

6.7.2 查询输出文章信息列表

该操作主要是查询数据库的 article 表，并把文章信息以列表的形式输出。

编写"文章信息列表页"文件（article_list. php），完整的代码如下：

1 <?php
2 session_start ( );
3 require_once ('session. php');
4 require_once (". . /inc/conn. php");
5 $sql="SELECT* FROM article WHERE id='". $_GET['id']. "'";
6 $result=mysql_query ($sql);
7 $rs=mysql_fetch_array ($result);
8 ?>
9 <!DOCTYPE html PUBLIC "-//W3C//DTD XHTML 1. 0 Transitional//EN" "http：//www. w3. org/TR/xhtml1/DTD/xhtml1-transitional. dtd">
10 <html xmlns="http：//www. w3. org/1999/xhtml">

```
11  <head>
12  <meta http-equiv="Content-Type" content="text/html; charset=utf-8" />
13  <title></title>
14  <link rel="stylesheet" href="kindeditor/themes/default/default.css" />
15  <link href="css/table.css" rel="stylesheet" type="text/css" />
16  <script charset="utf-8" src="kindeditor/kindeditor-min.js"></script>
17  <script charset="utf-8" src="kindeditor/lang/zh_CN.js"></script>
18  <script>
19  var editor;
20  KindEditor.ready (function (K)
21  {
22  editor = K.create ('textarea[name="content"]', {
23  allowFileManager: true
24  });
25  K ('#image3') .click (function () {
26  editor.loadPlugin ('image', function () {
27  editor.plugin.imageDialog ({
28  showRemote: false,
29  imageUrl: K ('#url3') .val (),
30  clickFn: function (url, title, width, height, border, align) {
31  K ('#url3') .val (url);
32  editor.hideDialog ();
33  }
34  });
35  });
36  });
37  });
38  </script>
39  </head>
40
41  <body>
42  <form id="form1" name="form1" method="post" action="article_modify_pass.php?id=<?=$rs['id']?>">
43  <table width="100%" border="1" cellspacing="0" cellpadding="0">
44  <tr>
45  <td class="tt" colspan="2">修改文章</td>
46  </tr>
47  <tr>
48  <td width="12%" height="35"><span style="color: #F30">*</span>标题：</td>
```

```
49    <td width="88%"><input name="title" type="text" id="title" value="<?=$rs['title']?>" size="50" /></td>
50    </tr>
51    <tr>
52    <td height="31">来源：</td>
53    <td><input name="comefrom" type="text" id="comefrom" value="<?=$rs['comefrom']?>" /></td>
54    </tr>
55    <tr>
56    <td height="29">发布日期：</td>
57    <td><input name="pubdate" type="text" id="pubdate" value="<?=$rs['pubdate']?>" /></td>
58    </tr>
59    <tr>
60    <td height="60">关键词：</td>
61    <td><label for="keywords"></label>
62    <textarea name="keywords" cols="60" rows="3" id="keywords"><?=$rs['keywords']?>
63    </textarea></td>
64    </tr>
65    <tr>
66    <td height="60">描述：</td>
67    <td><label for="description"></label>
68    <textarea name="description" id="description" cols="60" rows="3"><?=$rs['description']?>
69    </textarea></td>
70    </tr>
71    <tr>
72    <td height="243"><span style="color：#F30">*</span>内容：</td>
73    <td><textarea name="content" style="width：800px；height：300px；visibility：hidden；"><?=htmlspecialchars（$rs['content']）?>
74    </textarea></td>
75    </tr>
76    <tr>
77    <td height="33">推荐位：</td>
78    <td>
79    <?php
80    $posid_array=explode（"，"，$rs['posid']）;
81    ?>
82    <input name="posid[]" type="checkbox" id="posid" value="setindex" <?php if（in_array（"setindex"，$posid_array））{echo "checked='checked'"；}?> />
83    首页推荐 ； ；<input name="posid[]" type="checkbox" id="posid"
```

value="settop" <?php if (in_array ("settop", $posid_array)) {echo "checked='checked'"; }?> />

84 　置顶

85 　</td>

86 　</tr>

87 　<tr>

88 　　<td height="43" colspan="2"><input type="submit" name="Submit" value="提交" /></td>

89 　</tr>

90 　</table>

91 　</form>

92 </body>

93 </html>

该页面运行的效果如图 6-24 所示。

图 6-24

6.7.3　修改文章信息

6.7.3.1　编写"修改文章信息–显示页"文件 article_modify.php

1　<?php

2　session_start ( );

3　require_once ('session.php');

4　require_once ("../inc/conn.php");

5　$sql="SELECT* FROM article WHERE id='". $_GET['id']. "'";

6　$result=mysql_query ($sql);

7　$rs=mysql_fetch_array ($result);

8　?>

9　<!DOCTYPE html PUBLIC "-//W3C//DTD XHTML 1. 0 Transitional//EN" "http：//www. w3. org/TR/xhtml1/DTD/xhtml1-transitional. dtd">

10　<html xmlns="http：//www. w3. org/1999/xhtml">

11　<head>

```
12  <meta http-equiv="Content-Type" content="text/html; charset=utf-8" />
13  <title></title>
14  <link rel="stylesheet" href="kindeditor/themes/default/default.css" />
15  <link href="css/table.css" rel="stylesheet" type="text/css" />
16  <script charset="utf-8" src="kindeditor/kindeditor-min.js"></script>
17  <script charset="utf-8" src="kindeditor/lang/zh_CN.js"></script>
18  <script>
19  var editor;
20  KindEditor.ready(function(K)
21  {
22  editor = K.create('textarea[name="content"]', {
23  allowFileManager: true
24  });
25  K('#image3').click(function() {
26  editor.loadPlugin('image', function() {
27  editor.plugin.imageDialog({
28  showRemote: false,
29  imageUrl: K('#url3').val(),
30  clickFn: function(url, title, width, height, border, align) {
31  K('#url3').val(url);
32  editor.hideDialog();
33  }
34  });
35  });
36  });
37  });
38  </script>
39  </head>
40
41  <body>
42  <form id="form1" name="form1" method="post" action="article_modify_pass.php?id=<?=$rs['id']?>">
43  <table width="100%" border="1" cellspacing="0" cellpadding="0">
44  <tr>
45  <td class="tt" colspan="2">修改文章</td>
46  </tr>
47  <tr>
48  <td width="12%" height="35"><span style="color: #F30">*</span>标题：</td>
49  <td width="88%"><input name="title" type="text" id="title" value="<?=$rs['title']?>"
```

```
size="50" /></td>
  50      </tr>
  51      <tr>
  52      <td height="31">来源：</td>
  53      <td><input name="comefrom" type="text" id="comefrom" value="<?=$rs['comefrom']?>" /></td>
  54      </tr>
  55      <tr>
  56      <td height="29">发布日期：</td>
  57       <td><input name="pubdate" type="text" id="pubdate" value="<?=$rs['pubdate']?>" /></td>
  58      </tr>
  59      <tr>
  60      <td height="60">关键词：</td>
  61      <td><label for="keywords"></label>
  62      <textarea name="keywords" cols="60" rows="3" id="keywords"><?=$rs['keywords']?>
  63      </textarea></td>
  64      </tr>
  65      <tr>
  66      <td height="60">描述：</td>
  67      <td><label for="description"></label>
  68      <textarea name="description" id="description" cols="60" rows="3"><?=$rs['description']?>
  69      </textarea></td>
  70      </tr>
  71      <tr>
  72      <td height="243"><span style="color：#F30">*</span>内容：</td>
  73      <td><textarea name="content" style="width：800px；height：300px；visibility：hidden；"><?=htmlspecialchars（$rs['content']）?>
  74      </textarea></td>
  75      </tr>
  76      <tr>
  77      <td height="33">推荐位：</td>
  78      <td>
  79      <?php
  80      $posid_array=explode（"，"，$rs['posid']）;
  81      ?>
  82      <input name="posid[]" type="checkbox" id="posid" value="setindex" <?php if（in_array（"setindex"，$posid_array））{echo "checked='checked'"；}?> />
  83      首页推荐 ； ；<input name="posid[]" type="checkbox" id="posid" value="settop" <?php if（in_array（"settop"，$posid_array））{echo "checked='checked'"；}?>  />
```

84 　　　置顶
85 　　</td>
86 　</tr>
87 　<tr>
88 　　<td height="43" colspan="2"><input type="submit" name="Submit" value="提交"/></td>
89 　</tr>
90 </table>
91 </form>
92 </body>
93 </html>

该页面运行的效果如图 6-25 所示。

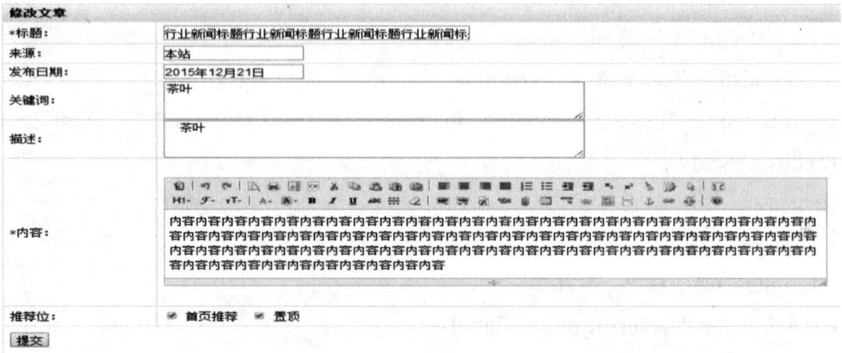

图 6-25

6.7.3.2 编写"修改文章信息–修改页"文件 article_modify_pass.php

1 　<?php
2 　session_start（）;
3 　require_once（'session.php'）;
4 　require_once（'../inc/conn.php'）;
5 　?>
6 　<!DOCTYPE html PUBLIC "-//W3C//DTD XHTML 1.0 Transitional//EN" "http：//www.w3.org/TR/xhtml1/DTD/xhtml1-transitional.dtd">
7 　<html xmlns="http：//www.w3.org/1999/xhtml">
8 　<head>
9 　<meta http-equiv="Content-Type" content="text/html；charset=utf-8" />
10 　<title></title>
11 　</head>
12 　<body>
13 　<?php
14 　/*处理推荐位数据开始*/

```
15   if ( $_POST['posid']<>"" ) {
16       foreach ( $_POST['posid'] as $i )
17       {
18           $posid. = $i. ", ";
19       }
20       $posid=substr ( $posid, 0, -1 );
21   }
22   else{
23       $posid="";
24   }
25   /*处理推荐位数据结束*/
26   $sql="UPDATE article SET title='". $_POST['title']. "', comefrom='". $_POST['comefrom']. "', pubdate='". $_POST['pubdate']. "', keywords='". $_POST['keywords']. "', description='". $_POST['description']. "', content='". $_POST['content']. "', posid='". $posid. "' WHERE id='". $_GET['id']. "'";
27   mysql_query ( $sql, $conn );
28   echo "<script>alert( '修改成功！' ); window. location. href='article_list. php'; </script>";
29   mysql_close ( $conn );
30   ?>
31   </body>
32   </html>
```

6.7.4 删除文章信息

编写"删除文章信息页"文件（article_delete. php），该文件的主要作用是删除数据表中 id 字段的值等于传递过来的 id 变量的值的记录。该文件完整的代码如下：

```
1    <?php
2    session_start ( );
3    require_once ( 'session. php' );
4    ?>
5    <!DOCTYPE html PUBLIC "-//W3C//DTD XHTML 1. 0 Transitional//EN" "http：//www. w3. org/TR/xhtml1/DTD/xhtml1-transitional. dtd">
6    <html xmlns="http：//www. w3. org/1999/xhtml">
7    <head>
8    <meta http-equiv="Content-Type" content="text/html；charset=utf-8" />
9    <title></title>
10   </head>
11   <body>
12   <?php
```

13　require_once（'../inc/conn.php'）;
14　$sql="DELETE FROM article WHERE id='". $_GET['id']. "'";
15　mysql_query（$sql, $conn）;
16　echo "<script>alert（'删除成功'）; window.location.href='article_list.php'</script>";
17　mysql_close（$conn）;
18　?>
19　</body>
20　</html>

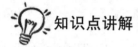知识点讲解

1. 关于 date_default_timezone_set（）函数

该函数设置用在脚本中所有日期/时间函数的默认时区。php5 后都要自己设置时区，要么修改 php.ini 的设置，要么在代码里修改。

（1）在 PHP.INI 中设置时区　date.timezone = PRC

（2）在代码中设置时区

date_default_timezone_set（'Asia/Shanghai'）; //'Asia/Shanghai'　亚洲/上海

date_default_timezone_set（'Asia/Chongqing'）; //其中 Asia/Chongqing'为"亚洲/重庆"

date_default_timezone_set（'PRC'）; //其中 PRC 为"中华人民共和国"　ini_set（'date.timezone', 'Etc/GMT-8'）;

ini_set（'date.timezone', 'PRC'）;

ini_set（'date.timezone', 'Asia/Shanghai'）;

ini_set（'date.timezone', 'Asia/Chongqing'）;

以上七种方法，任意一个都可以满足我们需求。系统初始化时，加上 ini_set（'date.timezone', 'Asia/Shanghai'）; 或 date_default_timezone_set（"PRC"）; 就将解决时区相差 8 小时的问题。

2. 关于 date（）函数

该函数用于对日期或时间进行格式化，使其更易读，语法格式如下：

date（format, timestamp）

其中 format 为必需的，它规定时间戳的格式。Timestame 为可选的，用于规定时间戳。默认是当前时间和日期。date（）函数的格式参数是必需的，它们规定如何格式化日期或时间，以下列出了一些常用于日期的字符：

d - 表示月里的某天（01-31）

m - 表示月（01-12）

Y - 表示年（四位数）

l - 表示周里的某天

其他字符，比如 "/"、"." 或 "-" 也可被插入字符中，以增加其他格式。

下面的例子用三种不同方法格式今天的日期：

实例

```
<?php
echo "今天是 ". date（"Y/m/d"）. "<br>";
echo "今天是 ". date（"Y. m. d"）. "<br>";
echo "今天是 ". date（"Y-m-d"）. "<br>";
echo "今天是 ". date（"l"）;
?>
```

输出的结果为：

今天是 2016/05/30

今天是 2016. 05. 30

今天是 2016-05-30

今天是 Monday

3. 关于复选框 checkbox 值的传递

PHP 的 checkbox 取值方式跟其他语言有点不同，其值是以数组的形式传递的，例如有如下代码：

```
<form method="post" action="checktest. php">
<input name="test[]" type="checkbox" value="1" />
<input type="checkbox" name="test[]" value="2" />
<input type="checkbox" name="test[]" value="3" />
<input type="checkbox" name="test[]" value="4" />
<input type="checkbox" name="test[]" value="5" />
<input type="submit" name="submit" value="submit" />
</form>
```

注意上面 input 的 name 属性，各个属性内容都一样，而且都是 test[ ]，加上[ ]的原因在于让 test 的内容变成数组形式传递。输出内容时只需要利用 implode 函数将数组内容转化为字符串即可。该功能可在删除多记录等场合运用，如：

DELETE FROM tbl WHERE ID in（implode（", ", $_POST['test']））

4. 关于 in_array（ ）函数

该函数搜索数组中是否存在指定的值，如果在数组中找到值则返回 TRUE，否则返回 FALSE。其语法格式如下：

in_array（search，array，type）

search 必需。规定要在数组搜索的值。

array 必需。规定要搜索的数组。

type 可选。如果该参数设置为 TRUE，则 in_array（ ）函数检查搜索的数据与数组的值的类型是否相同。

5. 关于 explode（ ）函数

该函数把字符串打散为数组，其语法格式如下：

separator 必需。规定在哪里分割字符串。

string 必需。要分割的字符串。

LIMIT 可选。规定所返回的数组元素的数目。可能的值：

(1) 大于 0 - 返回包含最多 LIMIT 个元素的数组。

(2) 小于 0 - 返回包含除了最后的 -LIMIT 个元素以外的所有元素的数组。

(3) 0 - 返回包含一个元素的数组。

6. 关于 implode ( ) 函数

该函数用于把数组元素组合为字符串，其语法格式如下：

implode (separator, array)

其中 separator 参数是可选的，规定数组元素之间放置的内容，默认是 ""（空字符串）；array 参数是必需，要组合为字符串的数组。

例如：

```
<?php
$arr = array ( 'Hello', 'World!', 'I', 'love', 'Shanghai!' );
echo implode ( " ", $arr ) . "<br>";
?>
```

输出的结果如下：

Hello World! I love Shanghai!

7. foreach 循环语句的应用

foreach 循环只适用于数组，并用于遍历数组中的每个键/值对，其语法格式如下：

foreach ($array as $value) {

code to be executed;

}

每进行一次循环迭代，当前数组元素的值就会被赋值给 $value 变量，并且数组指针会逐一地移动，直到到达最后一个数组元素，以下的例子演示的循环将输出给定数组（$colors）的值：

```
<?php
$colors = array ( "red", "green", "blue", "yellow" );
foreach ( $colors as $value ) {
echo "$value <br>";
}
?>
```

输出的结果为：

red

green

blue

yellow

6.8 开发产品管理模块

该模块主要由添加产品信息、查询输出产品信息列表、修改产品信息和删除产品信息四个功能操作组成,以下将详细讲解每个功能操作的实现。

6.8.1 添加产品信息

6.8.1.1 编写"添加产品信息-表单页"文件 produce_add.php

```
1   <?php
2   session_start();
3   require_once('session.php');
4   require_once("../inc/conn.php");
5   ?>
6   <!DOCTYPE html PUBLIC "-//W3C//DTD XHTML 1.0 Transitional//EN" "http://www.w3.org/TR/xhtml1/DTD/xhtml1-transitional.dtd">
7   <html xmlns="http://www.w3.org/1999/xhtml">
8   <head>
9   <meta http-equiv="Content-Type" content="text/html; charset=utf-8" />
10  <title></title>
11  <link rel="stylesheet" href="kindeditor/themes/default/default.css" />
12  <link href="css/table.css" rel="stylesheet" type="text/css" />
13  <script charset="utf-8" src="kindeditor/kindeditor-min.js"></script>
14  <script charset="utf-8" src="kindeditor/lang/zh_CN.js"></script>
15  <script>
16  var editor;
17  KindEditor.ready(function(K)
18  {
19  editor = K.create('textarea[name="content"]', {
20  allowFileManager: true
21  });
22  K('#image3').click(function() {
23  editor.loadPlugin('image', function() {
24  editor.plugin.imageDialog({
25  showRemote: true,
26  imageUrl: K('#url3').val(),
27  clickFn: function(url, title, width, height, border, align) {
28  K('#url3').val(url);
29  editor.hideDialog();
30  }
31  });
```

```
32      } );
33      } );
34      } );
35      </script>
36    </head>
37
38    <body>
39    <form id="form1" name="form1" method="post" action="produce_add_pass. php">
40    <table width="100%" border="1" cellspacing="0" cellpadding="0">
41      <tr>
42        <td class="tt" colspan="2">添加产品</td>
43      </tr>
44      <tr>
45        <td width="12%" height="35"><span style="color：#F30">*</span>标题：</td>
46        <td width="88%"><input name="title" type="text" id="title" size="50" /></td>
47      </tr>
48      <tr>
49        <td height="31">来源：</td>
50        <td><input name="comefrom" type="text" id="comefrom" value="本站" /></td>
51      </tr>
52      <tr>
53        <td height="29">发布日期：</td>
54        <td><input name="pubdate" type="text" id="pubdate" value="<?php
55    date_default_timezone_set（'UTC'）;
56    echo date（Y 年 m 月 d 日）;
57    ?>" /></td>
58      </tr>
59      <tr>
60        <td height="31"><span style="color：#F30">*</span>缩略图：</td>
61        <td><input name="thumbnail" type="text" id="url3" value="" />
62        <input type="button" id="image3" value="选择图片" />
63        （建议大小为：70*70）</td>
64      </tr>
65      <tr>
66        <td height="60">关键词：</td>
67        <td><label for="keywords"></label>
68        <textarea name="keywords" cols="60" rows="3" id="keywords"></textarea></td>
69      </tr>
70      <tr>
71        <td height="60">描述：</td>
```

72 <td><label for="description"></label>

73 <textarea name="description" id="description" cols="60" rows="3"></textarea></td>

74 </tr>

75 <tr>

76 <td height="333"><span style="color：#F30">*</span>内容：</td>

77 <td><textarea name="content" style="width：800px；height：300px；visibility：hidden；"></textarea></td>

78 </tr>

79 <tr>

80 <td height="33">推荐位：</td>

81 <td><input name="posid[]" type="checkbox" id="posid" value="setindex" />

82 首页推荐 ； ；<!--<input name="posid[]" type="checkbox" id="posid" value="settop" />

83 置顶--></td>

84 </tr>

85 <tr>

86 <td height="43" colspan="2"><input type="submit" name="Submit" value="提交" /></td>

87 </tr>

88 </table>

89 </form>

90 </body>

91 </html>

该页面运行的效果如图 6-26 所示。

图 6-26

6.8.1.2 编写"添加产品信息-写入数据库"文件 produce_add_pass.php

1 <?php

2 session_start（）；

3 require_once（'session.php'）；

```php
4   require_once('../inc/conn.php');
5   ?>
6   <!DOCTYPE html PUBLIC "-//W3C//DTD XHTML 1.0 Transitional//EN" "http://www.w3.org/TR/xhtml1/DTD/xhtml1-transitional.dtd">
7   <html xmlns="http://www.w3.org/1999/xhtml">
8   <head>
9   <meta http-equiv="Content-Type" content="text/html; charset=utf-8" />
10  <title></title>
11  </head>
12  <body>
13  <?php
14  if($_POST['title']==""){
15  echo "<script>alert('标题不能为空!');history.go(-1)</script>";
16  exit;
17  }
18  if($_POST['thumbnail']==""){
19  echo "<script>alert('缩略图不能为空!');history.go(-1)</script>";
20  exit;
21  }
22  if($_POST['content']==""){
23  echo "<script>alert('内容不能为空!');history.go(-1)</script>";
24  exit;
25  }
26  /*处理推荐位数据开始*/
27  if($_POST['posid']<>""){
28  foreach($_POST['posid'] as $i)
29  {
30  $posid.=$i.",";
31  }
32  $posid=substr($posid,0,-1);
33  }else{
34  $posid="";
35  }
36  /*处理推荐位数据结束*/
37
38  $sql="INSERT INTO produce(title,comefrom,pubdate,thumbnail,keywords,description,content,posid) VALUES ('".$_POST['title']."','".$_POST['comefrom']."','".$_POST['pubdate']."','".$_POST['thumbnail']."','".$_POST['keywords']."','".$_POST['description']."','".$_POST['content']."','".$posid."')";
```

39　mysql_query（$sql，$conn）;
40　echo "<script>alert('写入成功!');window. location. href='produce_list. php';</script>";
41　mysql_close（$conn）;
42　?>
43　</body>
44　</html>

6.8.2 查询输出产品信息列表

该操作主要是查询数据库的 produce 表，并把产品信息以列表的形式输出。

编写"产品信息列表页"文件（produce_list. php），完整的代码如下：

1　<?php
2　session_start（）;
3　require_once（'session. php'）;
4　require_once（'.. /inc/conn. php'）;
5　//记录的总条数
6　$total_num=mysql_num_rows（mysql_query（"SELECT* FROM produce"））;
7　//每页记录数
8　$pagesize=10;
9　//总页数
10　$page_num=ceil（$total_num/$pagesize）;
11　//设置页数
12　$page=$_GET['page'];
13　if（$page<1 || $page==""）{
14　$page=1;
15　}
16　if（$page>$page_num）{
17　$page=$page_num;
18　}
19　//计算机记录的偏移量
20　$offset=$pagesize*（$page-1）;
21　//上一页、下一页
22　$prepage=（$page<>1）?$page-1：$page;
23　$nextpage=（$page<>$page_num）?$page+1：$page;
24　$result=mysql_query（"SELECT* FROM produce ORDER BY id desc LIMIT $offset, $pagesize"）;
25　?>
26　<!DOCTYPE html PUBLIC "-//W3C//DTD XHTML 1. 0 Transitional//EN" "http：//www. w3. org/TR/xhtml1/DTD/xhtml1-transitional. dtd">

```
27  <html xmlns="http://www.w3.org/1999/xhtml">
28  <head>
29  <meta http-equiv="Content-Type" content="text/html; charset=utf-8" />
30  <title>无标题文档</title>
31  <link href="css/table.css" rel="stylesheet" type="text/css" />
32  </head>
33
34  <body>
35  <table width="100%" border="1" cellspacing="0" cellpadding="0">
36  <tr>
37  <td class="tt" colspan="5">产品列表</td>
38  </tr>
39  <tr>
40  <td width="6%" height="35">ID</td>
41  <td>标题</td>
42  <td width="29%">发布日期</td>
43  <td colspan="2">操作</td>
44  </tr>
45  <?php
46  if（$total_num>0）{
47  while（$row=mysql_fetch_array（$result））{
48  ?>
49  <tr>
50  <td height="31"><?php echo $row['id']?></td>
51  <td><?php echo $row['title']?><?php if( strpos( $row['posid'], 'setindex' )!==false ){echo "  [<span style='color: red;'>首页推荐</span>]  "; }?></td>
52  <td><?php echo $row['pubdate']?></td>
53    <td width="12%"><input type="submit" name="button" id="button" value="修改" onclick="window.location.href='produce_modify.php?id=<?php echo $row['id']?>'" /></td>
54    <td width="11%"><input type="submit" name="button2" id="button2" value="删除" onclick="window.location.href='produce_delete.php?id=<?php echo $row['id']?>'" /></td>
55  </tr>
56  <?php
57  }
58  }else{
59  ?>
60  <tr>
61  <td height="35" colspan="5">暂无记录!</td>
62  </tr>
```

63 <?php
64 }
65 mysql_close（$conn）;
66 ?>
67 <tr>
68 <td height="43" colspan="5" align="center"><?=$page?>/<?=$page_num?> ； ；<a href="?page=1">首页</a> ； ；<a href="?page=<?=$prepage?>">上一页</a> ； ；<a href="?page=<?=$nextpage?>">下一页</a> ； ；<a href="?page=<?=$page_num?>">尾页</a></td>
69 </tr>
70 </table>
71 </body>
72 </html>

该页面运行的效果如图 6-27 所示。

图 6-27

6.8.3 修改产品信息

6.8.3.1 编写"修改产品信息–显示页"文件 produce_modify.php

1 <?php
2 session_start（）;
3 require_once（'session.php'）;
4 require_once（"../inc/conn.php"）;
5
6 //查询当前记录
7 $sql="SELECT* FROM produce WHERE id='". $_GET['id']. "'";
8 $result=mysql_query（$sql）;
9 $rs=mysql_fetch_array（$result）;
10 ?>
11 <!DOCTYPE html PUBLIC "-//W3C//DTD XHTML 1.0 Transitional//EN" "http：//www.w3.org/TR/xhtml1/DTD/xhtml1-transitional.dtd">
12 <html xmlns="http：//www.w3.org/1999/xhtml">
13 <head>
14 <meta http-equiv="Content-Type" content="text/html；charset=utf-8" />
15 <title></title>

```
16  <link rel="stylesheet" href="kindeditor/themes/default/default.css" />
17  <link href="css/table.css" rel="stylesheet" type="text/css" />
18  <script charset="utf-8" src="kindeditor/kindeditor-min.js"></script>
19  <script charset="utf-8" src="kindeditor/lang/zh_CN.js"></script>
20  <script>
21  var editor;
22  KindEditor.ready ( function ( K )
23  {
24  editor = K. create ( 'textarea[name="content"]', {
25  allowFileManager: true
26  } );
27  K ( '#image3' ) . click ( function ( ) {
28  editor. loadPlugin ( 'image', function ( ) {
29  editor. plugin. imageDialog ( {
30  showRemote: true,
31  imageUrl: K ( '#url3' ) . val ( ),
32  clickFn: function ( url, title, width, height, border, align ) {
33  K ( '#url3' ) . val ( url );
34  editor. hideDialog ( );
35  }
36  } );
37  } );
38  } );
39  } );
40  </script>
41  </head>
42
43  <body>
44      <form id="form1" name="form1" method="post" action="produce_modify_pass.php?id=<?=$rs['id']?>">
45  <table width="100%" border="1" cellspacing="0" cellpadding="0">
46  <tr>
47  <td class="tt" colspan="2">修改产品</td>
48  </tr>
49  <tr>
50  <td width="12%" height="35"><span style="color: #F30">*</span>标题: </td>
51      <td width="88%"><input name="title" type="text" id="title" value="<?=$rs['title']?>" size="50" /></td>
52  </tr>
```

```
53    <tr>
54    <td height="31">来源：</td>
55    <td><input name="comefrom" type="text" id="comefrom" value="<?=$rs['comefrom']?>" /></td>
56    </tr>
57    <tr>
58    <td height="29">发布日期：</td>
59    <td><input name="pubdate" type="text" id="pubdate" value="<?=$rs['pubdate']?>" /></td>
60    </tr>
61    <tr>
62    <td height="31"><span style="color: #F30">*</span>缩略图：</td>
63    <td><input name="thumbnail" type="text" id="url3" value="<?=$rs['thumbnail']?>" />
64    <input type="button" id="image3" value="选择图片" /></td>
65    </tr>
66    <tr>
67    <td height="60">关键词：</td>
68    <td><label for="keywords"></label>
69    <textarea name="keywords" cols="60" rows="3" id="keywords">  <?=$rs['keywords']?></textarea></td>
70    </tr>
71    <tr>
72    <td height="60">描述：</td>
73    <td><label for="description"></label>
74    <textarea name="description" id="description" cols="60" rows="3"><?=$rs['description']?></textarea></td>
75    </tr>
76    <tr>
77    <td height="325"><span style="color: #F30">*</span>内容：</td>
78    <td><textarea name="content" style="width: 800px; height: 300px; visibility: hidden; "><?=htmlspecialchars（$rs['content']）?>
79    </textarea></td>
80    </tr>
81    <tr>
82    <td height="33">推荐位：</td>
83    <td>
84    <?php
85    $posid_array=explode（"，"，$rs['posid']）;
86    ?>
```

87 <input name="posid[]" type="checkbox" id="posid" value="setindex" <?php if（in_array（"setindex"，$posid_array））{echo "checked='checked'"；}?> />

88 首页推荐

89

90 </td>

91 </tr>

92 <tr>

93 <td height="43" colspan="2"><input type="submit" name="Submit" value="提交" /></td>

94 </tr>

95 </table>

96 </form>

97 </body>

98 </html>

该页面运行的效果如图 6-28 所示。

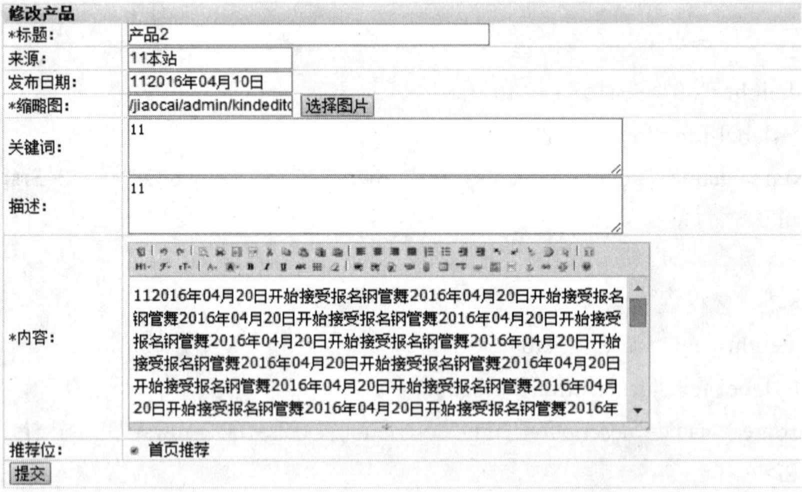

图 6-28

6.8.3.2 编写"修改产品信息–修改页"文件 produce_modify_pass.php

1 <?php

2 session_start（）;

3 require_once（'session.php'）;

4 require_once（'../inc/conn.php'）;

5 ?>

6 <!DOCTYPE html PUBLIC "-//W3C//DTD XHTML 1.0 Transitional//EN" "http：//www.w3.org/TR/xhtml1/DTD/xhtml1-transitional.dtd">

7 <html xmlns="http：//www.w3.org/1999/xhtml">

8 <head>

9 <meta http-equiv="Content-Type" content="text/html；charset=utf-8" />

```
10  <title></title>
11  </head>
12  <body>
13  <?php
14  if（$_POST['title']==""）{
15  echo "<script>alert（'标题不能为空！'）; history.go（-1）</script>";
16  exit;
17  }
18  if（$_POST['thumbnail']==""）{
19  echo "<script>alert（'缩略图不能为空！'）; history.go（-1）</script>";
20  exit;
21  }
22  if（$_POST['content']==""）{
23  echo "<script>alert（'内容不能为空！'）; history.go（-1）</script>";
24  exit;
25  }
26
27  /*处理推荐位数据开始*/
28  if（$_POST['posid']<>""）{
29  foreach（$_POST['posid'] as $i）
30  {
31  $posid.=$i.",";
32  }
33  $posid=substr（$posid, 0, -1）;
34  }
35  else{
36  $posid="";
37  }
38  /*处理推荐位数据结束*/
39  $sql="UPDATE produce SET title='".$_POST['title']."', comefrom='".$_POST['comefrom']."', pubdate='".$_POST['pubdate']."', thumbnail='".$_POST['thumbnail']."', keywords='".$_POST['keywords']."', description='".$_POST['description']."', content='".$_POST['content']."', posid='".$posid."' WHERE id='".$_GET['id']."'";
40  mysql_query（$sql, $conn）;
41  echo "<script>alert（'修改成功！'）; window.location.href='produce_list.php';</script>";
42  mysql_close（$conn）;
43  ?>
44  </body>
45  </html>
```

6.8.4 删除产品信息

编写"删除产品信息页"文件（produce_delete.php），该文件的主要作用是删除数据表中 id 字段的值等于传递过来的 id 变量的值的记录。该文件完整的代码如下：

```
1   <?php
2   session_start（）;
3   require_once（'session.php'）;
4   ?>
5   <!DOCTYPE html PUBLIC "-//W3C//DTD XHTML 1.0 Transitional//EN" "http：//www.w3.org/TR/xhtml1/DTD/xhtml1-transitional.dtd">
6   <html xmlns="http：//www.w3.org/1999/xhtml">
7   <head>
8   <meta http-equiv="Content-Type" content="text/html；charset=utf-8" />
9   <title></title>
10  </head>
11  <body>
12  <?php
13  require_once（'../inc/conn.php'）;
14  $sql="DELETE FROM produce WHERE id='".$_GET['id']."'";
15  mysql_query（$sql，$conn）;
16  echo"<script>alert（'删除成功！'）; window.location.href='produce_list.php'</script>";
17  mysql_close（$conn）;
18  ?>
19  </body>
20  </html>
```

知识点讲解

在开发的过程中，经常会用到字符串的截取，常用的函数有 substr（）、mb_substr（）和 mb_substr（），以下为读者讲解使用的注意事项：

① 在英文字符下 substr（）没问题，当有中文的时候就可能会出现乱码。

解决办法：1个中文字符占三个字节，所以我们可以利用这个规律。

substr（'测试内容'，0，3），substr（'测试内容'，0，6），substr（'测试内容'，0，12）只要 substr（）的第三个参数是3的倍数就都没问题！

这样做虽然程序的执行效率会增加（相比 mb_substr（）函数），但是必须要保证截取的字符串中全为中文，包括符号都要用中文模式下的符号。只有出现了一个英文字符或者符号甚至空格，都会出现乱码。所以这个方法慎用。

② mb_substr（）函数执行效率不高，但是对中文处理很有效。

解决办法：mb_substr 函数会把英文，中文，以及所有字符，空格都当作一个大的单位来对待。但是必须要指定第四个参数 mb_substr（'测试内容'，0，3，'utf-8'），官方文档说第四个参数可以不加，但是在测试的时候发现如果不加的话也可能会出现乱码。

③ mb_strcut（）与 substr（）都是按字节截取，但是 mb_strcut（）会判断截取最后的字符是不是一个完整的字符，如果不完整就会直接去除。所以测试中返回的结果就是显示三次。因为 UTF 格式等于三个字节。

当然，也可通过自定义的函数对中文汉字进行截取，以下为读者分享一个 PHP 实现中文字符串截取无乱码的方法。

```php
<?php
//此函数完成带汉字的字符串取串
function substr_CN（$str，$mylen）{
$len=strlen（$str）;
$content='';
$count=0;
for（$i=0；$i<$len；$i++）{
    if（ord（substr（$str，$i，1）））>127）{
$content. =substr（$str，$i，2）;
$i++;
    }else{
$content. =substr（$str，$i，1）;
    }
    if（++$count==$mylen）{
break;
    }
}
echo $content;
}
$str="34 中华人民共和国 56";
substr_CN（$str，3）; //输出 34 中
?>
```

6.9 留言管理模块开发

该模块主要是管理客户的留言信息，并可设置该留言信息是否已处理。

6.9.1 设计留言列表页

该页 guestbook.php 完整的代码如下：

```php
1   <?php
2   session_start();
3   require_once('session.php');
4   require_once('../inc/conn.php');
5   //记录的总条数
6   $total_num=mysql_num_rows(mysql_query("SELECT* FROM guestbook"));
7   //每页记录数
8   $pagesize=5;
9   //总页数
10  $page_num=ceil($total_num/$pagesize);
11  //设置页数
12  $page=$_GET['page'];
13  if($page<1 || $page==""){
14  $page=1;
15  }
16  if($page>$page_num){
17  $page=$page_num;
18  }
19  //计算机记录的偏移量
20  $offset=$pagesize*($page-1);
21  //上一页、下一页
22  $prepage=($page<>1)?$page-1：$page;
23  $nextpage=($page<>$page_num)?$page+1：$page;
24  $result=mysql_query("SELECT* FROM guestbook ORDER BY id desc LIMIT $offset, $pagesize");
25  ?>
26  <!DOCTYPE html PUBLIC "-//W3C//DTD XHTML 1.0 Transitional//EN" "http://www.w3.org/TR/xhtml1/DTD/xhtml1-transitional.dtd">
27  <html xmlns="http://www.w3.org/1999/xhtml">
28  <head>
29  <meta http-equiv="Content-Type" content="text/html; charset=utf-8" />
30  <title>无标题文档</title>
31  <link href="css/table.css" rel="stylesheet" type="text/css" />
32  </head>
33  <body>
34  <table width="100%" border="1" cellspacing="0" cellpadding="0">
35  <tr>
36  <td class="tt" colspan="7">留言列表</td>
37  </tr>
```

```
38    <tr>
39    <td width="13%" height="29"><strong>标题</strong></td>
40    <td width="11%"><strong>日期</strong></td>
41    <td width="11%"><strong>留言人</strong></td>
42    <td width="8%"><strong>联系方式</strong></td>
43    <td width="30%"><strong>留言内容</strong></td>
44    <td width="15%"><strong>是否处理</strong></td>
45    <td width="12%"><strong>操作</strong></td>
46    </tr>
47    <?php
48    if（$total_num>0）{
49    while（$row=mysql_fetch_array（$result））{
50    ?>
51    <tr>
52    <td><?php echo $row['title']?></td>
53    <td><?php echo $row['pubdate']?></td>
54    <td><?php echo $row['name']?></td>
55    <td><?php echo $row['contact']?></td>
56    <td><?php echo $row['content']?></td>
57    <td><?=$row['deal']?>（<?php if（$row['deal']=='否'）{?><a href="guestbook_deal.php?deal=yes&id=<?=$row['id']?>">点击设置为"已处理"</a><?php }else{?><a href="guestbook_deal.php?deal=no&id=<?=$row['id']?>">点击设置为"未处理"</a><?php }?>）</td>
58    <td><input type="submit" name="button2" id="button2" value="删除" onclick="window.location.href='guestbook_delete.php?id=<?php echo $row['id']?>'" /></td>
59    </tr>
60    <?php
61    }
62    }else{
63    ?>
64    <tr>
65    <td height="35" colspan="7">暂无记录!</td>
66    </tr>
67    <?php
68    }
69    ?>
70    <tr>
71    <td height="43" colspan="7" align="center"><?=$page?>/<?=$page_num?>  <a href="?page=1">首页</a>  <a href="?page=<?=$prepage?>">上一页</a>  <a href="?page=<?=$nextpage?>">下一页</a>  <a
```

href="?page=<?=$page_num?>">尾页</a></td>

72　</tr>

73　</table>

74　</body>

75　</html>

76　<?php

77　mysql_close（$conn）;

78　?>

该页面运行和效果如图 6-29 所示。

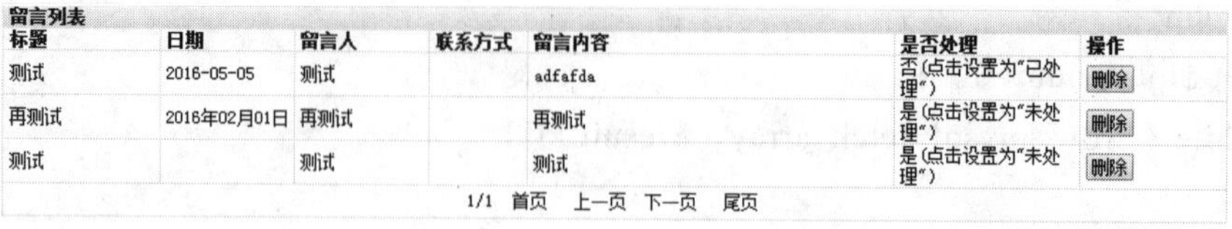

图 6-29

6.9.2 编写留言信息处理页文件

该页面 guestbook_deal.php 完整的代码如下：

1　<?php

2　session_start（）;

3　require_once（'session.php'）;

4　require_once（'../inc/conn.php'）;

5　?>

6　<!DOCTYPE html PUBLIC "-//W3C//DTD XHTML 1.0 Transitional//EN" "http：//www.w3.org/TR/xhtml1/DTD/xhtml1-transitional.dtd">

7　<html xmlns="http：//www.w3.org/1999/xhtml">

8　<head>

9　<meta http-equiv="Content-Type" content="text/html；charset=utf-8" />

10　<title>无标题文档</title>

11　<link href="css/table.css" rel="stylesheet" type="text/css" />

12　</head>

13　<body>

14　<?php

15　if（$_GET['deal']=="yes"）{

16　mysql_query（"UPDATE guestbook SET deal='是' WHERE id='". $_GET['id']. "'"）;

17　echo "<script>alert（'已设置为\"已处理\"！'）; window.location.href='guestbook.php';</script>";

18　}

19　if（$_GET['deal']=="no"）{

20 mysql_query（"UPDATE guestbook SET deal='否' WHERE id='". $_GET['id']. "'"）；
21 echo "<script>alert（'已设置为\"未处理\"！'）; window. location. href='guestbook. php';</script>";
22 }
23 mysql_close（$conn）；
24 ?>
25 </body>
26 </html>

6.9.3 编写留言删除页文件

该文件"guestbook_delete. php"完整的代码如下：

1 <?php
2 session_start（）;
3 require_once（'session. php'）;
4 require_once（'.. /inc/conn. php'）;
5 ?>
6 <!DOCTYPE html PUBLIC "-//W3C//DTD XHTML 1. 0 Transitional//EN" "http：//www. w3. org/TR/xhtml1/DTD/xhtml1-transitional. dtd">
7 <html xmlns="http：//www. w3. org/1999/xhtml">
8 <head>
9 <meta http-equiv="Content-Type" content="text/html；charset=utf-8" />
10 <title>无标题文档</title>
11 <link href="css/table. css" rel="stylesheet" type="text/css" />
12 </head>
13 <body>
14 <?php
15 $sql="DELETE FROM guestbook WHERE id='". $_GET['id']. "'";
16 mysql_query（$sql，$conn）;
17 echo "<script>alert（'删除成功！'）; window. location. href='guestbook. php';</script>";
18 mysql_close（$conn）;
19 ?>
20 </body>
21 </html>

💡知识点讲解

关于留言信息处理。留言信息主要由访问者在网站前台"给我留言"页面留言产生，为了方便对留言信息的管理，在网站后台的留言管理模块通常会使用标记的方式标记留言信息是否已处理。底层实现的原理是在设计留言信息表的时候，添加一个字段 deal 用于标记留言信息是否被处理。在开发该功能操作时，通过点击"已处理"或"未处理"实现修改留言记录 deal 字段的值以达到标识留言信息是否处理的效果，通过此种方式可以提高管理员管理留言信息的效率。

在 guestbook.php 文件中，对于"已处理"、"未处理"链接的代码做简要的说明：

<?=$row['deal']?>（<?php if（$row['deal']=='否'）{?><a href="guestbook_deal.php?deal=yes&id=<?=$row['id']?>">点击设置为"已处理"</a><?php}else{?><a href="guestbook_deal.php?deal=no&id=<?=$row['id']?>">点击设置为"未处理"</a><?php }?>）

由上述的代码可知，变量是通过 url 的方式进行传递的，所以在 guestbook_deal.php 接收时应使用全局变量$_GET（）进行接收。另外，有些读者对上述代码中的 deal=yes 或 deal=no 不理解——为什么要传递这两个变量？其实在 guestbook_deal.php 文件中，存在两个功能操作代码块，一个是设置该留言为"已处理"，一个是用于设置该留言为"未处理"，因此，须引入变量 deal 以判断执行的是哪个功能操作代码。

6.10　开发焦点幻灯管理模块

该模块主要由添加焦点幻灯信息、查询输出焦点幻灯信息列表、修改焦点幻灯信息和删除焦点幻灯信息四个功能操作组成，以下详细讲解每个功能操作的实现。

6.10.1　添加焦点幻灯信息

6.10.1.1　编写"添加焦点幻灯信息-表单页"文件

该文件（slide_add.php）完整的代码如下：

```
1    <?php
2    session_start（）;
3    require_once（'session.php'）;
4    ?>
5    <!DOCTYPE html PUBLIC "-//W3C//DTD XHTML 1.0 Transitional//EN" "http：//www.w3.org/TR/xhtml1/DTD/xhtml1-transitional.dtd">
6    <html xmlns="http：//www.w3.org/1999/xhtml">
7    <head>
8    <meta http-equiv="Content-Type" content="text/html；charset=utf-8" />
9    <title>无标题文档</title>
10   <link rel="stylesheet" href="kindeditor/themes/default/default.css" />
11   <link href="css/table.css" rel="stylesheet" type="text/css" />
12   <script charset="utf-8" src="kindeditor/kindeditor-min.js"></script>
13   <script charset="utf-8" src="kindeditor/lang/zh_CN.js"></script>
14   <script
```

```
15    KindEditor.ready ( function ( K ) {
16    var editor = K.editor ( {
17    allowFileManager: true
18    } );
19    K ( '#image3' ) . click ( function ( ) {
20    editor.loadPlugin ( 'image', function ( ) {
21    editor.plugin.imageDialog ( {
22    showRemote: false,
23    imageUrl: K ( '#url3' ) . val ( ),
24    clickFn: function ( url, title, width, height, border, align ) {
25    K ( '#url3' ) . val ( url );
26    editor.hideDialog ( );
27    }
28    } );
29    } );
30    } );
31    } );
32    </script>
33    </head>
34    <body>
35    <form name="form1" id="form1" action="slide_add_pass.php" method="post" >
36    <table width="100%" border="1" cellspacing="0" cellpadding="0">
37    <tr>
38    <td height="41" colspan="2" class="tt">添加幻灯</td>
39    </tr>
40    <tr>
41    <td width="10%" height="35"><span style="color: #F60">*</span>标题: </td>
42    <td width="90%"><input type="text" name="title" id="title" /></td>
43    </tr>
44    <tr>
45    <td height="35">链接: </td>
46    <td><input type="text" name="link" id="link" /></td>
47    </tr>
48    <tr>
49    <td height="35"><span style="color: #F60">*</span>缩略图: </td>
50    <td><input name="thumbnail" type="text" id="url3" value="" size="20" /><input type="button" id="image3" value="上传" /></td>
51    </tr>
52    <tr>
```

53　　\<td height="35">*\排序：\</td>

54　　\<td>\<input name="orderid" type="text" id="orderid" size="10" />\</td>

55　　\</tr>

56　　\<tr>

57　　\<td height="35" colspan="2">\<input type="submit" name="button" id="button" value="提交" />\</td>

58　　\</tr>

59　　\</table>

60　　\</form>

61　　\</body>

62　　\</html>

该页面运行的效果如图 6-30 所示。

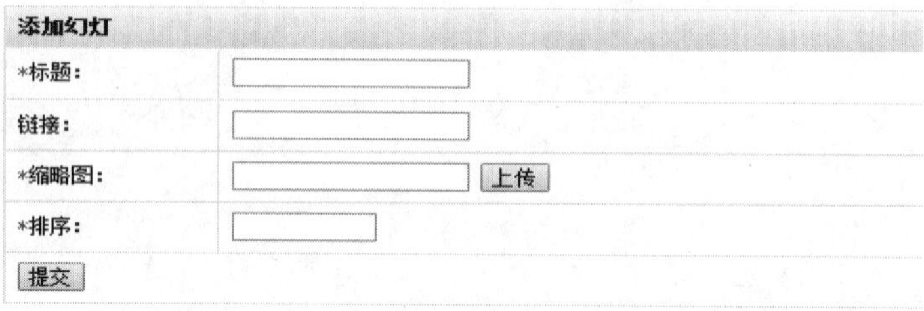

图 6-30

6.10.1.2　编写"添加焦点幻灯信息-写入数据库"文件

该文件（slide_add_pass.php）完整代码如下：

1　　\<?php

2　　session_start（）;

3　　require_once（'session.php'）;

4　　require_once（'../inc/conn.php'）;

5　　?>

6　　\<!DOCTYPE html PUBLIC "-//W3C//DTD XHTML 1.0 Transitional//EN" "http：//www.w3.org/TR/xhtml1/DTD/xhtml1-transitional.dtd">

7　　\<html xmlns="http：//www.w3.org/1999/xhtml">

8　　\<head>

9　　\<meta http-equiv="Content-Type" content="text/html；charset=utf-8" />

10　　\<title>无标题文档\</title>

11　　\</head>

12　　\<body>

13　　\<?php

14　　if（$_POST['title']==""）{

15　　echo "\<script>alert（'标题不能为空！'）; history.go（-1）\</script>";

16　　exit;

```
17    }
18    if ( $_POST['thumbnail']=="" ) {
19      echo "<script>alert ( '缩略图不能为空！' ); history. go ( -1 ) </script>";
20      exit;
21    }
22    if ( !is_numeric ( $_POST['orderid'] )) {
23      echo "<script>alert ( '排序必须为数字！' ); history. go ( -1 ) </script>";
24      exit;
25    }
26    $sql_add="INSERT INTO slide ( title，link，thumbnail，orderid ) VALUES ( '". $_POST['title']. "'，'". $_POST['link']. "'，'". $_POST['thumbnail']. "'，'". $_POST['orderid']. "' ) ";
27    mysql_query ( $sql_add，$conn );
28    echo "<script>alert ( '添加成功！' ); window. location. href='slide_list. php'; </script>";
29    mysql_close ( $conn );
30  ?>
31  </body>
32  </html>
```

6.10.2 查询输出焦点幻灯信息列表

该操作主要是查询数据库的 slide 表，并把焦点幻灯信息以列表的形式输出。
编写"焦点幻灯信息列表页"文件（slide_list. php），完整的代码如下：

```
1   <?php
2   session_start ( );
3   require_once ( 'session. php' );
4   require_once ( '../inc/conn. php' );
5   //记录的总条数
6   $total_num=mysql_num_rows ( mysql_query ( "SELECT* FROM slide" ));
7   //每页记录数
8   $pagesize=5;
9   //总页数
10  $page_num=ceil ( $total_num/$pagesize );
11  //设置页数
12  $page=$_GET['page'];
13  if ( $page<1 || $page=='' ) {
14    $page=1;
15  }
16  if ( $page>$page_num ) {
17    $page=$page_num;
```

18   }
19   //计算机记录的偏移量
20    $offset=$pagesize*（$page-1）;
21   //上一页、下一页
22    $prepage=（$page<>1）?$page-1：$page;
23    $nextpage=（$page<>$page_num）?$page+1：$page;
24    $result=mysql_query（"SELECT* FROM slide ORDER BY id desc LIMIT $offset, $pagesize"）;
25   ?>
26   <!DOCTYPE html PUBLIC "-//W3C//DTD XHTML 1. 0 Transitional//EN" "http：//www.w3. org/TR/xhtml1/DTD/xhtml1-transitional. dtd">
27   <html xmlns="http：//www. w3. org/1999/xhtml">
28 <head>
29   <meta http-equiv="Content-Type" content="text/html；charset=utf-8" />
30   <title>无标题文档</title>
31   <link href="css/table. css" rel="stylesheet" type="text/css" />
32   <script type="text/javascript">
33   function AutoResizeImage（maxWidth, maxHeight, objImg）{
34   var img = new Image（）;
35   img. src = objImg. src;
36   var hRatio;
37   var wRatio;
38   var Ratio = 1;
39   var w = img. width;
40   var h = img. height;
41   wRatio = maxWidth / w;
42   hRatio = maxHeight / h;
43   if（maxWidth ==0 && maxHeight==0）{
44   Ratio = 1;
45   }else if（maxWidth==0）{//
46   if（hRatio<1）Ratio = hRatio;
47   }else if（maxHeight==0）{
48   if（wRatio<1）Ratio = wRatio;
49   }else if（wRatio<1 || hRatio<1）{
50   Ratio =（wRatio<=hRatio?wRatio：hRatio）;
51   }
52   if（Ratio<1）{
53   w = w * Ratio;
54   h = h * Ratio;
55   }

```
56    objImg. height = h;
57    objImg. width = w;
58    }
59    </script>
60    </head>
61    <body>
62    <table width="100%" border="1" cellspacing="0" cellpadding="0">
63    <tr>
64    <td height="41" colspan="5" class="tt">焦点幻灯列表</td>
65    </tr>
66    <tr>
67    <td height="35">标题</td><td>链接</td><td width="26%">缩略图</td><td>排序</td><td width="15%">操作</td>
68    </tr>
69    <tr>
70    <?php
71    if ( $total_num>0 ) {
72    while ( $row=mysql_fetch_array ( $result )) {
73    ?>
74
75    <td width="38%" height="70"><?php echo $row['title']?></td>
76    <td width="13%"><?php if ( $row['link']=='' ) {echo '无'; }else{?><a target="new" href="<?=$row['link']?>">查看</a><?php }?></td>
77    <td><img src="<?=$row['thumbnail']?>" width="0" height="0" onload="AutoResizeImage（0，60，this）"></td>
78    <td width="8%"><?=$row['orderid']?></td>
79    <td><input type="submit" name="button" id="button" value="修改" onclick="window.location. href='slide_modify. php?id=<?=$row['id']?>'" />   
80    <input type="button" name="button2" id="button2" value="删除" onclick="window.location. href='slide_delete. php?id=<?=$row['id']?>'" /></td>
81    </tr>
82    <?php
83    }
84    }else{
85    ?>
86    <tr><td height="41" colspan="5">暂无记录！</td></tr>
87    <?php
88    }
89    ?>
```

90   \<tr>

91   \<td height="43" colspan="5" align="center">\<?=$page?>/\<?=$page_num?> \<a href="?page=1">首页\</a> \<a href="?page=\<?=$prepage?>">上一页\</a> \<a href="?page=\<?=$nextpage?>">下一页\</a> \<a href="?page=\<?=$page_num?>">尾页\</a>\</td>

92   \</tr>

93   \</table>

94 \</body>

95 \</html>

96 \<?php mysql_close（$conn）; ?>

上述代码的第 32~59 行主要作用是设置该页图片等比缩放，否则图片的尺寸不一样，输出的图片可能会出现变形的情况。

该页面运行的效果如图 6-31 所示。

图 6-31

6.10.3 修改焦点幻灯信息

6.10.3.1 编写"修改焦点幻灯信息—显示页"文件 slide_modify.php

1   \<?php

2   session_start（）;

3   require_once（'session.php'）;

4   require_once（'../inc/conn.php'）;

5   $sql="SELECT* FROM slide WHERE id='". $_GET['id']. "'";

6   $result=mysql_query（$sql）;

7   $row=mysql_fetch_array（$result）;

8   ?>

9   \<!DOCTYPE html PUBLIC "-//W3C//DTD XHTML 1.0 Transitional//EN" "http：//www.w3.org/TR/xhtml1/DTD/xhtml1-transitional.dtd">

10 \<html xmlns="http：//www.w3.org/1999/xhtml">

11 \<head>

12 \<meta http-equiv="Content-Type" content="text/html；charset=utf-8" />

13 \<title>无标题文档\</title>

14 \<link rel="stylesheet" href="kindeditor/themes/default/default.css" />

15 \<link href="css/table.css" rel="stylesheet" type="text/css" />

```
16  <script charset="utf-8" src="kindeditor/kindeditor-min.js"></script>
17  <script charset="utf-8" src="kindeditor/lang/zh_CN.js"></script>
18  <script>
19  KindEditor.ready（function（K）{
20  var editor = K.editor（{
21  allowFileManager：true
22  }）;
23  K（'#image3'）.click（function（）{
24  editor.loadPlugin（'image', function（）{
25  editor.plugin.imageDialog（{
26  showRemote：false,
27  imageUrl：K（'#url3'）.val（），
28  clickFn：function（url, title, width, height, border, align）{
29  K（'#url3'）.val（url）;
30  editor.hideDialog（）;
31  }
32  }）;
33  }）;
34  }）;
35  }）;
36  </script>
37  </head>
38  <body>
39  <form name="form1" id="form1" action="slide_modify_pass.php?id=<?=$row['id']?>" method="post">
40  <table width="100%" border="1" cellspacing="0" cellpadding="0">
41  <tr>
42  <td height="41" colspan="2" class="tt">修改焦点幻灯</td>
43  </tr>
44  <tr>
45  <td width="14%" height="35"><span style="color：#F60">*</span>标题：</td>
46   <td width="86%"><input name="title" type="text" id="title" value="<?=$row['title']?>" /></td>
47  </tr>
48  <tr>
49  <td height="35">链接：</td>
50  <td><input name="link" type="text" id="link" value="<?=$row['link']?>" /></td>
51  </tr>
```

52 <tr>

53 <td height="35"><span style="color：#F60">*</span>缩略图：</td>

54 <td><input name="thumbnail" type="text" id="url3" value="<?=$row['thumbnail']?>" size="20" /><input type="button" id="image3" value="上传" /></td>

55 </tr>

56 <tr>

57 <td height="35"><span style="color：#F60">*</span>排序：</td>

58 <td><input name="orderid" type="text" id="orderid" value="<?=$row['orderid']?>" size="10" /></td>

59 </tr>

60 <tr>

61 <td height="35" colspan="2"><input type="submit" name="button" id="button" value="提交" /></td>

62 </tr>

63 </table>

64 </form>

65 </body>

66 </html>

该页面运行的效果如图 6-32 所示。

图 6-32

6.10.3.2 编写"修改焦点幻灯信息–修改页"文件 slide_modify_pass.php

1 <?php

2 session_start（）；

3 require_once（'session.php'）；

4 require_once（'../inc/conn.php'）；

5 ?>

6 <!DOCTYPE html PUBLIC "-//W3C//DTD XHTML 1.0 Transitional//EN" "http：//www.w3.org/TR/xhtml1/DTD/xhtml1-transitional.dtd">

7 <html xmlns="http：//www.w3.org/1999/xhtml">

8 <head>

9 <meta http-equiv="Content-Type" content="text/html；charset=utf-8" />

10 <title>无标题文档</title>

11   </head>
12   <body>
13   <?php
14   if（$_POST['title']==""）{
15   echo "<script>alert（'标题不能为空！'）; history. go（-1）</script>";
16   exit;
17   }
18   if（$_POST['thumbnail']==""）{
19   echo "<script>alert（'缩略图不能为空！'）; history. go（-1）</script>";
20   exit;
21   }
22   if（!is_numeric（$_POST['orderid']））{
23   echo "<script>alert（'排序必须为数字！'）; history. go（-1）</script>";
24   exit;
25   }
26    $sql_modify="UPDATE slide SET title='". $_POST['title']. "', link='". $_POST['link']. "', thumbnail='". $_POST['thumbnail']. "', orderid='". $_POST['orderid']. "' WHERE id='". $_GET['id']. "'";
27   mysql_query（$sql_modify, $conn）;
28   echo "<script>alert（'修改成功！'）; window. location. href='slide_list. php'; </script>";
29   mysql_close（$conn）;
30   ?>
31   </body>
32   </html>

6.10.4 删除焦点幻灯信息

编写"删除焦点幻灯信息页"文件（slide_delete. php），该文件的主要作用是删除数据表中 ID 字段的值等于传递过来的 ID 变量的值的记录。该文件完整的代码如下：

1   <?php
2   session_start（）;
3   require_once（'session. php'）;
4   ?>
5   <!DOCTYPE html PUBLIC "-//W3C//DTD XHTML 1. 0 Transitional//EN" "http：//www. w3. org/TR/xhtml1/DTD/xhtml1-transitional. dtd">
6   <html xmlns="http：//www. w3. org/1999/xhtml">
7   <head>
8   <meta http-equiv="Content-Type" content="text/html; charset=utf-8" />
9   <title></title>
10   </head>

```
11    <body>
12    <?php
13    require_once ('../inc/conn.php');
14    $sql="DELETE FROM slide WHERE id='".$_GET['id']."'";
15    mysql_query ($sql, $conn);
16    echo "<script>alert ('删除成功'); window.location.href='slide_list.php'</script>";
17    mysql_close ($conn);
18    ?>
19    </body>
20    </html>
```

知识点讲解

图片缩放特效是网页开发相关人员常用的网页特效,以下编者给大家介绍几款免费的jQuery图片缩放插件,见表6.3。

表6.3

插件名称	说明
EasyZoom	EasyZoom 是一个 jQuery 图像缩放和平移插件。它支持触摸屏设备,且能用 CSS 来设计你想要的效果
zoom.js	zoom.js 是一款灵巧的 jQuery 图像缩放插件。点击图片,即可放大/缩小你的图片。更有趣的是,只要你滚动图片即可查看过去浏览过的图片
picZoomer	picZoomer 是一个非常小的 jQuery 插件,通过鼠标悬停放大图像,同时支持缩略图实现导航。你可以在电子商务网站使用该插件创建一个产品浏览页面,它允许访问者通过缩略图查看产品的的不同照片,且支持单独放大照片
jQuery Zoom	jQuery Zoom 是一个易于使用的 jQuery 图像缩放插件,你可以通过点击鼠标、抓取动作和切换动作来实现缩放图像
WM Zoom	WM Zoom 能够在图像中创建一个放大镜,并在旁边显示其高清晰度的图像。此外,它内置一个变焦功能,当你的鼠标悬停在图像上,能够放大图像
elevateZoom	Elevate Zoom 提供了两种图像缩放模式,一个低分辨率的可见光图像和一个高分辨率缩放的图像。且它支持缩略图导航,同时支持鼠标悬停时放大图像
magnificent.js	magnificent.js 是一个简单的响应式插件,能够提供两种缩放模式: 模式 1:内部缩放。悬停时在图像内部显示放大后的图像。 模式 2:外部缩放。显示放大镜玻璃效果,以展示图像的特定部分。 也支持鼠标滚动来缩放图片
Classy Loupe	Classy Loupe 是 jQuery 插件,能够将光标变成一个可自定义的相机镜头。鼠标悬停时,用户可以查看图像特定部分的详细信息

以上的插件,请读者自行到网上下载学习使用。

6.11 开发 QQ 客服管理模块

该模块主要由添加 QQ 客服信息、查询输出 QQ 客服信息列表、修改 QQ 客服信息和删除 QQ 客服信息四个功能操作组成，以下将详细讲解每个功能操作的实现。

6.11.1 添加 QQ 客服信息

6.11.1.1 编写"添加 QQ 客服信息-表单页"文件

```
1    <?php
2    session_start（）;
3    require_once（'session. php'）;
4    ?>
5    <!DOCTYPE html PUBLIC "-//W3C//DTD XHTML 1. 0 Transitional//EN" "http：//www. w3. org/TR/xhtml1/DTD/xhtml1-transitional. dtd">
6    <html xmlns="http：//www. w3. org/1999/xhtml">
7    <head>
8    <meta http-equiv="Content-Type" content="text/html；charset=utf-8" />
9    <title>无标题文档</title>
10   <link rel="stylesheet" href="kindeditor/themes/default/default. css" />
11   <link href="css/table. css" rel="stylesheet" type="text/css" />
12   </head>
13   <body>
14   <form name="form1" id="form1" action="qq_add_pass. php" method="post" >
15   <table width="100%" border="1" cellspacing="0" cellpadding="0">
16   <tr>
17   <td height="41" colspan="2" class="tt">添加 QQ 客服</td>
18   </tr>
19   <tr>
20   <td width="13%" height="35">标题：</td>
21   <td width="87%"><input type="text" name="title" id="title" /></td>
22   </tr>
23   <tr>
24   <td height="35"><span style="color：#F60">*</span>号码：</td>
25   <td><input type="text" name="qqnum" id="qqnum" /></td>
26   </tr>
27   <tr>
28   <td height="35">客服姓名：</td>
29   <td><input name="truename" type="text" id="url3" value="" size="20" /></td>
30   </tr>
```

31   <tr>

32   <td height="35" colspan="2"><input type="submit" name="button" id="button" value="提交" /></td>

33   </tr>

34   </table>

35   </form>

36   </body>

37   </html>

该页面运行的效果图 6-33 所示。

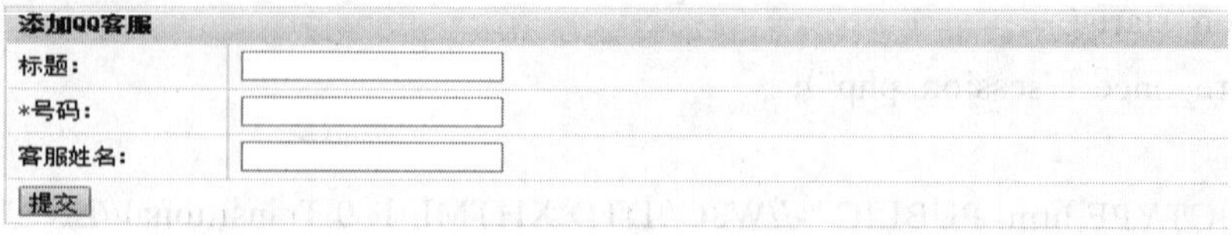

图 6-33

6.11.1.2 编写"添加 QQ 客服信息–写入数据库"文件 qq_add_pass.php

1   <?php

2   session_start ( );

3   require_once ('session.php');

4   require_once ('../inc/conn.php');

5   ?>

6   <!DOCTYPE html PUBLIC "-//W3C//DTD XHTML 1.0 Transitional//EN" "http：//www.w3.org/TR/xhtml1/DTD/xhtml1-transitional.dtd">

7   <html xmlns="http：//www.w3.org/1999/xhtml">

8   <head>

9   <meta http-equiv="Content-Type" content="text/html; charset=utf-8" />

10   <title>无标题文档</title>

11   </head>

12   <body>

13   <?php

14   if ($_POST['qqnum']=="") {

15   echo "<script>alert ('QQ 号码不能为空！'); history.go (-1) </script>";

16   exit;

17   }

18   $sql="INSERT INTO qq (title, qqnum, truename) VALUES ('". $_POST['title']. "', '". $_POST['qqnum']. "', '". $_POST['truename']. "') ";

19   mysql_query ($sql, $conn);

20   echo "<script>alert ('添加成功！'); window.location.href='qq_list.php'; </script>";

21   mysql_close ($conn);

22   ?>
23   </body>
24   </html>

6.11.2 查询输出管理员信息列表

该操作主要是查询数据库的 qq 表,并把 QQ 客服信息以列表的形式输出。

编写"QQ 客服信息列表页"文件(qq_list.php),完整的代码如下:

```
1   <?php
2   session_start( );
3   require_once( 'session.php' );
4   require_once( '../inc/conn.php' );
5   //记录的总条数
6   $total_num=mysql_num_rows( mysql_query( "SELECT id from qq" ));
7   //每页记录数
8   $pagesize=5;
9/  /总页数
10  $page_num=ceil( $total_num/$pagesize );
11  //设置页数
12  $page=$_GET['page'];
13  if( $page<1 || $page=="){
14  $page=1;
15  }
16  if( $page>$page_num ){
17  $page=$page_num;
18  }
19  //计算机记录的偏移量
20  $offset=$pagesize*( $page-1 );
21  //上一页、下一页
22  $prepage=( $page<>1 )?$page-1:$page;
23  $nextpage=( $page<>$page_num )?$page+1:$page;
24
25  $result=mysql_query( "SELECT* FROM qq ORDER BY id desc LIMIT $offset,$pagesize" );
26  ?>
27  <!DOCTYPE html PUBLIC "-//W3C//DTD XHTML 1.0 Transitional//EN" "http://www.w3.org/TR/xhtml1/DTD/xhtml1-transitional.dtd">
28  <html xmlns="http://www.w3.org/1999/xhtml">
29  <head>
```

30 <meta http-equiv="Content-Type" content="text/html; charset=utf-8" />

31 <title>无标题文档</title>

32 <link href="css/table.css" rel="stylesheet" type="text/css" />

33 </head>

34 <body>

35 <table width="100%" border="1" cellspacing="0" cellpadding="0">

36 <tr>

37 <td height="41" colspan="4" class="tt">QQ 客服列表</td>

38 </tr>

39 <tr>

40 <td height="35">标题</td>

41 <td>QQ 号码</td>

42 <td>客服姓名</td><td width="15%">操作</td>

43 </tr>

44 <tr>

45 <?php

46 if ($total_num>0) {

47 while ($row=mysql_fetch_array ($result)) {

48 ?>

49

50 <td width="38%" height="44"><?=$row['title']?></td>

51 <td width="13%"><?=$row['qqnum']?></td>

52 <td><?=$row['truename']?></td>

53 <td><input type="submit" name="button" id="button" value="修改" onclick="window. location. href='qq_modify. php?id=<?=$row['id']?>'" /> ； ；

54 <input type="button" name="button2" id="button2" value="删除" onclick="window. location. href='qq_delete. php?id=<?=$row['id']?>'" /></td>

55 </tr>

56 <?php

57 }

58 }else{

59 ?>

60 <tr><td height="41" colspan="4">暂无记录！</td></tr>

61 <?php

62 }

63 ?>

64 <tr>

65 <td height="43" colspan="4" align="center"><?=$page?>/<?=$page_num?> ；

 ；<a href="?page=1">首页</a> ； ；<a href="?page=<?=$prepage?>">上一页</a> ； ；<a href="?page=<?=$nextpage?>">下一页</a> ； ；<a href="?page=<?=$page_num?>">尾页</a></td>

66   </tr>
67   </table>
68   </body>
69   </html>
70   <?php mysql_close（$conn）；?>

该页面运行的效果如图 6-34 所示。

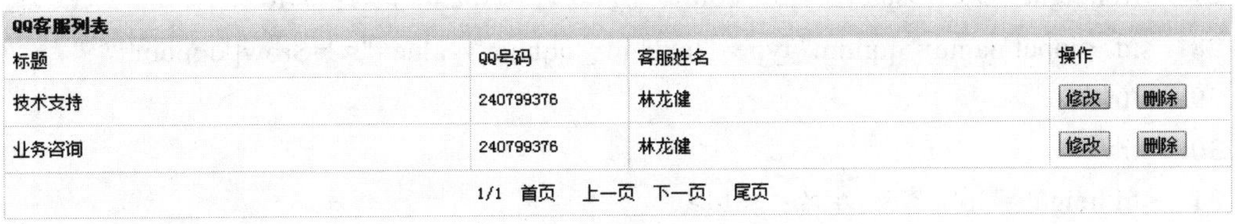

图 6-34

6.11.3 修改 QQ 客服信息

6.11.3.1 编写"修改 QQ 客服信息-显示页"文件 qq_modify.php

1   <?php
2   session_start（）；
3   require_once（'session.php'）；
4   require_once（'../inc/conn.php'）；
5     $sql="SELECT* FROM qq WHERE id='".$_GET['id']."'"；
6     $result=mysql_query（$sql）；
7     $row=mysql_fetch_array（$result）；
8   ?>
9   <!DOCTYPE html PUBLIC "-//W3C//DTD XHTML 1.0 Transitional//EN" "http：//www.w3.org/TR/xhtml1/DTD/xhtml1-transitional.dtd">
10   <html xmlns="http：//www.w3.org/1999/xhtml">
11   <head>
12   <meta http-equiv="Content-Type" content="text/html；charset=utf-8" />
13   <title>无标题文档</title>
14   <link href="css/table.css" rel="stylesheet" type="text/css" />
15   </head>
16   <body>
17   <form name="form1" id="form1" action="qq_modify_pass.php?id=<?=$row['id']?>" method="post">
18   <table width="100%" border="1" cellspacing="0" cellpadding="0">

19   <tr>

20   <td height="41" colspan="2" class="tt">修改 QQ 客服</td>

21   </tr>

22   <tr>

23   <td width="13%" height="35">标题：</td>

24   <td width="87%"><input name="title" type="text" id="title" value="<?=$row['title']?>" /></td>

25   </tr>

26   <tr>

27   <td height="35"><span style="color：#F60">*</span>号码：</td>

28   <td><input name="qqnum" type="text" id="qqnum" value="<?=$row['qqnum']?>" /></td>

29   </tr>

30   <tr>

31   <td height="35">客服姓名：</td>

32   <td><input name="truename" type="text" id="url3" value="<?=$row['truename']?>" size="20" /></td>

33   </tr>

34   <tr>

35   <td height="35" colspan="2"><input type="submit" name="button" id="button" value="提交" /></td>

36   </tr>

37   </table>

38   </form>

39   </body>

40   </html>

41   <?php

42   mysql_close（$conn）;

43   ?>

该页面运行的效果如图 6-35 所示。

图 6-35

6.11.3.2　编写"修改 QQ 客服信息–修改页"文件 qq_modify_pass.php

1   <?php

2   session_start（）;

```
3   require_once ( 'session. php' );
4   require_once ( '. . /inc/conn. php' );
5   ?>
6   <!DOCTYPE html PUBLIC "-//W3C//DTD XHTML 1. 0 Transitional//EN" "http：//www.
w3. org/TR/xhtml1/DTD/xhtml1-transitional. dtd">
7   <html xmlns="http：//www. w3. org/1999/xhtml">
8   <head>
9   <meta http-equiv="Content-Type" content="text/html；charset=utf-8" />
10  <title>无标题文档</title>
11  </head>
12  <body>
13  <?php
14  if ( $_POST['qqnum']=="" ) {
15  echo "<script>alert（'QQ 号码不能为空！'）; history. go（-1）</script>";
16  exit;
17  }
18  $sql_modify="UPDATE qq SET title='". $_POST['title']. "', qqnum='". $_POST['qqnum']. "', truename='". $_POST['truename']. "' WHERE id='". $_GET['id']. "'";
19  mysql_query（$sql_modify，$conn）;
20  echo "<script>alert（'修改成功！'）; window. location. href='qq_list. php'; </script>";
21  mysql_close（$conn）;
22  ?>
23  </body>
24  </html>
```

6.11.4 删除 QQ 客服信息

编写"删除 QQ 客服信息页"文件（qq_delete. php），该文件的主要作用是删除数据表中 id 字段的值等于传递过来的 id 变量的值的记录。该文件完整的代码如下：

```
1   <?php
2   session_start（）;
3   require_once ( 'session. php' );
4   ?>
5   <!DOCTYPE html PUBLIC "-//W3C//DTD XHTML 1. 0 Transitional//EN" "http：//www.
w3. org/TR/xhtml1/DTD/xhtml1-transitional. dtd">
6   <html xmlns="http：//www. w3. org/1999/xhtml">
7   <head>
8   <meta http-equiv="Content-Type" content="text/html；charset=utf-8" />
```

```
9     <title></title>
10    </head>
11    <body>
12    <?php
13    require_once ( '. . /inc/conn. php' );
14    $sql="DELETE FROM qq WHERE id='". $_GET['id']. "'";
15    mysql_query ( $sql, $conn );
16    echo "<script>alert ( '删除成功' ); window. location. href='qq_list. php'</script>";
17    mysql_close ( $conn );
18    ?>
19    </body>
20    </html>
```

知识点讲解

关于在线客服

网站在线客服,或称做网上前台,是一种以网站为媒介,向互联网访客与网站内部员工提供即时沟通的页面通信技术。

基于网页会话的在线客服系统的出现替代了传统的客服QQ在线、MSN在线等的使用.虽然QQ以及MSN有些功能在个人用户的使用上无法替代,但是网站在线客服系统作为一个专业的网页客服工具,是针对企业网站访客方便及时和企业进行即时沟通的一款通讯软件,有良好的体验度。而且QQ、MSN作为客服工具有一些弊端,如需安装软件、加好友、功能单一等。此类在线客服不仅仅是在线客服,同时还为网站提供访客轨迹跟踪、流量统计分析、客户关系管理的等功能。完全超越了即时通讯工具的功能。由于互联网的急速发展,在中国也为越来越多的人所接收,互联网已经成为国内中小企业的必争之地,所以越来越多的在线客服系统,并且功能趋于完整、强大。随着互联网不断发展,新技术的推陈出新,在线客服系统也迎来了技术上更新,曾经的困扰用户的会话延迟,如今已在网络带宽不断提升加之多线路云服务器的广泛使用及利用最新推送技术为基础的数据交互,让会话延迟得到了根本的解决,大大提升了网站浏览者在咨询问题时用户体验。

(1)企业QQ(注意:企业QQ是收费的)

企业QQ是腾讯公司专为中小企业搭建企业级即时通讯工具。核心功能是帮助企业内外部沟通,强化办公管理。很多中小企业正在使用企业QQ。

"安全、高效、可管理"的办公管理理念,无缝连接8亿QQ活跃用户,既满足了企业成员各种内部通讯需要,又最大程度满足了企业对外联系需求,在实现企业即时通信的模式多样化的同时,提升了企业即时通讯效率。

企业QQ主要包括企业账户中心和客户端(包含PC及移动客户端)两部分。

①企业账户中心:企业管理员及获得企业管理员授权的员工,可以通过账户中心后台对

企业组织架构和企业成员信息进行简单快速的部署管理操作,并对企业成员的办公沟通、登录等行为及企业客户资料等信息进行监控与管理。

②客户端:企业QQ拥有多平台客户端,包含Windows客户端以及iPhone和Android平台的手机客户端,这些客户端是所有企业员工用来进行内外沟通交流的。

(2)TQ客服(注册后,可以使用其提供的免费功能)

TQ公司(北京商之讯软件有限公司,www.tq.cn)成立于2002年11月,国家授权呼叫中心运营资质(B—2011093)。TQ专注于企业通讯云应用与服务,是业内最大的现代连锁服务企业通讯解决方案提供商,为国内众多企业提供一体化信息化解决方案。

(以上为读者介绍了两种即时通信的平台,在开发网站的过程中,有些客户可能有此需求,编者建议:若只需简单的网页会话,推荐使用TQ,注册后可以免费使用会话功能。当然,其他功能是需要收费的)。

6.12 开发友情链接管理模块

该模块主要由添加友情链接信息、查询输出友情链接信息列表、修改友情链接信息和删除友情链接信息四个功能操作组成,以下将详细讲解每个功能操作的实现。

6.12.1 添加友情链接信息

6.12.1.1 编写"添加友情链接信息-表单页"文件 friend_add.php

```
1    <?php
2    session_start();
3    require_once('session.php');
4    ?>
5    <!DOCTYPE html PUBLIC "-//W3C//DTD XHTML 1.0 Transitional//EN" "http://www.w3.org/TR/xhtml1/DTD/xhtml1-transitional.dtd">
6    <html xmlns="http://www.w3.org/1999/xhtml">
7    <head>
8    <meta http-equiv="Content-Type" content="text/html; charset=utf-8" />
9    <title>无标题文档</title>
10   <link href="css/table.css" rel="stylesheet" type="text/css" />
11   </head>
12   <body>
13   <form name="form1" id="form1" action="friend_add_pass.php" method="post" >
14   <table width="100%" border="1" cellspacing="0" cellpadding="0">
15   <tr>
16   <td height="41" colspan="2" class="tt">添加友情链接</td>
17   </tr>
```

18　　<tr>
19　　<td width="16%" height="35">*标题：</td>
20　　<td width="84%"><input type="text" name="title" id="title" /></td>
21　　</tr>
22　　<tr>
23　　<td height="35">*链接地址：</td>
24　　<td><input type="text" name="url" id="url" /></td>
25　　</tr>
26　　<tr>
27　　<td height="35" colspan="2"><input type="submit" name="button" id="button" value="提交" /></td>
28　　</tr>
29　　</table>
30　　</form>
31　　</body>
32　　</html>

该页面运行的效果如图 6-36 所示。

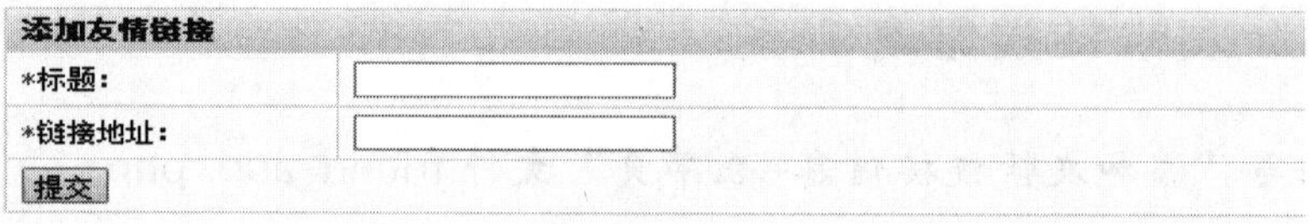

图 6-36

6.12.1.2　编写"添加友情链接信息—写入数据库"文件 friend_add_pass.php

1　　<?php
2　　session_start（）;
3　　require_once（'session.php'）;
4　　require_once（'../inc/conn.php'）;
5　　?>
6　　<!DOCTYPE html PUBLIC "-//W3C//DTD XHTML 1.0 Transitional//EN" "http：//www.w3.org/TR/xhtml1/DTD/xhtml1-transitional.dtd">
7　　<html xmlns="http：//www.w3.org/1999/xhtml">
8　　<head>
9　　<meta http-equiv="Content-Type" content="text/html；charset=utf-8" />
10　　<title>无标题文档</title>
11　　</head>
12　　<body>
13　　<?php
14　　if（$_POST['title']==""）{

15   echo "<script>alert（'标题不能为空！'）; history. go（-1）</script>";
16   exit;
17   }
18   if（$_POST['url']==""）{
19   echo "<script>alert（'链接地址不能为空！'）; history. go（-1）</script>";
20   exit;
21   }
22   $sql="INSERT INTO friend（title，url）VALUES（'". $_POST['title']. "'，'". $_POST['url']. "'）";
23   mysql_query（$sql, $conn）;
24   echo "<script>alert（'添加成功！'）; window. location. href='friend_list. php'; </script>";
25   mysql_close（$conn）;
26   ?>
27   </body>
28   </html>

6.12.2 查询输出管理员信息列表

该操作主要是查询数据库的 friend 表，并把友情链接信息以列表的形式输出。

编写"友情链接信息列表页"文件（friend_list. php），完整的代码如下：

1   <?php
2   session_start（）;
3   require_once（'session. php'）;
4   require_once（'.. /inc/conn. php'）;
5   //记录的总条数
6   $total_num=mysql_num_rows（mysql_query（"SELECT id from friend"））;
7   //每页记录数
8   $pagesize=5;
9   //总页数
10   $page_num=ceil（$total_num/$pagesize）;
11   //设置页数
12   $page=$_GET['page'];
13   if（$page<1 || $page==""）{
14   $page=1;
15   }
16   if（$page>$page_num）{
17   $page=$page_num;
18   }
19   //计算机记录的偏移量

20　　$offset=$pagesize*（$page-1）;

21　　//上一页、下一页

22　　$prepage=（$page<>1）?$page-1：$page;

23　　$nextpage=（$page<>$page_num）?$page+1：$page;

24　　$result=mysql_query（"SELECT* FROM friend ORDER BY id desc LIMIT $offset, $pagesize"）;

25　　?>

26　　<!DOCTYPE html PUBLIC "-//W3C//DTD XHTML 1.0 Transitional//EN" "http：//www.w3.org/TR/xhtml1/DTD/xhtml1-transitional.dtd">

27　　<html xmlns="http：//www.w3.org/1999/xhtml">

28　　<head>

29　　<meta http-equiv="Content-Type" content="text/html；charset=utf-8" />

30　　<title>无标题文档</title>

31　　<link href="css/table.css" rel="stylesheet" type="text/css" />

32　　</head>

33　　<body>

34　　<table width="100%" border="1" cellspacing="0" cellpadding="0">

35　　<tr>

36　　<td height="41" colspan="3" class="tt">友情链接列表</td>

37　　</tr>

38　　<tr>

39　　<td height="35">标题</td><td>链接</td>

40　　<td width="15%">操作</td>

41　　</tr>

42　　<tr>

43　　<?php

44　　if（$total_num>0）{

45　　while（$row=mysql_fetch_array（$result））{

46　　?>

47　　<td width="38%" height="39"><?php echo $row['title']?></td>

48　　<td><?php echo $row['url']?></td>

49　　<td><input type="submit" name="button" id="button" value="修改" onclick="window.location.href='friend_modify.php?id=<?=$row['id']?>'" /> ； ；

50　　<input type="button" name="button2" id="button2" value="删除" onclick="window.location.href='friend_delete.php?id=<?=$row['id']?>'" /></td>

51　　</tr>

52　　<?php

53　　}

54 　}else{
55 　?>
56 　<tr><td height="41" colspan="3">暂无记录！</td></tr>
57 　<?php
58 　}
59 　?>
60 　<tr>
61 　<td height="43" colspan="3" align="center"><?=$page?>/<?=$page_num?> ； ；<a href="?page=1">首页</a> ； ；<a href="?page=<?=$prepage?>">上一页</a> ； ；<a href="?page=<?=$nextpage?>">下一页</a> ； ；<a href="?page=<?=$page_num?>">尾页</a></td>
62 　</tr>
63 　</table>
64 　</body>
65 　</html>
66 　<?php mysql_close（$conn）；?>

该页面运行的效果如图 6-37 所示。

图 6-37

6.12.3　修改友情链接信息

6.12.3.1　编写"修改友情链接信息–显示页"文件 friend_modify.php

1 　<?php
2 　session_start（）；
3 　require_once（'session.php'）；
4 　require_once（'../inc/conn.php'）；
5 　$sql="SELECT* FROM friend WHERE id='". $_GET['id']. "'";
6 　$result=mysql_query（$sql）；
7 　$row=mysql_fetch_array（$result）；
8 　?>
9 　<!DOCTYPE html PUBLIC "-//W3C//DTD XHTML 1. 0 Transitional//EN" "http：//www. w3. org/TR/xhtml1/DTD/xhtml1-transitional. dtd">
10 　<html xmlns="http：//www. w3. org/1999/xhtml">
11 　<head>
12 　<meta http-equiv="Content-Type" content="text/html；charset=utf-8" />

13 <title>无标题文档</title>

14 <link rel="stylesheet" href="kindeditor/themes/default/default. css" />

15 <link href="css/table. css" rel="stylesheet" type="text/css" />

16 </head>

17 <body>

18 <form name="form1" id="form1" action="friend_modify_pass. php?id=<?=$row['id']?>" method="post" >

19 <table width="100%" border="1" cellspacing="0" cellpadding="0">

20 <tr>

21 <td height="41" colspan="2" class="tt">修改友情链接</td>

22 </tr>

23 <tr>

24 <td width="13%" height="35"><span style="color：#F60">*</span>标题：</td>

25 <td width="87%"><input name="title" type="text" id="title" value="<?=$row['title']?>" /></td>

26 </tr>

27 <tr>

28 <td height="35"><span style="color：#F60">*</span>链接地址：</td>

29 <td><input name="url" type="text" id="url" value="<?=$row['url']?>" /></td>

30 </tr>

31 <tr>

32 <td height="35" colspan="2"><input type="submit" name="button" id="button"value="提交" /></td>

33 </tr>

34 </table>

35 </form>

36 </body>

37 </html>

38 <?php

39 mysql_close（$conn）;

40 ?>

该页面运行的效果如图6-38所示。

图 6-38

6.12.3.2 编写"修改友情链接信息-修改页"文件

```
1   <?php
2   session_start ( );
3   require_once ( 'session. php' );
4   require_once ( '. . /inc/conn. php' );
5   ?>
6   <!DOCTYPE html PUBLIC "-//W3C//DTD XHTML 1.0 Transitional//EN" "http：//www.w3.org/TR/xhtml1/DTD/xhtml1-transitional.dtd">
7   <html xmlns="http：//www.w3.org/1999/xhtml">
8   <head>
9   <meta http-equiv="Content-Type" content="text/html; charset=utf-8" />
10  <title>无标题文档</title>
11  </head>
12  <body>
13  <?php
14  if ( $_POST['title']=="" ) {
15  echo "<script>alert ('标题不能为空！'); history.go ( -1 ) </script>";
16  exit;
17  }
18  if ( $_POST['url']=="" ) {
19  echo "<script>alert ('链接地址不能为空！'); history.go ( -1 ) </script>";
20  exit;
21  }
22  $sql_modify="UPDATE friend SET title='". $_POST['title']. "', url='". $_POST['url']. "' WHERE id='". $_GET['id']. "'";
23  mysql_query ( $sql_modify, $conn );
24  echo "<script>alert('修改成功！'); window.location.href='friend_list.php'; </script>";
25  mysql_close ( $conn );
26  ?>
27  </body>
28  </html>
```

6.12.4 删除友情链接信息

编写"删除友情链接信息页"文件（friend_delete.php），该文件的主要作用是删除数据表中 id 字段的值等于传递过来的 id 变量的值的记录。该文件完整的代码如下：

```
1   <?php
```

2　session_start（）;
3　require_once（'session.php'）;
4　?>
5　<!DOCTYPE html PUBLIC "-//W3C//DTD XHTML 1.0 Transitional//EN" "http：//www.w3.org/TR/xhtml1/DTD/xhtml1-transitional.dtd">
6　<html xmlns="http：//www.w3.org/1999/xhtml">
7　<head>
8　<meta http-equiv="Content-Type" content="text/html；charset=utf-8" />
9　<title></title>
10　</head>
11　<body>
12　<?php
13　require_once（'../inc/conn.php'）;
14　$sql="DELETE FROM friend WHERE id='". $_GET['id']. "'";
15　mysql_query（$sql，$conn）;
16　echo "<script>alert（'删除成功'）；window.location.href='friend_list.php'</script>";
17　mysql_close（$conn）;
18　?>
19　</body>
20　</html>

知识点讲解

友情链接，也称为网站交换链接、互惠链接、互换链接、联盟链接等，是具有一定资源互补优势的网站之间的简单合作形式。即分别在自己的网站上放置对方网站的 LOGO 图片或文字的网站名称，并设置对方网站的超链接（点击后，切换或弹出另一个新的页面），使得用户可以从合作网站中发现自己的网站，达到互相推广的目的. 因此它常被作为一种网站推广基本手段。

友情链接是指互相在自己的网站上放对方网站的链接。必须要能在网页代码中找到网址和网站名称，而且浏览网页的时候能显示网站名称，这样才叫友情链接。

友情链接是网站流量来源的根本，比如一种可以自动交换链接的友情链接网站（每来访一个 IP，就会自动排到第一），这是一种创新的自助式友情链接互联网模式。

通常来说，友情链接交换的意义主要体现在如下几方面：

（1）提升网站流量

友情链接的好处就是可以通过互相推荐，从而使网站的权重提升，提高排名，增加流量；但是过多的友情链接就会成为站长们的负担，也是网站的负担。

（2）完善用户体验

通常来说，友情链接交换都是介于同行之间，这利于用户直接通过网站访问另一个同行的站点，以便于更直接简单地了解全面的信息。

（3）增加网站外链

链接流行度，就是与站点做链接的网站的数量，是搜索引擎排名要考虑的一个很重要的因素。也就是说，站点链接的数量越多，它的等级就越高，现实中我们跟朋友才有友情，网站相互链接就是友情的表现，这对于搜索引擎优化（SEO）考量外部链接有很好的友好作用。

（4）提升 PR

这是交换友情链接最根本的目的。如果不知道什么是 PR 值的，请看后面的名词解释。

（5）提高关键字排名。

（6）提高网站权重

这点很重要，只有你的权重高了，搜索引擎才会重视你。

（7）提高知名度

这是有针对性的，对于一些特定的网站和特定的情况，才会达到此效果。如一个不知名的新站，如果能与新浪、SOHU、YAHOO、网易、腾讯、3G 网址大全等大的网站全都做上链接的话，那肯定对其知名度及品牌形象是一个极大的提升。

（8）吸引蜘蛛爬行

如果友情链接做得好，能吸引蜘蛛从高质量的网站爬到自身网站，使蜘蛛形成爬行循环，让引擎给自身网站高的评价，对网站流量以及快照更新有较大帮助。

总之，不论是友情链接，还是纯粹的外链建设，站内优化这块的最终目的是：提高转化率。

6.13 开发退出后台模板

该模块的作用是通出后台并跳转到网站的首页面，实现该功能的文件（loginout.php）完整代码如下：

```
1    <?php session_start(); ?>
2    <!DOCTYPE html PUBLIC "-//W3C//DTD XHTML 1.0 Transitional//EN" "http：//www.w3.org/TR/xhtml1/DTD/xhtml1-transitional.dtd">
3    <html xmlns="http：//www.w3.org/1999/xhtml">
4    <head>
5    <meta http-equiv="Content-Type" content="text/html；charset=utf-8" />
6    <title></title>
7    </head>
8    <body>
9    <?php
10   session_unset();
11   session_destroy();
12   echo "<script>alert（'退出成功!'）；window.parent.location.href='login.php'</script>"
```

```
13    ?>
14    </body>
15    </html>
```

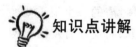知识点讲解

关于 session_unset（）和 session_destroy（）的函数使用

（1）session_unset（）

该函数用于释放当前在内存中已经创建的所有$_SESSION 变量，但不删除 session 文件以及不释放对应的 session id。

（2）session_destroy（）

该函数用于删除当前用户对应的 session 文件以及释放 session id，内存中的$_SESSION 变量内容依然保留。

因此，释放用户的 session 所有资源，需要顺序执行如下代码：

```
<?php
$_SESSION['sessionname'] = "";
session_unset（）;
session_destroy（）;
?>
```

任务 7　网站前后台整合

能力目标

◎ 能够按照计划的时间和质量要求对网站前后台进行整合。
◎ 培养学生吃苦耐劳的品质，能够按时完成设计及编程任务。
◎ 培养学生表达与沟通能力，具有良好的职业精神。
◎ 培养学生较强的团队合作意识。

知识目标

◎ 了解什么是前后台整合。
◎ 熟悉前后台整合的过程及方法。
◎ 掌握 PHP 技术及 MySQL 技术在网站前端的应用。
◎ 掌握网站各版位的功能整合。

情境导入

网站后台的主要功能是管理网站数据库的信息，而网站前台则是把数据库的信息通过前台的页面输出。不难看出，网站的前台和网站的后台是通过网站数据库连接起来的。

对于网站前后台的整合，在网站建设行业并没有统一的定义，但最终达到的目的是网站能够运行，并且网站前台的数据能够通过网站后台进行管理与维护。

网站的前后台整合前，还需登录网站后台为每个模块录入一些数据以便在整合时能看到输出的效果。

7.1　整合"网站首页"

把 indxe.html 文件的后缀名改为 index.php，然后使用 Dreamweaver 打开 index.php 文件，并编写代码把相应版位的信息从数据输出。

7.1.1　页头版位的整合

在页面的最前端引入数据库链接文件，并编写代码查询网站配置基本信息，形成结果集

$config，代码如下：

```php
<?php
require_once（'inc/conn.php'）;
$sql_config="SELECT* FROM config";
$result_config=mysql_query（$sql_config）;
$config=mysql_fetch_array（$result_config）;
?>
```

页面的 title 标签改为如下代码，并增加关键字、页面描述标签，代码如下：

```
<title><?=$config['site_title']?></title>
<meta name="keywords" content="<?=$config['site_keywords']?>">
<meta name="description" content="<?=$config['site_description']?>">
```

网站 LOGO 的 div 容器代码更改如下：

```
<div class="logo"><img src="<?=$config['site_logo']?>" width="141" height="42"></div>
```

网站导航菜单的链接更改如下：

```
<a href="index.php">网站首页</a>
<a href="about.php">关于我们</a>
<a href="article_list.php">新闻动态</a>
<a href="produce_list.php">产品展示</a>
<a href="guestbook.php">给我留言</a>
<a href="contact.php">联系我们</a>
```

此时，页头及以上的代码如下：

```
1   <?php
2   require_once（'inc/conn.php'）;
3   $sql_config="SELECT* FROM config";
4   $result_config=mysql_query（$sql_config）;
5   $config=mysql_fetch_array（$result_config）;
6   ?>
7   <!doctype html>
8   <html>
9   <head>
10  <meta charset="utf-8">
11  <title><?=$config['site_title']?></title>
12  <meta name="keywords" content="<?=$config['site_keywords']?>">
13  <meta name="description" content="<?=$config['site_description']?>">
14  <link href="css/style.css" rel="stylesheet" type="text/css">
15  <link rel="stylesheet" type="text/css" href="css/jquery.jslides.css" media="screen" />
16  <script type="text/javascript" src="js/jquery-1.8.0.min.js"></script>
17  <script type="text/javascript" src="js/jquery.jslides.js"></script>
18  <script type="text/javascript" src="js/jquery.SuperSlide.2.1.1.js"></script>
```

```
19    </head>
20    <body>
21    <!--页头开始-->
22    <div class="top">
23    <div class="center">
24    <div class="logo"><img src="<?=$config['site_logo']?>" width="141" height="42"></div>
25    <div class="menu"><a href="index. php">网站首页</a><a href="about. php">关于我们</a><a href="article_list. php">新闻动态</a><a href="produce_list. php">产品展示</a><a href="guestbook. php">给我留言</a><a href="contact. php">联系我们</a></div>
26    </div>
27    </div>
<!--页头结束-->
```

7.1.2 焦点幻灯版位整合

该版位的焦点幻灯图片主要是由网站后台焦点幻灯管理模块管理，因此该页面的图片应查询该模块的数据表 slide 循环输出，整合后的代码如下：

```
<!--焦点幻灯开始-->
<div id="full-screen-slider">
<ul id="slides">
<?php
$sql_slide="SELECT* FROM slide ORDER BY orderid asc";
$result_slide=mysql_query（$sql_slide）;
while（$row_slide=mysql_fetch_array（$result_slide））{
?>
<li style="background: url（'<?=$row_slide['thumbnail']?>'）no-repeat center top"><a href="<?=$row_slide['link']?>" target="_blank"><?=$row_slide['title']?></a></li>
<?php
}
?>
</ul>
</div>
<!--焦为幻灯结束-->
```

7.1.3 "新闻动态、关于我们、最新产品"形成的横向区域版位整合

```
<!--"新闻动态、关于我们、最新产品"形成的横向区域开始-->
<div class="container">
<!--新闻动态-->
<div class="news">
```

```php
<div class="n_top">
<div class="cat_title">新闻中心</div>
<div class="more"><a href="article_list.php">更多</a></div>
</div>
<div class="n_center"><img src="images/news_thumbnail.jpg" width="111" height="90">
<div>
<?php
$sql_settop="SELECT* FROM article WHERE posid='setindex,settop' ORDER BY id desc LIMIT 0,1";
$result_settop=mysql_query($sql_settop);
$row_settop=mysql_fetch_array($result_settop);
?>
<span style="font-weight: bold;"><?=mb_substr($row_settop['title'],0,13,'utf-8')?></span><br /><?=mb_substr($row_settop['content'],0,47,'utf-8')?>...[<a href="">详细</a>]
</div>
</div>
<div class="n_bottom">
<?php
$sql_article="SELECT* FROM article WHERE posid='setindex' ORDER BY id desc LIMIT 0,5";
$result_article=mysql_query($sql_article);
while($row_article=mysql_fetch_array($result_article)){
?>
<a href="article_show.php?id=<?=$row_article['id']?>"><?=mb_substr($row_article['title'],0,22,'utf-8')?></a>
<?php
}
?>
</div>
</div>
<!--关于我们-->
<div class="about">
<div class="a_top">
<div class="cat_title">关于我们</div>
</div>
<div class="a_center"><img src="images/about_img.jpg" width="381" height="148"></div>
<div class="a_bottom">
```

```php
<?php
$sql_about="SELECT* FROM single WHERE id=8";
$result_about=mysql_query（$sql_about）;
$row_about=mysql_fetch_array（$result_about）;
echo mb_substr（$row_about['content']，0，128，'utf-8'）;
?>
```
…[详细] </div>
</div>
<!--最新产品-->
<div class="produce">
<div class="p_top">
<div class="cat_title">最新产品</div>
<div class="more"><a href="produce_list.php">更多</a></div>
</div>
<div class="p_bottom">
<!--这里是产品缩略图轻播效果-->
<div id="slideBox" class="slideBox">
<div class="bd">
<ul>
```php
<?php
$sql_produce="SELECT* FROM produce WHERE posid='setindex' ORDER BY id desc LIMIT 0，5";
$result_produce=mysql_query（$sql_produce）;
while（$row_produce=mysql_fetch_array（$result_produce））{
?>
```
<li><a href="produce_show.php?id=<?=$row_produce['id']?>" target="_blank"><img src="<?=$row_produce['thumbnail']?>" width="270" height="270" /></a></li>
```php
<?
}
?>
```
</ul>
</div>
</div>
<script type="text/javascript">
jQuery（".slideBox"）.slide（{mainCell：".bd ul"，effect："left"，autoPlay：true}）;
</script>
</div>
</div>
</div>

<!--"新闻动态、关于我们、最新产品"形成的横向区域结束-->

7.1.4 页尾版位整合

找到页尾的代码部分,用$config结果集输出数据库信息的方式替换相应的文本信息,整合后的代码如下:

```
<!--页尾开始-->
<div class="footer">
<div class="center_box">
<div class="text">
<?=$config['company_name']?><br />
电话:<?=$config['company_phone']?>  email:<?=$config['company_email']?><br />
地址:<?=$config['company_address']?><br />
技术支持:<?=$config['company_copyright']?><br />
友情链接:<a href="">中国茶叶网</a>  <a href="">茶文艺网</a>
</div>
<div class="ewm">
<img src="<?=$config['company_ewm']?>" alt="" />
</div>
</div>
</div>
<!--页尾结束-->
```

由上述的代码得知,友情链接的信息并不是通过后台的网站基本配置管理的,它由友情链接管理模块管理,因此在友情链接位置查询友情链接数据表并循环输出友情链接数据。代码如下:

```
友情链接:
<?php
$sql_friend="SELECT* FROM friend";
$result_friend=mysql_query($sql_friend);
while($row_friend=mysql_fetch_array($result_friend)){
?>
<a href="<?=$row_friend['url']?>" target="_blank"><?=$row_friend['title']?></a>  
<?php
}
?>
```

至此,整个index.php页面的代码如下:

```
1   <?php
2   require_once('inc/conn.php');
```

```
3    $sql_config="SELECT* FROM config";
4    $result_config=mysql_query($sql_config);
5    $config=mysql_fetch_array($result_config);
6    ?>
7    <!doctype html>
8    <html>
9    <head>
10   <meta charset="utf-8">
11   <title><?=$config['site_title']?></title>
12   <meta name="keywords" content="<?=$config['site_keywords']?>">
13   <meta name="description" content="<?=$config['site_description']?>">
14   <link href="css/style. css" rel="stylesheet" type="text/css">
15   <link rel="stylesheet" type="text/css" href="css/jquery. jslides. css" media="screen" />
16   <script type="text/javascript" src="js/jquery-1. 8. 0. min. js"></script>
17   <script type="text/javascript" src="js/jquery. jslides. js"></script>
18   <script type="text/javascript" src="js/jquery. SuperSlide. 2. 1. 1. js"></script>
19   </head>
20   <body>
21   <!--页头开始-->
22   <div class="top">
23   <div class="center">
24   <div class="logo"><img src="<?=$config['site_logo']?>" width="141" height="42"></div>
25   <div class="menu"><a href="index. php">网站首页</a><a href="about. php">关于我们</a><a href="article_list. php">新闻动态</a><a href="produce_list. php">产品展示</a><a href="guestbook. php">给我留言</a><a href="contact. php">联系我们</a></div>
26   </div>
27   </div>
28   <!--页头结束-->
29   <!--焦点幻灯开始-->
30   <div id="full-screen-slider">
31   <ul id="slides">
32   <?php
33   $sql_slide="SELECT* FROM slide ORDER BY orderid asc";
34   $result_slide=mysql_query($sql_slide);
35   while($row_slide=mysql_fetch_array($result_slide)){
36   ?>
37   <li style="background：url('<?=$row_slide['thumbnail']?>')no-repeat center top"><a href="<?=$row_slide['link']?>" target="_blank"><?=$row_slide['title']?></a></li>
38   <?php
```

39 }
40 ?>
41 </ul>
42 </div>
43 <!--焦为幻灯结束-->
44 <!--"新闻动态、关于我们、最新产品"形成的横向区域开始-->
45 <div class="container">
46 <!--新闻动态-->
47 <div class="news">
48 <div class="n_top">
49 <div class="cat_title">新闻中心</div>
50 <div class="more"><a href="article_list. php">更多</a></div>
51 </div>
52 <div class="n_center"><img src="images/news_thumbnail. jpg" width="111" height="90">
53 <div>
54 <?php
55 $sql_settop="SELECT* FROM article WHERE posid='setindex，settop' ORDER BY id desc LIMIT 0，1";
56 $result_settop=mysql_query（$sql_settop）;
57 $row_settop=mysql_fetch_array（$result_settop）;
58 ?>
59 <span style="font-weight：bold；"><?=mb_substr（$row_settop['title']，0，13，'utf-8'）?></span>
<?=mb_substr（$row_settop['content'], 0, 47, 'utf-8'）?>...[<a href="">详细</a>]
60 </div>
61 </div>
62 <div class="n_bottom">
63 <?php
64 $sql_article="SELECT* FROM article WHERE posid='setindex' ORDER BY id desc LIMIT 0，5";
65 $result_article=mysql_query（$sql_article）;
66 while（$row_article=mysql_fetch_array（$result_article））{
67 ?>
68 <a href="article_show. php?id=<?=$row_article['id']?>"><?=mb_substr（$row_article['title'], 0，22，'utf-8'）?></a>
69 <?php
70 }
71 ?>
72 </div>

```
73    </div>
74    <!--关于我们-->
75    <div class="about">
76    <div class="a_top">
77    <div class="cat_title">关于我们</div>
78    </div>
79    <div class="a_center"><img src="images/about_img.jpg" width="381" height="148"></div>
80    <div class="a_bottom">
81    <?php
82    $sql_about="SELECT* FROM single WHERE id=8";
83    $result_about=mysql_query($sql_about);
84    $row_about=mysql_fetch_array($result_about);
85    echo mb_substr($row_about['content'], 0, 128, 'utf-8');
86    ?>
87    ...[详细] </div>
88    </div>
89    <!--最新产品-->
90    <div class="produce">
91    <div class="p_top">
92    <div class="cat_title">最新产品</div>
93    <div class="more"><a href="produce_list.php">更多</a></div>
94    </div>
95    <div class="p_bottom">
96    <!--这里是产品缩略图轻播效果-->
97    <div id="slideBox" class="slideBox">
98    <div class="bd">
99    <ul>
100   <?php
101   $sql_produce="SELECT* FROM produce WHERE posid='setindex' ORDER BY id desc LIMIT 0, 5";
102   $result_produce=mysql_query($sql_produce);
103   while($row_produce=mysql_fetch_array($result_produce)) {
104   ?>
105     <li><a href="produce_show.php?id=<?=$row_produce['id']?>" target="_blank"><img src="<?=$row_produce['thumbnail']?>" width="270" height="270" /></a></li>
106   <?
107   }
108   ?>
109   </ul>
```

```
110    </div>
111    </div>
112    <script type="text/javascript">
113    jQuery（". slideBox"）. slide（{mainCell：". bd ul", effect："left", autoPlay：true}）;
114    </script>
115    </div>
116    </div>
117    </div>
118    <!--"新闻动态、关于我们、最新产品"形成的横向区域结束-->
119    <!--页尾开始-->
120    <div class="footer">
121    <div class="center_box">
122    <div class="text">
123    <?=$config['company_name']?><br />
124    电话：<?=$config['company_phone']?> email：<?=$config['company_email']?><br />
125    地址：<?=$config['company_address']?><br />
126    技术支持：<?=$config['company_copyright']?><br />
127    友情链接：<?php
128    $sql_friend="SELECT* FROM friend";
129    $result_friend=mysql_query（$sql_friend）;
130    while（$row_friend=mysql_fetch_array（$result_friend））{
131    ?>
132    <a href="<?=$row_friend['url']?>" target="_blank"><?=$row_friend['title']?></a>  
133    <?php
134    }
135    ?>
136    </div>
137    <div class="ewm">
138    <img src="<?=$config['company_ewm']?>" alt="" />
139    </div>
140    </div>
141    </div>
142    <!--页尾结束-->
143    </body>
144    </html>
```

至此，首页整合已完成。由版面的设计图得知，后续的页面网站的页头、焦点幻灯和页尾都是一样的，因此我们有必要将其分离出来，然后使用require_onec（）函数将其引入即可，这样有利于提高编码效率和后期的维护工作。

把上述文件的第 1~43 行代码剪切，并粘贴到新建文件 header.php 中，该文件的全部代码如下：

1　　<?php
2　　require_once（'inc/conn.php'）;
3　　$sql_config="SELECT* FROM config";
4　　$result_config=mysql_query（$sql_config）;
5　　$config=mysql_fetch_array（$result_config）;
6　　?>
7　　<!doctype html>
8　　<html>
9　　<head>
10　　<meta charset="utf-8">
11　　<title><?=$config['site_title']?></title>
12　　<meta name="keywords" content="<?=$config['site_keywords']?>">
13　　<meta name="description" content="<?=$config['site_description']?>">
14　　<link href="css/style.css" rel="stylesheet" type="text/css">
15　　<link rel="stylesheet" type="text/css" href="css/jquery.jslides.css" media="screen" />
16　　<script type="text/javascript" src="js/jquery-1.8.0.min.js"></script>
17　　<script type="text/javascript" src="js/jquery.jslides.js"></script>
18　　<script type="text/javascript" src="js/jquery.SuperSlide.2.1.1.js"></script>
19　　</head>
20　　<body>
21　　<!--页头开始-->
22　　<div class="top">
23　　<div class="center">
24　　<div class="logo"><img src="<?=$config['site_logo']?>" width="141" height="42"></div>
25　　<div class="menu"><a href="index.php">网站首页</a><a href="about.php">关于我们</a><a href="article_list.php">新闻动态</a><a href="produce_list.php">产品展示</a><ahref="guestbook.php">给我留言</a><a href="contact.php">联系我们</a></div>
26　　</div>
27　　</div>
28　　<!--页头结束-->
29　　<!--焦点幻灯开始-->
30　　<div id="full-screen-slider">
31　　<ul id="slides">
32　　<?php
33　　$sql_slide="SELECT* FROM slide ORDER BY orderid asc";
34　　$result_slide=mysql_query（$sql_slide）;
35　　while（$row_slide=mysql_fetch_array（$result_slide））{

36   ?>

37   <li style="background：url（'<?=$row_slide['thumbnail']?>'）no-repeat center top"><a href="<?=$row_slide['link']?>" target="_blank"><?=$row_slide['title']?></a></li>

38   <?php

39   }

40   ?>

41   </ul>

42   </div>

43   <!--焦为幻灯结束-->

把整合后的 index.php 文件的第 77~124 行代码剪切，并粘贴到新建文件 footer.php 中，该文件的全部代码如下：

1   <!--页尾开始-->

2   <div class="footer">

3   <div class="center_box">

4   <div class="text">

5   <?=$config['company_name']?>

6   电话：<?=$config['company_phone']?> email：<?=$config['company_email']?>

7   地址：<?=$config['company_address']?>

8   技术支持：<?=$config['company_copyright']?>

9   友情链接：<?php

10   $sql_friend="SELECT* FROM friend";

11   $result_friend=mysql_query（$sql_friend）;

12   while（$row_friend=mysql_fetch_array（$result_friend））{

13   ?>

14   <a href="<?=$row_friend['url']?>" target="_blank"><?=$row_friend['title']?></a>

15   <?php

16   }

17   ?>

18   </div>

19   <div class="ewm">

20   <img src="<?=$config['company_ewm']?>" alt="" />

21   </div>

22   </div>

23   </div>

24   <!--页尾结束-->

25   </body>

26   </html>

把页头文件 header.php 和页尾文件 footer.php 引入到首页 indxe.php 文件,此时,index.php

整个文件的代码如下：

1 `<?php require_once（'header. php'）; ?>`
2 `<!--"新闻动态、关于我们、最新产品"形成的横向区域开始-->`
3 `<div class="container">`
4 `<!--新闻动态-->`
5 `<div class="news">`
6 `<div class="n_top">`
7 `<div class="cat_title">新闻中心</div>`
8 `<div class="more"><a href="article_list. php">更多</a></div>`
9 `</div>`
10 `<div class="n_center"><img src="images/news_thumbnail. jpg" width="111" height="90">`
11 `<div>`
12 `<?php`
13 `$sql_settop="SELECT* FROM article WHERE posid='setindex，settop' ORDER BY id desc LIMIT 0，1";`
14 `$result_settop=mysql_query（$sql_settop）;`
15 `$row_settop=mysql_fetch_array（$result_settop）;`
16 `?>`
17 `<span style="font-weight：bold；"><?=mb_substr（$row_settop['title']，0，13，'utf-8'）?></span><br /><?=mb_substr（$row_settop['content']，0，47，'utf-8'）?>...[<a href="">详细</a>]`
18 `</div>`
19 `</div>`
20 `<div class="n_bottom">`
21 `<?php`
22 `$sql_article="SELECT* FROM article WHERE posid='setindex' ORDER BY id desc LIMIT 0，5";`
23 `$result_article=mysql_query（$sql_article）;`
24 `while（$row_article=mysql_fetch_array（$result_article））{`
25 `?>`
26 `<a href="article_show. php?id=<?=$row_article['id']?>"><?=mb_substr（$row_article['title']，0，22，'utf-8'）?></a>`
27 `<?php`
28 `}`
29 `?>`
30 `</div>`
31 `</div>`
32 `<!--关于我们-->`
33 `<div class="about">`

```
34    <div class="a_top">
35    <div class="cat_title">关于我们</div>
36    </div>
37    <div class="a_center"><img src="images/about_img.jpg" width="381" height="148"></div>
38    <div class="a_bottom">
39    <?php
40    $sql_about="SELECT* FROM single WHERE id=8";
41    $result_about=mysql_query($sql_about);
42    $row_about=mysql_fetch_array($result_about);
43    echo mb_substr($row_about['content'],0,128,'utf-8');
44    ?>
45    ...[详细] </div>
46    </div>
47    <!--最新产品-->
48    <div class="produce">
49    <div class="p_top">
50    <div class="cat_title">最新产品</div>
51    <div class="more"><a href="produce_list.php">更多</a></div>
52    </div>
53    <div class="p_bottom">
54    <!--这里是产品缩略图轮播效果-->
55    <div id="slideBox" class="slideBox">
56    <div class="bd">
57    <ul>
58    <?php
59    $sql_produce="SELECT* FROM produce WHERE posid='setindex' ORDER BY id desc LIMIT 0,5";
60    $result_produce=mysql_query($sql_produce);
61    while($row_produce=mysql_fetch_array($result_produce)){
62    ?>
63        <li><a href="produce_show.php?id=<?=$row_produce['id']?>" target="_blank"><img src="<?=$row_produce['thumbnail']?>"width="270" height="270" /></a></li>
64    <?
65    }
66    ?>
67    </ul>
68    </div>
69    </div>
70    <script type="text/javascript">
```

71 jQuery（". slideBox"）. slide（{mainCell：". bd ul"，effect："left"，autoPlay：true}）；
72 </script>
73 </div>
74 </div>
75 </div>
76 <!--"新闻动态、关于我们、最新产品"形成的横向区域结束-->
77 <?php require_once（'footer. php'）；?>

7.2 整合"关于我们"页面

1．更改文件后缀名

找到文件 about. html，并更改后缀名为 php，得到文件 about. php。

2．使用 Dreamweaver 工具打开 about. php

3．分析需整合版位

通过版面的分析，该页面的页头、焦点幻灯、页尾三个版位和首页的一致，因此只需整合"slide 版位"和"关于我们"内容版位。具体的操作如下：

（1）把页头及焦点幻灯版位代码删除，引入 header. php 文件。

（2）把页尾版位代码删除，引入 footer. php 文件。

4．整合 slide 版位和"关于我们"内容版位

（1）整合 Slide 版位

在 slide 版位中，QQ 在线客服需查询数据表 qq，并循环输出，而 24 小时服务热线、微信公众号、电子邮箱来自网站基本配置信息表 config，因为在首页整合时，已产生记录集，因此在该版位中直接使用$config 输出即可，该版位整合后的代码如下：

```
<!--左侧 slide-->
<div class="slide">
<div class="cat_title">在线客服</div>
<div class="qq">
<?php
$sql_qq="SELECT* FROM qq";
$result_qq=mysql_query（$sql_qq）；
while（$row_qq=mysql_fetch_array（$result_qq））{
?>
<div><?=$row_qq['title']?>：<img  style="CURSOR：pointer" onclick="javascript：window. open（'http：//b. qq. com/webc. htm?new=0&sid=<?=$row_qq['qqnum']?>&o=http：//&q=7'，'_blank'，'height=502，width=644，toolbar=no，scrollbars=no，menubar=no，status=no'）；" border="0" SRC=http：//wpa. qq. com/pa?p=1：<?=$row_qq['qqnum']?>：7 alt="欢迎咨询"></div>
<?php
```

```
        }
    ?>
</div>
<div class="service">
<span class="title">24小时服务热线</span><br />
<span class="detail"><?=$config['company_phone']?></span>
</div>
<div class="weixin">
<span class="title">微信公众号<br />
<span class="detail"><?=$config['company_weixin']?></span>
</div>
<div class="email">
<span class="title">电子邮箱<br />
<span class="detail"><?=$config['company_email']?></span>
</div>
</div>
```

（2）"关于我们"内容版位整合

在整合该版位前，应先在后台单页管理模块添加一条记录，记录的标题为关于我们，内容可先适当填写一些，点击"添加"按钮后将产生一条新记录，并查看记录id，该id将用于查询关于我们页面。

```
<!--"关于我们"内容-->
<div class="right">
<div class="submenu"><a href="">首页</a>-><a href="">关于我们</a></div>
<div class="about_content">
<?php
$sql_about="SELECT* FROM single WHERE id=8";  //注：id的值根据你的实际填写即
$result_about=mysql_query（$sql_about）;
$row_about=mysql_fetch_array（$result_about）;
echo $row_about['content'];
?>
</div>
</div>
```

关于我们页面的整合已完成，此时about.php页面代码如下：

1　　<?php　require_once（'header.php'）; ?>
2　　<!--about_main 开始-->
3　　<div class="main">
4　　<!--左侧slide-->
5　　<div class="slide">
6　　<div class="cat_title">在线客服</div>

```
7   <div class="qq">
8   <?php
9   $sql_qq="SELECT* FROM qq";
10  $result_qq=mysql_query($sql_qq);
11  while($row_qq=mysql_fetch_array($result_qq)){
12  ?>
13  <div><?=$row_qq['title']?>：<img style="CURSOR:pointer" onclick="javascript:window.open('http://b.qq.com/webc.htm?new=0&sid=<?=$row_qq['qqnum']?>&o=http://&q=7','_blank','height=502,width=644,toolbar=no,scrollbars=no,menubar=no,status=no');" border="0" SRC=http://wpa.qq.com/pa?p=1:382526903:7 alt="欢迎咨询"></div>
14  <?php
15  }
16  ?>
17  </div>
18  <div class="service">
19  <span class="title">24小时服务热线</span><br />
20  <span class="detail"><?=$config['company_phone']?></span>
21  </div>
22  <div class="weixin">
23  <span class="title">微信公众号<br />
24  <span class="detail"><?=$config['company_weixin']?></span>
25  </div>
26  <div class="email">
27  <span class="title">电子邮箱<br />
28  <span class="detail"><?=$config['company_email']?></span>
29  </div>
30  </div>
31  <!--"关于我们"内容-->
32  <div class="right">
33  <div class="submenu"><a href="">首页</a>-><a href="">关于我们</a></div>
34  <div class="about_content">
35  <?php
36  $sql_about="SELECT* FROM single WHERE id=8";
37  $result_about=mysql_query($sql_about);
38  $row_about=mysql_fetch_array($result_about);
39  echo $row_about['content'];
40  ?>
41  </div>
42  </div>
```

```
43      </div>
44      <!--main 结束-->
45      <?php  require_once（'footer.php'）; ?>
```

通过分析相关版面得知,该页面的 slide 版位在后续相关的页面 slide 版位一致,因此,有必要把该版位的代码(上述代码的第 5~30 行)分离出来形成单独的文件 slide.php,并通过语句"require_once（'slide.php'）;"将该文件引入到页面中。

slide.php 文件完整的代码如下:

```
1    <div class="slide">
2    <div class="cat_title">在线客服</div>
3    <div class="qq">
4    <?php
5    $sql_qq="SELECT* FROM qq";
6    $result_qq=mysql_query（$sql_qq）;
7    while（$row_qq=mysql_fetch_array（$result_qq））{
8    ?>
9    <div><?=$row_qq['title']?>: <img  style="CURSOR: pointer" onclick="javascript: window.open（'http://b.qq.com/webc.htm?new=0&sid=<?=$row_qq['qqnum']?>&o=http: //&q=7', '_blank', 'height=502, width=644, toolbar=no, scrollbars=no, menubar=no, status=no'）;" border="0" SRC=http://wpa.qq.com/pa?p=1: 382526903: 7 alt="欢迎咨询"></div>
10   <?php
11   }
12   ?>
13   </div>
14   <div class="service">
15   <span class="title">24 小时服务热线</span><br />
16   <span class="detail"><?=$config['company_phone']?></span>
17   </div>
18   <div class="weixin">
19   <span class="title">微信公众号<br />
20   <span class="detail"><?=$config['company_weixin']?></span>
21   </div>
22   <div class="email">
23   <span class="title">电子邮箱<br />
24   <span class="detail"><?=$config['company_email']?></span>
25   </div>
26   </div>
```

此时, about.php 文件的代码如下:

```
1    <?php  require_once（'header.php'）; ?>
2    <!--about_main 开始-->
```

```
3    <div class="main">
4    <!--左侧 slide-->
5    <?php require_once ( 'slide' ); ?>
6    <!--"关于我们"内容-->
7    <div class="right">
8    <div class="submenu"><a href="">首页</a>-<a href="">关于我们</a></div>
9    <div class="about_content">
10   <?php
11   $sql_about="SELECT* FROM single WHERE id=8";
12   $result_about=mysql_query ( $sql_about );
13   $row_about=mysql_fetch_array ( $result_about );
14   echo $row_about['content'];
15   ?>
16   </div>
17   </div>
18   </div>
19   <!--main 结束-->
20   <?php   require_once ( 'footer. php' ); ?>
```

至此，"关于我们"页面已整合完成。

7.3 整合"新闻动态"页面

新闻动态由新闻动态列表页和新闻动态内容页组成，因此接下来应分别整合"新闻动态列表页"和"新闻动态内容页"。

7.3.1 整合"新闻动态列表页"

7.3.1.1 更改文件后缀名

找到文件 about. html，并更改后缀名为 php，得到文件 about. php。

7.3.1.2 使用 Dreamweaver 工具打开文件 about. php

7.3.1.3 分析需整合版位

该页面的页头版位、焦点幻灯版位、页尾版位三个版位和首页的一致，页面主体左侧的版位和关于我们页面左侧 slide 版位一致。因此只需整合该页面右侧的文章列表版位即可。具体操作如下：

把文件的页头版位、焦点幻灯版位代码删除，并引入头部文件 header. php；把 slide 版位的代码删除，并引入 slide 版位文件；把页尾版位文件删除，并引入页尾版位文件 footer. php，此时，article_list. php 文件的代码如下：

```
1   <?php require_once ( 'header. php' ); ?>
2   <!--main 开始-->
3   <div class="main">
4   <!--左侧 slide-->
5   <?php require_once ( 'slide. php' ); ?>
6   <!--文章标题列表-->
7   <div class="right">
8   <div class="submenu"><a href="">首页</a>-><a href="">新闻动态</a></div>
9   <div class="article_content">
10  <div class="row">
11  <div class="title"><a href="">茶叶具有养胃的功效吗？</a></div>
12  <div class="date">2016-4-2</div>
13  </div>
14  <div class="row">
15  <div class="title"><a href="">茶事起源"六朝以前的茶事"</a></div>
16  <div class="date">2016-4-2</div>
17  </div>
18  <div class="row">
19  <div class="title"><a href="">红碎茶红艳的颜色、鲜爽的香气和很高的营养价值</a></div>
20  <div class="date">2016-4-2</div>
21  </div>
22  <div class="row">
23  <div class="title"><a href="">中国古代史料中的"茶"字和世界各国对该字的音译</a></div>
24  <div class="date">2016-4-2</div>
25  </div>
26  <div class="row">
27  <div class="title"><a href="">茶是用来喝的一杯陈年普洱味道</a></div>
28  <div class="date">2016-4-2</div>
29  </div>
30  <div class="row">
31  <div class="title"><a href="">入山无处不飞翠，碧螺春香百里醉</a></div>
32  <div class="date">2016-4-2</div>
33  </div>
34  <div class="row">
35  <div class="title"><a href="">洱茶越陈越香的年限是多久越陈越香？</a></div>
36  <div class="date">2016-4-2</div>
37  </div>
```

```
38    </div>
39    <div class="page">
40    <a href="">|<</a>
41    <a href=""><<</a>
42    <a href="">1</a>
43    <a href="">2</a>
44    <a href="">>></a>
45    <a href="">>>|</a>
46    </div>
47    </div>
48    </div>
49    <!--main 结束-->
50    <?php require_once（'footer.php'）;?>
```

7.3.1.4 整合文章标题列表版位

找到 article_content 盒子，在该盒子当中，首先保留其中一个 row 盒子，比如保留以下盒子：

<div class="row">
<div class="title"><a href="">茶叶具有养胃的功效吗？</a></div>
<div class="date">2016-4-2</div>
</div>

其他的 row 盒子可以删除子,然后使用 php 查询数据表 article,并循环输出文章标题信息。整合后该版位的代码如下：

```
1   <!--文章标题列表-->
2   <div class="right">
3   <div class="submenu"><a href="">首页</a>-><a href="">新闻动态</a></div>
4   <div class="article_content">
5   <?php
6   //记录的总条数
7   $total_num=mysql_num_rows（mysql_query（"SELECT* FROM article"））;
8   //每页记录数
9   $pagesize=7;
10  //总页数
11  $page_num=ceil（$total_num/$pagesize）;
12  //设置页数
13  $page=$_GET['page'];
14  if（$page<1 || $page==""）{
15  $page=1;
16  }
```

```php
17    if（$page>$page_num）{
18      $page=$page_num；
19    }
20    //计算机记录的偏移量
21    $offset=$pagesize*（$page-1）;
22    //上一页、下一页
23    $prepage=（$page<>1）?$page-1：$page；
24    $nextpage=（$page<>$page_num）?$page+1：$page；
25    $result_articlelist=mysql_query（"SELECT* FROM article ORDER BY id desc LIMIT $offset，$pagesize"）;
26    if（$total_num>0）{
27      while（$row_articlelist=mysql_fetch_array（$result_articlelist））{
28    ?>
29    <div class="row">
30    <div class="title"><a href="article_show.php?id=<?=$row_articlelist['id']?>"><?=$row_articlelist['title']?></a></div>
31    <div class="date"><?=$row_articlelist['pubdate']?></div>
32    </div>
33    <?php
34    }
35    ?>
36    </div>
37    <div class="page">
38    <a><?=$page?>/<?=$page_num?></a>  <a href="?page=1">|<</a>  <a href="?page=<?=$prepage?>"><<</a>  
39    <?php
40    for（$i=1；$i<=$page_num；$i++）{
41    ?>
42    <a href="?page=<?=$i?>"><?=$i?></a>
43    <?php }?>
44       ； ；<a href="?page=<?=$nextpage?>">>></a> ； ；<a href="?page=<?=$page_num?>">>|</a>
45    </div>
46    <?php
47    }else{
48    echo "暂无记录"；
49    }
50    ?>
51    </div>
```

52　</div>

53　<!--main 结束-->

至此，新闻动态列表页整合完成，该页面（article_list.php）的完整代码如下：

1　<?php require_once（'header.php'）; ?>

2　<!--main 开始-->

3　<div class="main">

4　<!--左侧 slide-->

5　<?php require_once（'slide.php'）; ?>

6　<!--文章标题列表-->

7　<div class="right">

8　<div class="submenu"><a href="">首页</a>-><a href="">新闻动态</a></div>

9　<div class="article_content">

10　<?php

11　//记录的总条数

12　$total_num=mysql_num_rows（mysql_query（"SELECT* FROM article"））;

13　//每页记录数

14　$pagesize=7;

15　//总页数

16　$page_num=ceil（$total_num/$pagesize）;

17　//设置页数

18　$page=$_GET['page'];

19　if（$page<1 || $page==""）{

20　$page=1;

21　}

22　if（$page>$page_num）{

23　$page=$page_num;

24　}

25　//计算机记录的偏移量

26　$offset=$pagesize*（$page-1）;

27　//上一页、下一页

28　$prepage=（$page<>1）?$page-1：$page;

29　$nextpage=（$page<>$page_num）?$page+1：$page;

30　$result_articlelist=mysql_query（"SELECT* FROM article ORDER BY id desc LIMIT $offset，$pagesize"）;

31　if（$total_num>0）{

32　while（$row_articlelist=mysql_fetch_array（$result_articlelist））{

33　?>

34　<div class="row">

35　<div class="title"><a href="article_show.php?id=<?=$row_articlelist['id']?>"><?=$row_articlelist

```
['title']?></a></div>
36      <div class="date"><?=$row_articlelist['pubdate']?></div>
37      </div>
38      <?php
39      }
40      ?>
41      </div>
42      <div class="page">
43      <a><?=$page?>/<?=$page_num?></a>  <a href="?page=1">|<</a>  <a href="?page=<?=$prepage?>"><<</a>  
44      <?php
45      for（$i=1；$i<=$page_num；$i++）{
46      ?>
47      <a href="?page=<?=$i?>"><?=$i?></a>
48      <?php }?>
49       ； ；<a href="?page=<?=$nextpage?>">>></a> ； ；<a href="?page=<?=$page_num?>">>|</a>
50      </div>
51      <?php
52      }else{
53      echo "暂无记录";
54      }
55      ?>
56      </div>
57      </div>
58      <!--main 结束-->
59      <?php require_once（'footer.php'）;?>
```

7.3.2 整合"新闻动态内容页"

7.3.2.1 更改文件后缀名

找到文件 article_show.html，并更改后缀名为 php，得到文件 article_show.php。

7.3.2.2 使用 Dreamweaver 工具打开 article_show.php

7.3.2.3 分析需整合版位

该页面的页头版位、焦点幻灯版位、页尾版位三个版位和首页的一致，页面主体左侧的版位和关于我们页面左侧 slide 版位一致。因此，我们只需整合该页面右侧的文章列表版位即可。具体操作如下：

把文件的页头版位、焦点幻灯版位代码删除，并引入头部文件 header.php；把 slide 版位的代码删除,并引入slide版位文件;把页尾版位文件删除,并引入页尾版位文件footer.php,此时,article_list.php文件的代码如下:

```
<?php require_once（'header.php'）; ?>
<!--main 开始-->
<div class="main">
<!--左侧 slide-->
<?php require_once（'slide.php'）; ?>
<!--文章标题列表-->
<div class="right">
<div class="submenu"><a href="">首页</a>-><a href="">新闻动态</a></div>
<div class="article_content">
<div class="row">
<div class="title"><a href="">茶叶具有养胃的功效吗？</a></div>
<div class="date">2016-4-2</div>
</div>
<div class="row">
<div class="title"><a href="">茶事起源"六朝以前的茶事"</a></div>
<div class="date">2016-4-2</div>
</div>
<div class="row">
<div class="title"><a href="">红碎茶红艳的颜色、鲜爽的香气和很高的营养价值</a></div>
<div class="date">2016-4-2</div>
</div>
<div class="row">
<div class="title"><a href="">中国古代史料中的"茶"字和世界各国对该字的音译</a></div>
<div class="date">2016-4-2</div>
</div>
<div class="row">
<div class="title"><a href="">茶是用来喝的一杯陈年普洱味道</a></div>
<div class="date">2016-4-2</div>
</div>
<div class="row">
<div class="title"><a href="">入山无处不飞翠,碧螺春香百里醉</a></div>
<div class="date">2016-4-2</div>
</div>
<div class="row">
<div class="title"><a href="">洱茶越陈越香的年限是多久越陈越香？</a></div>
```

```
<div class="date">2016-4-2</div>
</div>
</div>
<div class="page">
<a href="">|<</a>
<a href=""><<</a>
<a href="">1</a>
<a href="">2</a>
<a href="">>></a>
<a href="">>|</a>
</div>
</div>
</div>
<!--main 结束-->
<?php require_once（'footer.php'）; ?>
```

7.3.2.4 整合文章内容版位

```
<div class="right">
<div class="submenu"><a href="">首页</a>-><a href="">新闻动态</a>-></div>
<div class="article_content">
<?php
$sql_articleshow="SELECT* FROM article WHERE id='". $_GET['id']. "'";
$result_articleshow=mysql_query（$sql_articleshow）;
$row_articleshow=mysql_fetch_array（$result_articleshow）;
?>
<div class="title"><?=$row_articleshow['title']?></div>
<div class="from">来源：<?=$row_articleshow['comefrom']?>发布日期：<?=$row_articleshow['pubdate']?></div>
<div class="detail"><?=$row_articleshow['content']?></div>
</div>
</div>
```

至此，新闻动态内容页整合完成，该页面（article_list.php）的完整代码如下：

```
1   <?php require_once（'header.php'）; ?>
2   <!--about_main 开始-->
3   <div class="main">
4   <!--左侧 slide-->
5   <?php require_once（'slide.php'）; ?>
6   <!--文章内容-->
7   <div class="right">
8   <div class="submenu"><a href="">首页</a>-><a href="">新闻动态</a>-></div>
```

9 `<div class="article_content">`
10 `<?php`
11 `$sql_articleshow="SELECT* FROM article WHERE id='". $_GET['id']. "'";`
12 `$result_articleshow=mysql_query（$sql_articleshow）;`
13 `$row_articleshow=mysql_fetch_array（$result_articleshow）;`
14 `?>`
15 `<div class="title"><?=$row_articleshow['title']?></div>`
16 `<div class="from">`来源：`<?=$row_articleshow['comefrom']?>`发布日期：`<?=$row_articleshow['pubdate']?></div>`
17 `<div class="detail"><?=$row_articleshow['content']?></div>`
18 `</div>`
19 `</div>`
20 `</div>`
21 `<!--main 结束-->`
22 `<?php require_once（'footer. php'）; ?>`

7.4 整合"产品展示"页面

产品展示由产品展示列表页和产品展示内容页组成，因此，我们接下来分别整合产品展示列表页和产品展示内容页。

7.4.1 整合"产品展示列表页"

7.4.1.1 更改文件后缀名

找到文件 produce_list. html，并把后缀名改为 php，得到文件 produce_list. php

7.4.1.2 使用 Dreamweaver 工具打开 produce_list. php

7.4.1.3 分析需整合版位

通过版面的分析，该页面的页头版位、焦点幻灯版位、页尾版位三个版位和首页的一致，页面主体左侧的版位和关于我们页面左侧 slide 版位一致，因此，我们只需整合该页面右侧的产品缩略图列表版位即可。具体操作如下：

把文件的页头版位、焦点幻灯版位代码删除，并引入头部文件 header. php；把 slide 版位的代码删除，并引入 slide 版位文件；把页尾版位文件删除，并引入页尾版位文件 footer. php，此时，produce_list. php 文件的代码如下：

```
<?php require_once（'header. php'）; ?>
<!--about_main 开始-->
<div class="main">
<!--左侧 slide-->
<?php require_once（'slide. php'）; ?>
```

```html
<!--产品展示-->
<div class="right">
<div class="submenu"><a href="">首页</a>-><a href="">产品展示</a>-></div>
<div class="produce_content">
<div class="pro_box"><a href=""><img src="images/pro（1）.jpg"></a></div>
<div class="pro_box"><a href=""><img src="images/pro（2）.jpg"></a></div>
<div class="pro_box"><a href=""><img src="images/pro（3）.jpg"></a></div>
<div class="pro_box"><a href=""><img src="images/pro（4）.jpg"></a></div>
<div class="pro_box"><a href=""><img src="images/pro（5）.jpg"></a></div>
<div class="pro_box"><a href=""><img src="images/pro（6）.jpg"></a></div>
<div class="pro_box"><a href=""><img src="images/pro（7）.jpg"></a></div>
<div class="pro_box"><a href=""><img src="images/pro（8）.jpg"></a></div>
<div class="pro_box"><a href=""><img src="images/pro（9）.jpg"></a></div>
<div class="pro_box"><a href=""><img src="images/pro（10）.jpg"></a></div>
<div class="pro_box"><a href=""><img src="images/pro（11）.jpg"></a></div>
<div class="pro_box"><a href=""><img src="images/pro（12）.jpg"></a></div>
<div class="pro_box"><a href=""><img src="images/pro（13）.jpg"></a></div>
<div class="pro_box"><a href=""><img src="images/pro（14）.jpg"></a></div>
<div class="pro_box"><a href=""><img src="images/pro（15）.jpg"></a></div>
<div class="pro_box"><a href=""><img src="images/pro（16）.jpg"></a></div>
</div>
<div class="page">
<a href="">|<</a>
<a href=""><<</a>
<a href="">1</a>
<a href="">2</a>
<a href="">>></a>
<a href="">>|</a>
</div>
</div>
</div>
<!--main 结束-->
<?php require_once（'footer.php'）; ?>
```

7.4.1.4 整合产品列表版位

```html
<!--产品展示-->
<div class="right">
<div class="submenu"><a href="">首页</a>-><a href="">产品展示</a>-></div>
<div class="produce_content">
<?php
```

```php
//记录的总条数
$total_num=mysql_num_rows（mysql_query（"SELECT id from produce"））;
//每页记录数
$pagesize=16;
//总页数
$page_num=ceil（$total_num/$pagesize）;
//设置页数
$page=$_GET['page'];
if（$page<1 || $page==""）{
$page=1;
}
if（$page>$page_num）{
$page=$page_num;
}
//计算机记录的偏移量
$offset=$pagesize*（$page-1）;
//上一页、下一页
$prepage=（$page<>1）?$page-1：$page;
$nextpage=（$page<>$page_num）?$page+1：$page;
$result_producelist=mysql_query（"SELECT* FROM produce ORDER BY id desc LIMIT $offset，$pagesize"）;
if（$total_num>0）{
while（$row_producelist=mysql_fetch_array（$result_producelist））{
?>
<div class="pro_box"><a href="produce_show. php?id=<?=$row_producelist['id']?>"><img src="<?=$row_producelist['thumbnail']?>"></a></div>
<?php
}
?>
</div>
<div class="page">
<a><?=$page?>/<?=$page_num?></a>  <a href="?page=1">|<</a>  <a href="?page=<?=$prepage?>"><<<</a>  
<?php
for（$i=1；$i<=$page_num；$i++）{
?>
<a href="?page=<?=$i?>"><?=$i?></a>
<?php }?>
  <a href="?page=<?=$nextpage?>">>>></a>  <a href="?page=
```

```
<?=$page_num?>">>|</a>
    </div>
    <?php
    }else{
    echo "暂无记录";
    }
    ?>
    </div>
```

至此，产品列表页整合完成，produce_list.php完整的代码如下：

1 `<?php require_once（'header.php'）;?>`
2 `<!--about_main 开始-->`
3 `<div class="main">`
4 `<!--左侧 slide-->`
5 `<?php require_once（'slide.php'）;?>`
6 `<!--产品展示-->`
7 `<div class="right">`
8 `<div class="submenu"><a href="">首页</a>-><a href="">产品展示</a>-></div>`
9 `<div class="produce_content">`
10 `<?php`
11 `//记录的总条数`
12 `$total_num=mysql_num_rows（mysql_query（"SELECT id from produce"））;`
13 `//每页记录数`
14 `$pagesize=16;`
15 `//总页数`
16 `$page_num=ceil（$total_num/$pagesize）;`
17 `//设置页数`
18 `$page=$_GET['page'];`
19 `if（$page<1 || $page==""）{`
20 `$page=1;`
21 `}`
22 `if（$page>$page_num）{`
23 `$page=$page_num;`
24 `}`
25 `//计算机记录的偏移量`
26 `$offset=$pagesize*（$page-1）;`
27 `//上一页、下一页`
28 `$prepage=（$page<>1）?$page-1：$page;`
29 `$nextpage=（$page<>$page_num）?$page+1：$page;`
30 `$result_producelist=mysql_query（"SELECT* FROM produce ORDER BY id desc LIMIT`

```
$offset, $pagesize" );
  31    if ( $total_num>0 ) {
  32    while ( $row_producelist=mysql_fetch_array ( $result_producelist )) {
  33    ?>
  34    <div class="pro_box"><a href="produce_show. php?id=<?=$row_producelist['id']?>"><img src="<?=$row_producelist['thumbnail']?>"></a></div>
  35    <?php
  36    }
  37    ?>
  38    </div>
  39    <div class="page">
  40    <a><?=$page?>/<?=$page_num?></a>  <a href="?page=1">|<</a>  <a href="?page=<?=$prepage?>"><<</a>   
  41    <?php
  42    for ( $i=1; $i<=$page_num; $i++ ) {
  43    ?>
  44    <a href="?page=<?=$i?>"><?=$i?></a>
  45    <?php }?>
  46      <a href="?page=<?=$nextpage?>">>></a>  <a href="?page=<?=$page_num?>">>|</a>
  47    </div>
  48    <?php
  49    }else{
  50    echo "暂无记录";
  51    }
  52    ?>
  53    </div>
  54    </div>
  55    <!--main 结束-->
  56    <?php require_once ( 'footer. php' ); ?>
```

7.4.2 整合"产品展示内容页"

7.4.2.1 更改文件后缀名
找到文件 produce_show. html，把后缀名改为 php 得到 produce_show. php。

7.4.2.2 使用 Dreamweaver 工具打开 produce_show. php

7.4.2.3 分析需整合版位
通过版面的分析，该页面的页头版位、焦点幻灯版位、页尾版位三个版位和首页的一致，页面主体左侧的版位和关于我们页面左侧 slide 版位一致，因此，我们只需整合该页面右侧的产品详细内容版位即可。具体操作如下：

把文件的页头版位、焦点幻灯版位代码删除，并引入头部文件 header.php；把 slide 版位的代码删除，并引入 slide 版位文件；把页尾版位文件删除，并引入页尾版位文件 footer.php，此时，produce_show.php 文件的代码如下：

```
1   <?=require_once ( 'header.php' ); ?>
2   <!--about_main 开始-->
3   <div class="main">
4   <!--左侧 slide-->
5   <?=require_once ( 'header.php' ); ?>
6   <!--产品内容-->
7   <div class="right">
8   <div class="submenu"><a href="">首页</a>-><a href="">产品展示</a>-></div>
9   <div class="produce_show_content">
10  <div class="title">养生茶，喝出男性健康</div>
11  <div class="detail">
12  配料表：早春茶鲜叶<br />
13  储藏方法：密封、避光、防潮、无异味<br />
14  保质期：365<br />
15  食品添加剂：无<br />
16  净含量：100g<br />
17  品牌：川红外包装类型：<br />包装
18  包装种类：盒装<br />
19  食品工艺：炒青绿茶<br />
20  采摘时间：明前<br />
21  级别：特级<br />
22  产地：中国大陆<br />
23  省份：四川省<br />
24  城市：宜宾市<br />
25  生长季节：春季<br />
26  茶种类：雀舌特产<br />
27  品类：宜宾早茶<br />
28  口感：甘醇爽口<br />
29  价格段：100-199 元<br />
30  <img src="images/pro_d.jpg"><br />
31  <img src="images/pro_s.jpg">
32  </div>
33  </div>
34  </div>
```

35　　</div>
36　<!--main 结束-->
37　<?=require_once（'footer.php'）;?>

7.4.2.4　产品详细内容版位整合

该版位整合后的代码如下：

```
<!--产品内容-->
<div class="right">
<div class="submenu"><a href="">首页</a>-><a href="">产品展示</a>-></div>
<div class="produce_show_content">
<?php
$sql_produceshow="SELECT* FROM produce WHERE id='". $_GET['id']. "'";
$result_produceshow=mysql_query（$sql_produceshow）;
$row_produceshow=mysql_fetch_array（$result_produceshow）;
?>
<div class="title"><?=$row_produceshow['title']?></div>
<div class="detail">
<?=$row_produceshow['content']?>
</div>
</div>
</div>
```

至此，产品内容页整合已完成，produce_show.php 文件完整的代码如下：

1　<?php require_once（'header.php'）;?>
2　<!--about_main 开始-->
3　<div class="main">
4　<!--左侧 slide-->
5　<?php require_once（'slide.php'）;?>
6　<!--产品内容-->
7　<div class="right">
8　<div class="submenu"><a href="">首页</a>-><a href="">产品展示</a>-></div>
9　<div class="produce_show_content">
10　<?php
11　$sql_produceshow="SELECT* FROM produce WHERE id='". $_GET['id']. "'";
12　$result_produceshow=mysql_query（$sql_produceshow）;
13　$row_produceshow=mysql_fetch_array（$result_produceshow）;
14　?>
15　<div class="title"><?=$row_produceshow['title']?></div>
16　<div class="detail">
17　<?=$row_produceshow['content']?>

```
18        </div>
19       </div>
20      </div>
21     </div>
22     <!--main 结束-->
23     <?php require_once('footer.php'); ?>
```

7.5 整合"给我留言"页面

1. 更改文件后缀名

找到 guestbook.html 并把后缀名更改为 php 得到 guestbook.php

2. 使用 Dreamweaver 工具打开 guestbook.php

3. 分析需整合版位

经过分析，该页面的页头版位、焦点幻灯版位、页尾版位三个版位和首页的一致，页面主体左侧的版位和关于我们页面左侧 slide 版位一致。因此只需整合该页面右侧的填写留言版位即可。具体操作如下：

把文件的页头版位、焦点幻灯版位代码删除，并引入头部文件 header.php；把 slide 版位的代码删除，并引入 slide 版位文件；把页尾版位文件删除，并引入页尾版位文件 footer.php，此时，guestbook.php 文件的代码如下：

```
<?php require_once('header.php'); ?>
<!--about_main 开始-->
<div class="main">
<!--左侧 slide-->
<?php require_once('slide.php'); ?>
<!--给我留言-->
<div class="right">
<div class="submenu"><a href="">首页</a>-><a href="">给我留言</a></div>
<div class="guestbook_content">
<form name="form1" id="form1" action="" method="post">
<ul>
<li class="title"><span class="must">*</span>标题：</li>
<li><input name="title" type="text" id="title"></li>
</ul>
<ul>
<li class="title"><span class="must">*</span>称呼：</li>
<li><input name="name" type="text" id="name"></li>
</ul>
<ul>
```

```
<li class="title">手机：</li>
<li><input name="tel" type="text" id="tel"></li>
</ul>
<ul>
<li class="title">QQ：</li>
<li><input name="qq" type="text" id="qq"></li>
</ul>
<ul>
<li class="title"><span class="must">*</span>邮箱：</li>
<li><input name="email" type="text" id="email"></li>
</ul>
<ul class="ct">
<li class="title"><span class="must">*</span>内容：</li>
<li>
<textarea name="content" cols="60" rows="5" id="content"></textarea>
</li>
</ul>
<div>
<input type="image" src="images/submit. png">
</div>
</form>
</div>
</div>
</div>
<!--main 结束-->
<?php require_once（'footer. php'）; ?>
```

4. 整合添加留言版位

该版位由表单元素组成，主要用于获取用户填写的留言信息。因此当用户填写完，并点击提交按钮后，留言的信息应写入留言信息表。我们把留言信息写入数据库 guestbook 数据表的代码写在页面的最后，为了判断什么时候才执行写入操作，需引入 if 条件语句进行判断，当条件成立的时候才执行写入语句。该版位整合后，guestbook. php 文件的完整代码如下：

```
1   <?php require_once（'header. php'）; ?>
2   <!--about_main 开始-->
3   <div class="main">
4   <!--左侧 slide-->
5   <?php require_once（'slide. php'）; ?>
6   <!--给我留言-->
7   <div class="right">
```

```
8    <div class="submenu"><a href="">首页</a>-><a href="">给我留言</a></div>
9    <div class="guestbook_content">
10   <form name="form1" id="form1" action="?act=add" method="post">
11   <ul>
12   <li class="title"><span class="must">*</span>标题：</li>
13   <li><input name="title" type="text" id="title"></li>
14   </ul>
15   <ul>
16   <li class="title"><span class="must">*</span>称呼：</li>
17   <li><input name="name" type="text" id="name"></li>
18   </ul>
19   <ul>
20   <li class="title">手机：</li>
21   <li><input name="tel" type="text" id="tel"></li>
22   </ul>
23   <ul>
24   <li class="title">QQ：</li>
25   <li><input name="qq" type="text" id="qq"></li>
26   </ul>
27   <ul>
28   <li class="title"><span class="must">*</span>邮箱：</li>
29   <li><input name="email" type="text" id="email"></li>
30   </ul>
31
32   <ul class="ct">
33   <li class="title"><span class="must">*</span>内容：</li>
34   <li>
35   <textarea name="content" cols="60" rows="5" id="content"></textarea>
36   </li>
37   </ul>
38   <div>
39   <input type="image" src="images/submit. png">
40   </div>
41   </form>
42   </div>
43   </div>
44   </div>
45   <!--main 结束-->
46   <?php
```

```
47  if（$_GET['act']==add）{
48    if（$_POST['title']==""）{
49      echo "<script>alert（'留言标题不能为空！'）;history.go（-1）</script>";
50      exit;
51    }
52    if（$_POST['name']==""）{
53      echo "<script>alert（'称呼不能为空！'）;history.go（-1）</script>";
54      exit;
55    }
56    if（$_POST['email']==""）{
57      echo "<script>alert（'邮箱不能为空！'）;history.go（-1）</script>";
58      exit;
59    }
60    if（$_POST['content']==""）{
61      echo "<script>alert（'留言内容不能为空！'）;history.go（-1）</script>";
62      exit;
63    }
64    $sql_geustbook="INSERT INTO guestbook（title,pubdate,name,tel,qq,email,content,deal）VALUES（'".$_POST['title']."',curdate（）,'".$_POST['name']."','".$_POST['tel']."','".$_POST['qq']."','".$_POST['email']."','".$_POST['content']."','否'）";
65    mysql_query（$sql_geustbook）;
66    echo"<script>alert（'留言成功，我们尽快联系您！'）;window.location.href='guestbook.php'</script>";
67  }
68  ?>
69  <?php require_once（'footer.php'）;?>
```

7.6 整合"联系我们"页面

1. 更改文件后缀名

找到文件 contact.html，并把后缀名更改为.php 得到文件 contact.php

2. 使用 Dreamweaver 工具打开 contact.php

3. 分析需整合版位

通过版面的分析，该页面的页头版位、焦点幻灯版位、页尾版位三个版位和首页的一致，页面主体左侧的版位和关于我们页面左侧 slide 版位一致。因此，我们只需整合该页面右侧的产品详细内容版位即可。具体操作如下：

把文件的页头版位、焦点幻灯版位代码删除，并引入头部文件 header.php；把 slide 版位的代码删除，并引入 slide 版位文件；把页尾版位文件删除，并引入页尾版位文件 footer.php，此时，contact.php 文件的代码如下：

```
<?php require_once（'header.php'）; ?>
<!--about_main 开始-->
<div class="main">
<!--左侧 slide-->
<?php require_once（'slide.php'）; ?>
<!--联系我们-->
<div class="right">
<div class="submenu"><a href="">首页</a>-<a href="">联系我们</a></div>
<div class="contact_content">
<div class="contact_img"><img src="images/contact.jpg"></div>
<div class="detail">
<strong>公司名称：</strong>广东古道茶香贸易有限公司<br />
<strong>公司地址：</strong>广东省惠州市惠城区<br />
<strong>联系人：</strong>张丰<br />
<strong>联系电话：</strong>00000000000<br />
<strong>手机：</strong>00000000000<br />
<strong>电子邮箱：</strong>dreammymavy@163.com<br />
<strong>微信：</strong>dreammy168<br /><br />
<img src="images/map.jpg" width="697" height="284">
</div>
</div>
</div>
</div>
<!--main 结束-->
<?php require_once（'footer.php'）; ?>
```

4. 整合"联系我们"内容版位

在整合该版位前，应先在后台单页管理模块添加一条记录，记录的标题为"联系我们"，内容可先适当填写一些。点击"添加"按钮后将产生一条新记录，并查看记录 ID，该 ID 将用于查询关于我们页面。

该版位整合后的代码如下：

```
<!--"关于我们"内容-->
<div class="right">
<div class="submenu"><a href="">首页</a>-<a href="">联系我们</a></div>
<div class="about_content">
<?php
$sql_about="SELECT* FROM single WHERE id=9";
```

```
$result_about=mysql_query（$sql_about）;
$row_about=mysql_fetch_array（$result_about）;
echo $row_about['content'];
?>
</div>
</div>
</div>
```

至此，"关于我们"页面整合完成，contact.php文件完整的代码如下：

```
1   <?php require_once（'header.php'）; ?>
2   <!--about_main 开始-->
3   <div class="main">
4   <!--左侧 slide-->
5   <?php require_once（'slide.php'）; ?>
6   <!--联系我们-->
7   <div class="right">
8   <div class="submenu"><a href="">首页</a>-><a href="">联系我们</a></div>
9   <div class="contact_content">
10  <div class="contact_img"><img src="images/contact.jpg"></div>
11  <div class="detail">
12  <?php
13  $sql_about="SELECT* FROM single WHERE id=9";
14  $result_about=mysql_query（$sql_about）;
15  $row_about=mysql_fetch_array（$result_about）;
16  echo $row_about['content'];
17  ?>
18  </div>
19  </div>
20  </div>
21  </div>
22  <!--main 结束-->
23  <?php require_once（'footer.php'）; ?>
```

任务 8 网站测试

能力目标

◎能够使用网站测试的相关方法对企业网站进行全面测试。

知识目标

◎掌握网站流程测试的应用。

◎掌握网站 UI 测试的应用。

◎掌握网站链接测试的应用。

◎掌握网站搜索测试的应用。

◎掌握网站表单测试的应用。

◎掌握网站输入域测试的应用。

◎掌握网站分页测试的应用。

◎掌握网站交互性数据测试的应用。

◎掌握网站安全测试的应用。

◎掌握网站兼容性测试的应用。

8.1 网站测试

通过任务 7 的前后台整合，整套网站已设计开发出来。下面需要对整个网站进行测试，测试没问题后将进入网站发布环节；存在问题，将根据问题的归属返回给相应设计开发人员进行整改。

根据笔者多年的网站设计与开发经验，本着实用性原则和网站建设行业常用测试方式，编者将从几个方面对网站进行测试，具体的测试用例不详细列出，相关详细知识见知识点讲解，见表 8.1。

在上述表格中，表单测试和分页测试均存在问题，因此整个网站的测试结果是没有通过的，此时应把测试情况表反馈给相应的设计开发人员进行整改；整改完成后再测试，测试通过后才进入网站的发布环节。

表 8.1

古道茶香贸易有限公司网站测试				
测试流程	存在问题及问题描述	测试结果	测试人员	测试日期
流程测试	无	通过	林龙健 李观金	2016 年 5 月 21 日
UI 测试	无	通过	林龙健 李观金	2016 年 5 月 21 日
链接测试	无	通过	林龙健 李观金	2016 年 5 月 21 日
搜索测试	该网站无搜索功能需求	通过	林龙健 李观金	2016 年 5 月 21 日
表单测试	1. 网站前台"给我留言"页面，邮箱左侧有标记必填项，但点击"提交"按钮后，没做该项目的非空判断	不通过	林龙健 李观金	2016 年 5 月 21 日
输入域测试	无	通过	林龙健 李观金	2016 年 5 月 22 日
分页测试	1. 网站前台"新闻动态"页面的分页，当前页为第 1 页时，点击"上一页"后，网页出现错误	不通过	林龙健 李观金	2016 年 5 月 22 日
交互性数据测试	无	通过	林龙健 李观金	2016 年 5 月 22 日
安全测试	无	通过	林龙健 李观金	2016 年 5 月 22 日
网站兼容性测试	无	通过	林龙健 李观金	2016 年 5 月 22 日

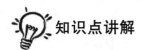

知识点讲解

网站的流程测试通常包括以下的测试项：
（1）使用 HTMLLinkValidator 将网站中的错误链接找出来。
（2）测试的顺序为：自顶向下、从左到右。
（3）查看页面 title 是否正确。（不只首页，所有页面都要查看）。
（4）LOGO 图片是否正确显示。
（5）LOGO 下的一级栏目、二级栏目的链接是否正确。
（6）首页登录、注册的功能是否实现。
（7）首页左侧栏目下的文章标题、图片等链接是否正确。

（8）首页中间栏目下的文章标题、图片等链接是否正确。
（9）首页右侧栏目下的文章标题、图片等链接是否正确。
（10）首页最下方的【友情链接】【关于我们】等链接是否正确。
（11）进入一级栏目或二级栏目的列表页。查看左侧栏目名称，右侧文章列表是否正确。
（12）列表页的分页功能是否实现、样式是否统一。
（13）查看文章详细页面的内容是否存在乱码、页面样式是否统一。
（14）站内搜索（各个页面都要查看、功能是否实现。
（15）前后台交互的部分，数据传递是否正确。
（16）默认按钮要支持 Enter 及选操作，即按 Enter 后自动执行默认按钮对应操作。

8.2　关于网站的 UI 测试

网站 UI 测试通常包括以下测试项：
（1）各个页面的样式风格是否统一。
（2）各个页面的大小是否一致；同样的 LOGO 图片在各个页面中显示是否大小一致；页面及图片是否居中显示。
（3）各个页面的 title 是否正确。
（4）栏目名称、文章内容等处的文字是否正确，有无错别字或乱码；同一级别的字体、大小、颜色是否统一。
（5）提示、警告或错误说明应清楚易懂，用词准确，摒弃模棱两可的字眼。
（6）切换窗口大小，将窗口缩小后，页面是否按比例缩小或出现滚动条；各个页面缩小的风格是否一致，文字是否窜行。
（7）父窗体或主窗体的中心位置应该在对角线焦点附近；子窗体位置应该在主窗体的左上角或正中；多个子窗体弹出时应该依次向右下方偏移，以显示出窗体标题为宜。
（8）按钮大小基本相近，忌用太长的名称，免得占用过多的界面位置；避免空旷的界面上放置很大的按钮；按钮的样式风格要统一；按钮之间的间距要一致。
（9）页面颜色是否统一；前景与背景色搭配合理协调，反差不宜太大，最好少用深色或刺目的颜色。
（10）若有滚动信息或图片，将鼠标放置其上，查看滚动信息或图片是否停止。
（11）导航处是否按相应的栏目级别显示；导航文字是否在同一行显示。
（12）所有的图片是否都被正确装载，在不同的浏览器、分辨率下图片是否能正确显示（包括位置、大小）。
（13）文章列表页，左侧的栏目是否与一级、二级栏目的名称、顺序一致。
（14）调整分辨率验证页面格式是否错位现象。
（15）鼠标移动到 Flash 焦点上特效是否实现，移出焦点特效是否消失。
（16）文字颜色与页面配色协调，不使用与背景色相近的颜色。
（17）每个非首页静态页面含图片字节不超过 300K,全尺寸 banner 第一个场景控制在 200K 以内二个场景在 300K，三个场景在 400K 以此类推。

（18）同一界面上的控件数最好不要超过 10 个，多于 10 个时可以考虑使用分页界面显示。

（19）超过一屏的内容，在底部应有 gotop 按钮。

（20）超过三屏的内容，应在头部设提纲，直接链接到文内锚点。

（21）首页，各栏目一级页面之间互链，各栏目一级和本栏目二级页面之间互链 22）导航的文字要简明扼要，字数限制在一行以内。

（22）报表显示时应考虑数据显示宽度的自适应或自动换行。

（23）所有数据展现的界面（如统计、查询、编辑录入、打印预览、打印等），必须使测试数据的记录数超过一屏/一页，以验证满屏/页时其窗体是否有横向、纵向滚动条或换页打印，界面显示是否正常。

（24）如有多个系统展现同一数据源时，应保证其一致性。

（25）对于报表中的所有字段值都应该有明确的定义，对于无意义的字段值，不应该显示空，应显示"--"或"/"，表示该字段值无意义。

（26）对统计的数据应按用户习惯进行分类、排序。

（27）界面内容更新后系统应提供刷新功能。

（28）用户在退出系统后重新登录时应考虑是否需要自动返回到上次退出系统时的界面。

（29）在多个业务功能组成的一个业务流程中，如果各个功能之间的执行顺序有一定的制约条件，应通过界面提示用户。

（30）用户提示信息应具有一定的指导性，在应用程序正在进行关键业务的处理时，应考虑在前台界面提示用户应用程序正在进行的处理，以及相应的处理过程，在处理结束后再提示用户处理完毕。

（31）在某些数据输入界面，如果要求输入的数据符合某项规则，应在输入界面提供相应的规则描述；当输入数据不符合规则时应提示用户是否继续。

（32）在对任何配置信息修改后，都应该在用户退出该界面时提示用户保存（如果用户没有主动保存的情况下）。

（33）在对某些查询功能进行测试时，应考虑查询条件的设置的合理性以及查询结果的互补性。如某些后台处理时间不应该作为查询条件。

（34）界面测试时，应考虑某一界面上按钮先后使用的顺序问题，以免用户对此产生迷惑。例如只能在查询成功后显示执行按钮。

（35）界面测试时，应验证窗口与窗口之间、字段与字段之间的浏览顺序是否正确。

（36）在某些对数据进行处理的操作界面，应考虑用户可能对数据进行处理的频繁程度和工作量，考虑是否可以进行批量操作。

（37）界面测试时应验证所有窗体中的对象状态是否正常，是否符合相关的业务规则需要。

（38）应验证各种对象访问方法（Tab 键、鼠标移动和快捷键）是否可正常使用，并且在一个激活界面中快捷键无重复。

（39）界面测试不光要考虑合理的键盘输入，还应考虑是否可以通过鼠标拷贝粘贴输入。

（40）对于统计查询功能的查询结果应验证其是否只能通过界面上的查询或刷新按键人工触发，应避免其他形式的触发。

（41）对界面上的任何对象进行拖拉，然后进行查询、打印，应保证查询打印结果不变；

（42）确保数据精度显示的统一：如单价 0 元，应显示为 0.00 元。

（43）确保时间及日期显示格式的统一。

（44）确保相同含义属性/字段名的统一。

（45）对所有可能产生的提示信息界面内容和位置进行验证，确保所有的提示信息界面应居中。

8.3 关于网站的链接测试

网站链接测试通常包括以下的测试项：

（1）页面是否有无法连接的内容；图片是否能正确显示，有无冗余图片，代码是否规范，页面是否存死链接（可以用HTMLLinkValidator工具查找）。

（2）图片上是否有无用的链接；点击图片上的链接是否跳转到正确的页面。

（3）首页点击LOGO下的一级栏目或二级栏目名称，是否可进入相应的栏目。

（4）点击首页或列表页的文章标题的链接，是否可进入相应的文章的详细页面。

（5）点击首页栏目名称后的【更多】链接，是否正确跳转到相应页面。

（6）文章列表页，左侧的栏目的链接，是否可正确跳转到相应的栏目页面。

（7）导航链接的页面是否正确；是否可按栏目级别跳转到相应的页面。（例【首页->服务与支持->客服中心】，分别点击"首页"、"服务与支持"、"客服中心"，查看是否可跳转到相应页面；）

（8）新闻、信息类内容通常用新开窗口方式打开。

（9）顶部导航、底部导航通常采取在本页打开。

8.4 关于网站的搜索测试

网站的搜索测试时通常包括以下测试项：

（1）搜索按钮功能是否实现。

（2）输入网站中存在的信息，能否正确搜索出结果。

（3）输入键盘中所有特殊字符，是否报错；特别关注：_？'．·\/--；特殊字符。

（4）系统是否支持键盘回车键、Tab键。

（5）搜索出的结果页面是否与其他页面风格一致。

（6）在输入域输入空格，点击搜索系统是否报错。

（7）本站内搜索输入域中不输入任何内容，是否搜索出的是全部信息或者给予提示信息。

（8）精确查询还是模糊查询，如果是模糊查询输入：中%国。查询结果是不是都包含"中国"两个字的信息。

（9）焦点放置搜索框中，搜索框内容是否被清空。

（10）搜索输入域是否实现回车键监听事件。

8.5 关于网站的表单测试

网站表单测试通常包括以下的测试项：
（1）注册、登录功能是否实现。
（2）提交、清空按钮功能是否实现。
（3）修改表单与注册页面数据项是否相同，修改表单是否对重名做验证。
（4）提交的数据是否能正确保存到后台数据库中（后台数据库中的数据应与前台录入内容完全一致，数据不会丢失或被改变）。
（5）表单提交，删除，修改后是否有提示信息；提示、警告、或错误说明应该清楚、明了、恰当。
（6）浏览器的前进、后退、刷新按钮，是否会造成数据重现或页面报错。
（7）提交表单是否支持回车键和 Tab 键；Tab 键的顺序与控件排列顺序要一致，目前流行总体从上到下，同时行间从左到右的方式。
（8）下拉列表功能是否实现和数据是否完整（例如：省份和市区下拉列表数据是否互动）。

8.6 关于网站的输入域测试

网站的输入域测试通常包括以下的测试项：
（1）对于手机、邮箱、证件号等的输入是否有长度及类型的控制。
（2）输入中文、英文、数字、特殊字符（特别注意单引号和反斜杠）及这四类的混合输入，是否会报错。
（3）输入空格、空格+数据、数据+空格，是否报错。
（4）输入 html 语言的<head>，是否能正确显示。
（5）输入全角、半角的英文、数字、特殊字符等，是否报错。
（6）是否有必填项的控制；不输入必填项，是否有友好提示信息。
（7）输入超长字段，页面是否被撑开。
（8）分别输入大于、等于、小于数据表规定字段长度的数据，是否报错。
（9）输入非数据表中规定的数据类型的字符，是否有友好提示信息。
（10）在文本框中输入回车键，显示时是否回车换行。
（11）非法的输入或操作应有足够的提示说明。

8.7 关于网站的分页测试

网站分页测试通常包括以下的测试项：
（1）当没有数据时，首页、上一页、下一页、尾页标签全部置灰。

（2）在首页时，"首页""上一页"标签置灰；在尾页时，"下一页""尾页"标签置灰；在中间页时，四个标签均可点击，且跳转正确。
（3）翻页后，列表中的数据是否扔按照指定的顺序进行了排序。
（4）各个分页标签是否在同一水平线上。
（5）各个页面的分页标签样式是否一致。
（6）分页的总页数及当前页数显示是否正确。
（7）是否能正确跳转到指定的页数。
（8）在分页处输入非数字的字符（英文、特殊字符等），输入 0 或超出总页数的数字，是否有友好提示信息。
（9）是否支持回车键的监听。

8.8 关于网站的交互性数据测试

网站的交互性数据测试通常包括以下测试项：
（1）前台的数据操作是否对后台产生相应正确的影响。（如：查看详细信息时，需扣除用户相应的授权点数）。
（2）可实现前后台数据的交互（如：在线咨询，能否实现数据的交互实时更新）；数据传递是否正确；前后台大数据量信息传递数据是否丢失（如 500 个字符）；多用户交流时用户信息控制是否严谨。
（3）用户的权限，是否随着授权而变化。
（4）数据未审核时，前台应不显示；审核通过后，前台应可显示该条数据；功能测试中还需注意以下几点内容：①点击【收藏我们】，标题是否出现乱码；收藏的 URL 与网站的 url 是否一致；能否通过收藏夹来访问网站；②对于修改、删除等可能造成数据无法恢复的操作必须提供确认信息，给用户放弃选择的机会；③在文章详细页面，验证字体大小改变、打印、返回、关闭等功能是否实现。

8.9 关于网站的安全性测试

网站的安全性测试通常包括以下的测试项：
（1）在测试路径上，看是否出现目录下文件。
（2）访问文件目录如果出现 403 错误，说明网页加以限制拒绝访问。
（3）访问文件目录如果出现 SSH 其他根目录路径，说明有漏洞缺陷。
（4）用 X-Scan-v3.2-cn 工具对网站服务器扫描。可以对网站参透出开启的端口号，SSH 弱口令，网站是否存在高风险；比如：在扫描参数中输入测试网站的地址，点击扫描。如果扫描出网站端口号高风险或 SSH 弱口令可以与开发人员沟通进行修改。
（5）测试有效和无效的用户名和密码，要注意到是否大小写敏感，可以试多少次的限制，是否可以不登录而直接浏览某个页面等。

（6）网站是否有超时的限制，也就是说，用户登录后在一定时间内（例如 15 分钟）没有点击任何页面，是否需要重新登录才能正常使用。

（7）为了保证网站的安全性，日志文件是至关重要的。需要测试相关信息是否写进了日志文件、是否可追踪。

（8）当使用了安全套接字时，还要测试加密是否正确，检查信息的完整性。

（9）服务器端的脚本常常构成安全漏洞，这些漏洞又常常被黑客利用。所以，还要测试没有经过授权，就不能在服务器端放置和编辑脚本的问题。

（10）网页加载速度测试可以采用 HttpWatch 软件等，可以知道那些内容影响网站整体速度。

8.10 关于网站的浏览器兼容性测试

浏览器是互联网产品客户端的核心软件，也是网站访问的必备软件。不同厂商的浏览器对 Java、JS、ActiveX、Plin-ins、CSS 的支持承担也各有差异，即使是同一厂家的浏览器，也会存在不同的版本的问题。

对于一名互联网开发人员来说，在自己开发一款应用之前，一定需要先了解现在人们所使用的浏览器现状：人们都习惯使用什么样的浏览器?他们使用的又是哪一个版本，是低级的还是高级的版本?等等这些都是需要事先弄清楚的。所以，对当今互联网市场上的浏览器现状有一个好的分析是有必要的。

根据百度统计的最新数据显示，在 2016 年 2 月国内浏览器市场上，霸主 Chrome 的份额延续上月上升趋势，增加 1.98%，成功突破 40%，达到 40.62%。而亚军 IE 的份额则再次遭到蚕食，减少 1.93%，降至 31.81%。另外，搜狗高速排名下降，从第 3 滑至第 5，与此同时，2345 与 QQ 浏览器的排名各升 1 位，分获 3、4 名。分布如图 8-1 所示。

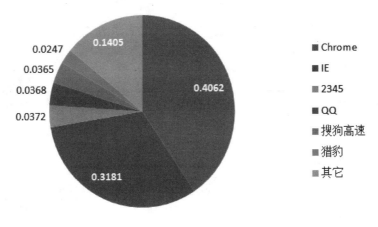

图 8-1

在 2016 年 2 月全球浏览器市场上，IE 凭借 44.79%的份额打败众多浏览器，蝉联第一。Chrome 排名紧随其后，份额为 36.56%。接下来，Firefox、Safari 与 Opera 分别坚守 3、4、5 名，所占份额依次为 11.68%、4.88%、1.68%，全球浏览器版本市场份额如图 8-2 所示。

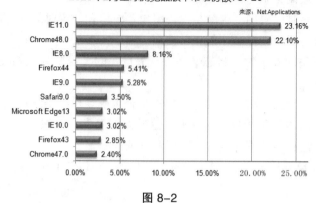

图 8-2

由以上数据分析得知，目前主流的浏览器有：IE 浏览器、Chrome 浏览器、2345 浏览器、Firefox 浏览器、搜狗高速浏览器、猎豹浏览器，另外，在国内使用 360 浏览器的用户也逐渐增多。因此，在做网站兼容性测试时，不要求做到兼容所有浏览器，但至少要兼容目前主流的浏览器。

网站的浏览器兼容性测试是件很费时的事情，幸运的是有很多优秀的工具可以帮助测试浏览器的兼容性，以下编者为大家介绍一些测试工具，见表 8.2。

表 8.2

测试工具	说明
Spoon Browser Sandbox	点击你需要测试的浏览器环境，安装插件就可以进行测试了。帮助你测试网页在 Safari、Chrome、Firefox 和 Opera 浏览器中是否正常
Superpreview	这是为微软自己发布的跨浏览器测试工具，您可以同时查看您的网页在多个浏览器的呈现情况，对页面排版进行直观的比较
IETester	专门用于测试网页在 IE 浏览器各个版本中兼容性的工具，版本包含 IE5.5 至 IE9 的各个版本，很不错的一款工具，推荐
BrowserShots	BrowserShots 是一款免费的跨浏览器测试工具，捕捉网站在不同浏览器中的截图。这是最有名，也是最古老的浏览器兼容性测试工具
Multiple IEs	这款工具同样用于测试网页在 IE 浏览器各个版本的兼容性
Viewlike	一款新推出的工具，帮助你检查浏览器在不同分辨率下得呈现情况
BrowserSeal	这款工具的两个主要特色是独立的浏览器支持和带有自动化脚本的命令行界面
Browsera	Browsera 是一个可测试您的网站的跨浏览器布局的工具，您会看到您网站上存在的兼容性错误
WebDevLab	这款工具专门用于测试你的网站在苹果 Safari 浏览器中是什么样子的
Litmus	这个工具可以帮助你检查你的网站在多个浏览器中的呈现情况，跟踪 Bug 并创建报告
Browsercam	这款工具是要付费的，可以帮助你检查 Javascript 和 DHTML，提供不同的测试环境平台

任务 9　网站发布

能力目标

◎能够正确地在互联网上发布企业网站。
◎熟悉网站备案的流程,并能够根据相关的规定提交网站备案申请。

知识目标

◎掌握如何注册域名和做域名解析。
◎掌握如何购买虚拟主机和做域名绑定。
◎熟悉网站备案的流程,掌握网站备案资料的填写及申报。

9.1　注册域名

提供域名服务的企业非常多,编者建议在如西部数码、易名中国、阿里云、新网、美橙互联等较有名的 idc 提供商注册域名,当然价格会比普通的 idc 提供商要贵一点。以下以新一代数据中心为例,讲授如何注册域名。

第一步,进入广州一代数据中心官方网站 http://www.gzidc.com/。
第二步,注册成为会员。
第三步,使用第二步注册的会员信息,登录广州一代数据中心官方网站
第四步,点击导航栏上的"域名注册",并在域名输入框输入域名,并点击查询按钮,查询该域名是否被注册了,若未注册,我们就可以使用该域名注册。以域名 gudaochaxiang.com 为例,具体操作步骤如下。

(1)输入要注册的域名,如图 9-1 所示。

图 9-1

（2）查询该域名是否被注册了；若未注册，则可以注册，如图9-2所示。

图 9-2

（3）选择要注册该域名，并点击"确定购买"按钮，如图9-3所示。

图 9-3

（4）在进入的页面中填写相关信息，包括注册人信息、管理人信息、技术人信息、付费人信息，填写完成后，勾选"同意购买协议"，点"加入购物车"按钮，该购买订单就产生了；然后进入付款环节，付款成功就意味着域名注册成功了。

（5）来到会员中心，点击"我的产品"，点击"域名"就可以看到我们注册的域名，如图9-4所示。

图 9-4

（6）点击"登录"按钮，进入到控制面板就可以看到域名的基本信息，如图9-5所示。

图 9-5

（7）点击左侧的"解析管理"，进行域名解析页面，然后，点击"添加记录"按钮进入添加记录页面，如图9-6所示。

图9-6

在图9-6中，主机记录填写"www"，记录类型选择"A"，记录值为你购买虚拟主机的IP地址（如在9.1购买的虚拟主机的地址），MX优先级可能不填，然后点击保存按钮就成功添加了一条A记录。该记录生效后，就可以在浏览器输入地址：http://www.gudaochaxiang.com访问网站了。（注意：若还没有虚拟主机，本步骤可以先忽略，待购买了虚拟主机后，再做域名解析）

继续添加一条A记录，使得在浏览器输入地址http://gudaochaxiang.com也能访问网站，其操作与添加前一条A记录的操作基本一样，不同的是主机记录文本框留空即可。

至此，域名注册及域名解析操作已完成。（注意：不同的idc服务提供商的域名管理面板不同，操作的方法也不同，但是你要实现最终的目的是一样，就是注册购买了域名，并做好了域名解析。关于域名的相关的知识，请见知识点讲解。）

9.2 购买虚拟主机

提供虚拟主机服务的企业也非常多，如西部数码、易名中国、阿里云、新网、美橙互联、广州新一代数据中心等，它们都提供有虚拟主机服务。以下以广州新一代数据中心为例讲授如何购买虚拟主机及注意事项。

在9.1中，已经注册成为新一代数据中心会员了，因此我们直接登录新一代数据中心网站，并来到虚拟主机页面。

第一步，确定所在购买的虚拟主机的类型。是购买国内的虚拟主机还是购买海外虚拟主机（如中国香港主机、美国主机），要根据客户的情况来确定。国内的虚拟主机只有网站通过备案后才能正常使用；国外的虚拟主机开通后可以直接使用，不需备案。我们根据古道茶香贸易有限公司营销员小张的要求，开通国内的虚拟主机，选择基础型空间，然后选择飓风2(S)，并选择电信线路，如图9-7所示。

图9-7

第二步，点击"立即购买按钮"将进入购买付款环节。在该环节中应注意，网站的开发语言是php，因此在选择主机类型的时候，应选择php类型的主机（图9-8），在付款成功后，虚拟主机就购买成功了。

图 9-8

第三步，来到会员中心，点击左侧的"我的产品"-"主机"就可以看已购买的主机列表，如图 9-9 所示。

图 9-9

第四步，点击"登录"按钮，来到主机控制面板，并点击左侧"网站基础环境配置"下的"主机域名绑定"，此时的页面如图 9-10 所示。

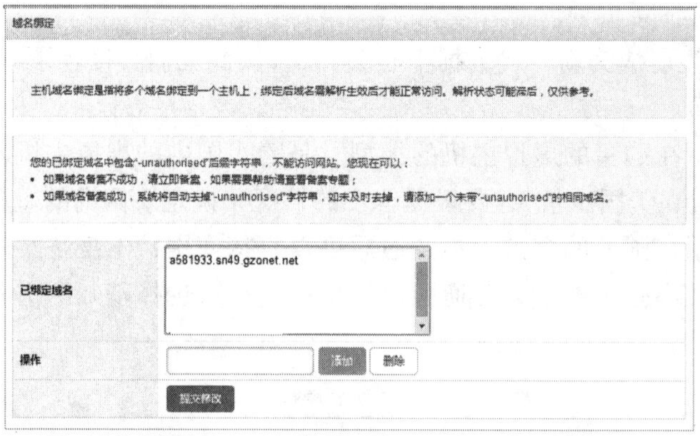

图 9-10

在文本框中分别添加"www.gudaochaxiang.comt"和"gudaochaxiang.com"，最后点击"提交修改"按钮完成域名的绑定操作。（注意：若未注册域名，该步骤需等到注册好域名后再进行该步骤的操作。）

至此，购买虚拟主机及绑定域名的操作已完成。（注意：不同的虚拟主机提供商，其购买虚拟主机的流程和虚拟主机管理面板是不同的，但最终目的是一样的，即购买开虚拟主机，并做好域名绑定操作。关于虚拟主机的知识请见知识点讲解。）

虚拟主机购买好后，接下就可以把本地数据库数据及网站的源文件在虚拟主机上实施了，具体操作可按以下步骤：

步骤一：导出该网站数据库的 sql 文件（可使用第三方的工具实现），并使用记事本将其打开，然后查找/web/admin/并替换成/admin/。因为在本地端，整个网站的源文件是放在根目录（www 文件夹）下的 web 文件夹中，但上传到虚拟主机后，网站的源文件是放在根目录下的，因此需要更改后台上传的图片及相关文件的路径。

步骤二：在虚拟主机管理面板中，创建 mysql 数据库，并把相关的数据库信息（数据库服务器的 IP 地址、用户名、密码、数据库名称）更新到 conn. php 文件中。

步骤三：利用第三方工具（如 navicat）连接步骤二中创建的数据库，执行 sql 文件。此时，网站数据库信息已部署到远程 MySQL 服务器上。

步骤四：利用 ftp 工具，把 web 目录下的所有文件上传至虚拟主机。

此时，整个网站已在远程服务器上实施了。

9.3 网站备案

网站备案是指向主管机关报告事由存案以备查考，以下以新一代数据中心为例讲授如何进行网站备案。

第一，登录新一代数据中心网站，并进入会员中心。

第二，点击会员中心左侧"网站备案栏目"，进入网站备案页面，并根据实际情况在以下三种类型中进行选择，如图 9-11 所示。

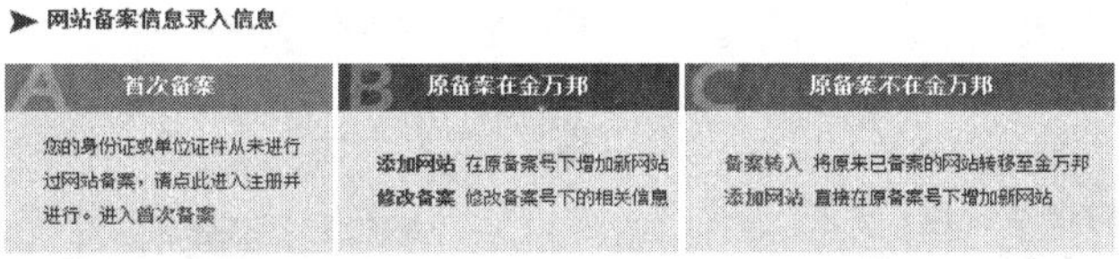

图 9-11

我们与古道茶香贸易有限公司的营销人员小张核实得知，该公司从未进行过网站的备案，因此我们选择"首次备案"，并进入到备案信息录入页面。

1. ICP 备案主体信息（图 9-12）

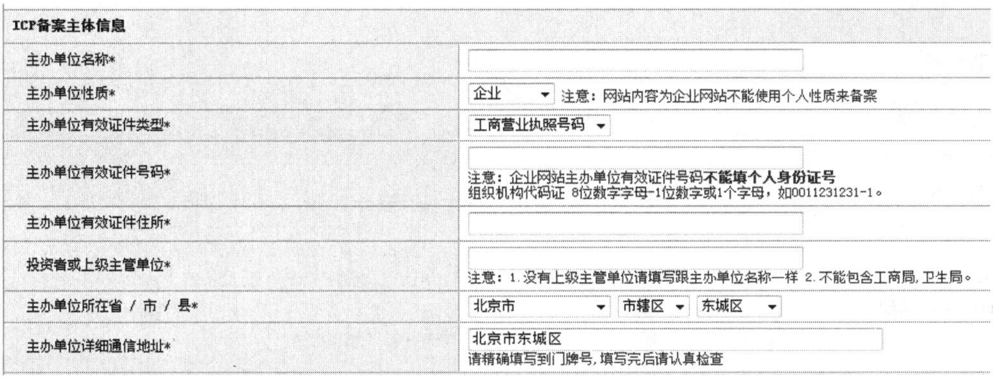

图 9-12

2. **主办单位负责人基本情况**（图 9-13）

主办单位负责人基本情况	
姓名*	
有效证件类型*	身份证
负责人有效证件号码*	身份证15位或18位，全部为数字或最后一位为X（x）。 台胞证10位
办公电话*	国家代码-区号-电话号码，如：086-010-82998299（国家代码和区号前的0请填写完整） 注意：主办单位性质为“个人”时可不填写
中国移动手机号码	* “移动手机号码”与“联通手机号码”至少要填写一项
手机号码特别提醒	请如实填写登记的联系人本人的手机号码，若手机号码填写非本人，视为备案信息虚假，将会注销备案号。
中国联通（或中国电信）手机号码	* “移动手机号码”与“联通手机号码”至少要填写一项 手机号码 必填 必须以130至139、150至159、180至189开头，11位数字组成。 若有两个不同的手机号码，建议移动、联通的号码都填写，以便备案核查。
电子邮箱*	

图 9-13

3. **主办单位相关证件上件**（图 9-14）

主办单位相关证件上传（只允许.jpg文件上传，大小在200KB以内）	
主办单位有效证件原件扫描件上传（企业备案请上传营业执照带有年检页的副本扫描件）*	浏览... 必须对应“主办单位有效证件号码”
主办单位负责人有效证件原件扫描件上传（身份证）*	正面： 浏览... 反面： 浏览... 备注： 必须对应“主办单位负责人 有效证件号码”
主办单位负责人法人授权书扫描件上传	浏览... 《法人授权书下载》
网站备案信息真实性核验单扫描件上传*	浏览... 《网站备案信息真实性核验单下载（企业模板）》（在最下方的网站负 《广东《网站备案信息真实性核验单》模板（个人网站）》（主办单位所
负责人现场拍照相片扫描件上传*	浏览... 《备案拍照背景JPG图下载》《备案拍照图范例PSD下载》

图 9-14

4. **增加网站信息**

（1）第一个网站信息，如图 9-15 所示。

网站名称*	网站名称不
网站首页网址*	不加http://，在域名列表中要存在，不能超过255个字符，需要加www，多
网站域名列表*	填写网站的主域名，不加www。每行一个域名。
网站语言类型* （请根据网站发布的内容实际选择）	☑中文简体 ☐中文繁体 ☐维吾尔语 ☐哈萨克语 ☐柯尔克孜语 ☐蒙古语 ☐藏语 ☐壮语 ☐朝鲜语 ☐彝文 ☐苗语 ☐英语 ☐日语 ☐法语 ☐俄罗斯语 ☐西班牙语 ☐阿拉伯语

图 9-15

注意：根据编者多年经验，若是企业网站备案，网站名称通常按"XXXXXX公司门户网站"形式填写。

（2）网站负责人基本情况，如图9-16所示。

图9-16

填写完成以上信息后，若有信息未确定或未填完整，可以点击"保存为草稿"，下次登录继续填写，若已确认信息无误了，可以点击"完成ICP备案信息填写"按钮进行提交。

知识点讲解

1．关于域名

（1）域名的概念

从技术上讲，域名只是一个Internet中用于解决地址对应问题的一种方法。可以说只是一个技术名词。但是，由于Internet已经成为了全世界人的Internet，域名也自然地成为了一个社会科学名词。Internet域名是Internet网络上的一个服务器或一个网络系统的名字，在全世界，没有重复的域名。域名的形式是以若干个英文字母和数字组成，由"."分隔成几部分，如

279

IBM.COM 就是一个域名，CHINADNS.COM 是一个国际域名。无论是国际或国内域名，全世界接入 Internet 网的人都能够准确无误的访问到。从社会科学的角度看，域名已成为了 Internet 文化的组成部分。从商界看，域名已被誉为"企业的网上商标"。没有一家企业不重视自己产品的标识——商标，而域名的重要性和其价值，也已经被全世界的企业所认识。

域名是由一串用点分隔的名字组成的 Internet 上某一台计算机或计算机组的名称，用于在数据传输时标识计算机的电子方位（有时也指地理位置，地理上的域名，指代有行政自主权的一个地方区域）。域名是一个 IP 地址上有"面具"。一个域名的目的是便于记忆和沟通的一组服务器的地址（网站，电子邮件，FTP 等）。

网络是基于 TCP/IP 协议进行通信和连接的，每一台主机都有一个唯一的标识固定的 IP 地址，以区别在网络上成千上万个用户和计算机。网络在区分所有与之相连的网络和主机时，均采用了一种唯一、通用的地址格式，即每一个与网络相连接的计算机和服务器都被指派了一个独一无二的地址。为了保证网络上每台计算机的 IP 地址的唯一性，用户必须向特定机构申请注册，分配 IP 地址。网络中的地址方案分为两套：IP 地址系统和域名地址系统。这两套地址系统其实是一一对应的关系。IP 地址用二进制数来表示，每个 IP 地址长 32 比特，由 4 个小于 256 的数字组成，数字之间用点间隔，例如 100.10.0.1 表示一个 IP 地址。由于 IP 地址是数字标识，使用时难以记忆和书写，因此在 IP 地址的基础上又发展出一种符号化的地址方案，来代替数字型的 IP 地址。每一个符号化的地址都与特定的 IP 地址对应，这样网络上的资源访问起来就容易得多了。这个与网络上的数字型 IP 地址相对应的字符型地址，就被称为域名。

可见域名就是上网单位的名称，是一个通过计算机登上网络的单位在该网中的地址。一个公司如果希望在网络上建立自己的主页，就必须取得一个域名，域名也是由若干部分组成，包括数字和字母。通过该地址，人们可以在网络上找到所需的详细资料。域名是上网单位和个人在网络上的重要标识，起着识别作用，便于他人识别和检索某一企业、组织或个人的信息资源，从而更好地实现网络上的资源共享。除了识别功能外，在虚拟环境下，域名还可以起到引导、宣传、代表等作用。

通俗的说，域名就相当于一个家庭的门牌号码，别人通过这个号码可以很容易找到你。

（2）域名解析

注册了域名之后如何才能看到自己的网站内容，用一个专业术语就叫"域名解析"。域名和网址并不是一回事，域名注册好之后，只说明你对这个域名拥有了使用权，如果不进行域名解析，那么这个域名就不能发挥它的作用，经过解析的域名可以用来作为电子邮箱的后缀，也可以用来作为网址访问自己的网站，因此域名投入使用的必备环节是"域名解析"。

域名是为了方便记忆而专门建立的一套地址转换系统，要访问一台互联网上的服务器，最终还必须通过 IP 地址来实现，域名解析就是将域名重新转换为 IP 地址的过程。一个域名只能对应一个 IP 地址，而多个域名可以同时被解析到一个 IP 地址。域名解析需要由专门的域名解析服务器（DNS）来完成。解析过程．比如，一个域名为实现 HTTP 服务，如果想看到这个网站，要进行解析，首先在域名注册商那里通过专门的 DNS 服务器解析到一个 WEB 服务器的一个固定 IP 上：211.214.1.***；然后，通过 WEB 服务器来接收这个域名，把这个域名映射到这台服务器上，那么输入这个域名就可以实现访问网站内容了，即实现了域名解析的全过程。人们习惯记忆域名，但机器间互相只认 IP 地址，域名与 IP 地址之间是一一对应的，它们之间的转换工作称为域名解析，域名解析需要由专门的域名解析服务器来完成，整个过程是自动进行的。

（3）域名解析类型

① A 记录（IP 指向）：又称 IP 指向。用户可以在此设置子域名并指向到自己的目标主机地址上，从而实现通过域名找到服务器找到相应网页的功能。

说明：指向的目标主机地址类型只能使用 IP 地址。

② CNAME（别名指向）：通常称别名指向。您可以为一个主机设置别名。相当于用子域名来代替 IP 地址，优点是如果 IP 地址变化，只需要改动子域名的解析，而不需要逐一改变 IP 地址解析。

说明：CNAME 的目标主机地址只能使用主机名，不能使用 IP 地址；主机名前不能有任何其他前缀。如：http：//等是不被允许的；A 记录优先于 CNAME 记录。即如果一个主机地址同时存在 A 记录和 CNAME 记录，则 CNAME 记录不生效。

③MX 记录：邮件交换记录。用于将以该域名为结尾的电子邮件指向对应的邮件服务器以进行处理。如：用户所用的邮件是以域名 mydomain.com 为结尾的，则需要在管理界面中添加该域名的 MX 记录来处理所有以@mydomain.com 结尾的邮件。

说明：MX 记录可以使用主机名或 IP 地址；MX 记录可以通过设置优先级实现主辅服务器设置，"优先级"中的数字越小表示级别越高。也可以使用相同优先级达到负载均衡的目的；如果在"主机名"中填入子域名则此 MX 记录只对该子域名生效。

④NS 记录（Name Server）：域名服务器记录。用来表明由哪台服务器对该域名进行解析。您注册域名时，总有默认的 DNS 服务器，每个注册的域名都是由一个 DNS 域名服务器来进行解析的，DNS 服务器 NS 记录地址一般以以下的形式出现：

ns1.domain.com

ns2.domain.com

说明："优先级"中的数字越小表示级别越高；"IP 地址/主机名"中既可以填写 IP 地址，也可以填写像 ns.mydomain.com 这样的主机地址，但必须保证该主机地址有效。如，将 news.mydomain.com 的 NS 记录指向到 ns.mydomain.com，在设置 NS 记录的同时还需要设置 ns.mydomain.com 的指向，否则 NS 记录将无法正常解析；NS 记录优先于 A 记录。即，如果一个主机地址同时存在 NS 记录和 A 记录，则 A 记录不生效。这里的 NS 记录只对子域名生效。

2. 关于虚拟主机

（1）虚拟主机的概念

虚拟主机，也叫"网站空间"，就是把一台运行在互联网上的物理服务器划分成多个"虚拟"服务器。是互联网服务器采用的节省服务器硬件成本的技术，虚拟主机技术主要应用于 HTTP（Hypertext Transfer Protocol，超文本传输协议）服务，将一台服务器的某项或者全部服务内容逻辑划分为多个服务单位，对外表现为多个服务器，从而充分利用服务器硬件资源。

虚拟主机是使用特殊的软硬件技术，把一台真实的物理服务器主机分割成多个逻辑存储单元。每个逻辑单元都没有物理实体，但是每一个逻辑单元都能像真实的物理主机一样在网络上工作，具有单独的 IP 地址（或共享的 IP 地址）、独立的域名以及完整的 Internet 服务器（支持 WWW、FTP、E-mail 等）功能。

虚拟主机的关键技术在于，即使在同一台硬件、同一个操作系统上，运行着为多个用户打开的不同的服务器程序，也互不干扰。而各个用户拥有自己的一部分系统资源（IP 地址、文档存储空间、内存、CPU 等）。各个虚拟主机之间完全独立，在外界看来，每一台虚拟主机和一台单独的主机的表现完全相同。所以这种被虚拟化的逻辑主机被形象地称为"虚拟主机"。

（2）选择虚拟主机注意事项

① 稳定和速度。

② 均衡负载。

③ 提供在线管理功能。

④ 数据安全。

⑤ 完善的售后和技术支持。

⑥ IIS 限制数量。

⑦ 月流量。

（3）虚拟主机的分类

① 根据建站程序来分，可以分为 ASP 虚拟主机、.net 虚拟主机、JSP 虚拟主机、php 虚拟主机等。

② 根据连接线路来分，可以分为单线虚拟主机、双线虚拟主机、多线 BGP 虚拟主机、集群虚拟主机。

③ 根据位置分布来分，可以分为国内虚拟主机和国外虚拟主机（如中国香港虚拟主机、美国虚拟主机）等。

④ 根据操作系统来分，可以分为 windows 虚拟主机和 Linux 虚拟主机。

3. 关于网站备案

网站备案是指向主管机关报告事由存案以备查考。行政法角度看备案，实践中主要是《立法法》和《法规规章备案条例》的规定。网站备案的目的就是为了防止在网上从事非法的网站经营活动，打击不良互联网信息的传播，如果网站不备案的话，很有可能被查处以后关停。

（1）概述

网站备案是根据国家法律法规需要网站的所有者向国家有关部门申请的备案，主要有 ICP 备案和公安局备案。非经营性网站备案（Internet Content Provider Registration Record），指中华人民共和国境内信息服务互联网站所需进行的备案登记作业。2005 年 2 月 8 日，中华人民共和国信息产业部发布《非经营性互联网信息服务备案管理办法》，该办法当年于 3 月 20 日正式实施。该办法要求从事非经营性互联网信息服务的网站进行备案登记，否则将予以关站、罚款等处理。为配合这一需要，信息产业部建立了统一的备案工作网站，接受符合办法规定的网站负责人的备案登记。网站备案所需资料，企业网站备案需要准备：1 份（营业执照）副本彩色扫描件或复印件、1 份网站负责人的身份证彩色扫描件或复印件等。

（2）概念辨析

网站备案是域名备案还是空间备案？

其实是一句话，域名如果绑定指向到国内网站空间就要备案。也就是说如果你这个域名只是纯粹注册下来，用作投资或者暂时不用，是无需备案的。域名指向到国外网站空间，也是无需备案的。

2013年10月30日,所有新注册的.cn/.中国/.公司/.网络域名,将不再设置"ClientHold"暂停解析状态,对已设置展示页的域名发布交易、PUSH过户、域名信息变更、取消展示页、修改DNS解析等操作,域名将不再加上ClientHold状态。但解除"ClientHold"的域名,仍需备案通过才可以解析到大陆IP。

(3) 网站备案、ICP备案和域名备案的区别

其实网站备案就是ICP备案,两者是没有本质区别的,即为网站申请ICP备案号,最终的目的就是给网站域名备案。而网站备案和域名备案本质上也没有区别,都是需要给网站申请ICP备案号。网站的备案是根据空间IP来的,域名要访问空间必须要求能够解析一个IP地址。网站备案指的就是空间备案,域名备案就是对能够解析这个空间的所有域名进行备案。

(4) 服务分类编辑

互联网信息服务可分为经营性信息服务和非经营性信息服务两类。

经营性信息服务,是指通过互联网向上网用户有偿提供信息或者网页制作等服务活动。凡从事经营性信息服务业务的企事业单位应当向省、自治区、直辖市电信管理机构或者国务院信息产业主管部门申请办理互联网信息服务增值电信业务经营许可证。申请人取得经营许可证后,应当持经营许可证向企业登记机关办理登记手续。

非经营性互联网信息服务,是指通过互联网向上网用户无偿提供具有公开性、共享性信息的服务活动。凡从事非经营性互联网信息服务的企事业单位,应当向省、自治区、直辖市电信管理机构或者国务院信息产业主管部门申请办理备案手续。非经营性互联网信息服务提供者不得从事有偿服务。在跨省份备案的时候,资料的快递费是由备案人负责。

(5) 网站备案

① 备案方式。公安局备案一般按照各地公安机关指定的地点和方式进行。ICP备案可以自主通过官方备案网站在线备案或者通过当地电信部门两种方式来进行备案。

网站备案的目的就是为了防止在网上从事非法的网站经营活动,打击不良互联网信息的传播,如果网站不备案的话,很有可能被查处以后关停。非经营性网站自主备案是不收任何手续费的。

② 注意事项。

◎通信地址要详细,明确能够找到该网站主办者。(若无具体门牌号,请在备案信息中备注说明"该地址已为最详,能通过该地址到网站主办者")

◎证件地址要详细,按照网站主办者证件上的注册地址填写。(若无具体门牌号,请在备案信息中备注说明"该地址按照证件上注册地址填写,已为最详")

◎网络购物、WAP、即时通信、网络广告、搜索引擎、网络游戏、电子邮箱、有偿信息、短信彩信服务为经营性质,需在当地管局办理增值电信业务许可证后报备以上网站。非经营性主办者请勿随意报备。

◎综合门户为企业性质,请网站主办者以企业名义报备。个人只能报备个人性质网站。

◎博客、BBS等电子公告,管局没有得到上级主管部门明确文件,暂不受理,请勿随意选择以上服务内容。

◎网站名称:不能为域名、英文、姓名、数字、三个字以下。

◎网站主办者为个人的,不能开办"国字号"、"行政区域规划地理名称"和"省会"命名的网站,如"中国XX网""四川XX网"或"成都XX网"。

◎网站主办者为企业的,不能开办"国字号"命名的网站,如"中国XX网"。且报备的公司名称不能超范围,如公司营业执照上的公司名称为"成都XX网"请勿报备"四川XX网"。

◎网站名称或内容若涉及新闻、文化、出版、教育、医疗保健、药品和医疗器械、影视节目等,请提供省级以上部门出示的互联网信息服务前置审批文件,管局未看到前置审批批准文件前将不再审核以上类型网站的备案申请。

③ 备案所需资料。单位主办网站,除如实填报备案管理系统要求填写的各备案字段项内容之外,还应提供如下备案材料:

◎网站备案信息真实性核验单。

◎单位主体资质证件复印件(加盖公章),如工商营业执照、组织机构代码、社团法人证书等。

◎单位网站负责人证件复印件,如身份证(首选证件)、户口簿、台胞证、护照等。

◎接入服务商现场采集的单位网站负责人照片。

◎网站从事新闻、出版、教育、医疗保健、药品和医疗器械、文化、广播电影电视节目等互联网信息服务,应提供相关主管部门审核同意的文件复印件(加盖公章);网站从事电子公告服务的,应提供专项许可文件复印件(加盖公章)。

◎单位主体负责人证件复印件,如身份证、户口簿、台胞证、护照等。

◎网站所使用的独立域名注册证书复印件(加盖公章)。

个人主办网站,除如实填报备案管理系统要求填写的各备案字段项内容之外,还应提供如下备案材料:

◎网站备案信息真实性核验单。

◎个人身份证件复印件,如身份证(首选证件)、户口簿、台胞证、护照等。

◎接入服务商现场采集的个人照片。

◎网站从事新闻、出版、教育、医疗保健、药品和医疗器械、文化、广播电影电视节目等互联网信息服务,应提供相关主管部门审核同意的文件(加盖公章);网站从事电子公告服务的,应提供专项许可文件(加盖公章)。

◎网站所使用的独立域名注册证书复印件。

④ICP报备流程

ICP信息报备流程如图9-17所示。

ICP信息报备流程:

第一步,网站主办者登录接入服务商企业侧系统。

网站主办者进行网站备案时可有三种供选择的登录方式:

方式一:网站主办者登录部级系统,通过主页面"自行备案导航"栏目获取为您网站提供接入服务的企业名单(只能选择一个接入服务商),并进入企业侧备案系统办理网站备案业务。

方式二:网站主办者登录住所所在地省局系统,通过主页面"自行备案导航"栏目获取为您网站提供接入服务的企业名单(只能选择一个接入服务商),并进入企业侧备案系统办理网站备案业务。

方式三:网站主办者直接登录到接入服务商企业侧系统。(编者推荐使用此种方式)

第二步,网站主办者登录接入服务商企业系统自主报备信息或由接入服务商代为提交信息。

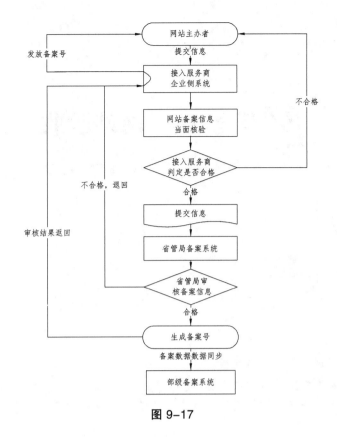

图 9-17

网站主办者登录到企业侧系统，注册用户→填写备案信息→接入服务商校验所填信息，反馈网站主办者。

网站主办者委托接入服务商代为报备网站的全部备案信息并核实信息真伪→接入服务商核实备案信息→将备案信息提交到省管局系统。

第三步，接入服务商核实备案信息流程。

接入服务商对网站主办者提交的备案信息进行当面核验：当面采集网站负责人照片；依据网站主办者证件信息核验提交至接入服务商系统的备案信息；填写《网站备案信息真实性核验单》。如果备案信息无误，接入服务商提交给省管局审核；如果信息有误，接入者在备注栏中注明错误信息提示后退回给网站主办者进行修改。

第四步，网站主办者所在省通信管理局审核备案信息流程。

网站主办者所在地省管局对备案信息进行审核，审核不通过，则退回企业侧系统由接入服务商修改；审核通过，生成的备案号、备案密码（并发往网站主办者邮箱）和备案信息上传至部级系统，并同时下发到企业侧系统，接入服务商将备案号告知网站主办者。

任务 10　网站验收

能力目标

◎ 能够组织客户对企业网站进行验收。
◎ 学会撰写网站验收报告。

知识目标

◎ 掌握如何注册域名和做域名解析。
◎ 掌握如何购买虚拟主机和做域名绑定。
◎ 熟悉网站备案的流程，掌握网站备案资料的填写及申报。

情境导入

通过上一个任务的实施，网站已在互联网上成功发布。此时，我们将进行最后一个环节：与客户（古道茶香贸易有限公司）进行网站的验收。

通过与该公司小张沟通，组织了验收会议并顺利通过了项目的验收，签订了验收报告。验收报告的签订意味着整个网站设计与开发项目结束。对于网站验收报告的格式，没有统一的规定，不同的网站建设企业，其网站项目验收报告也不一样，以下为读者提供两份验收报告作为参考。

网站验收报告（参考1）

甲方（需求方）：
乙方（开发方）：
按双方约定，针对网站建设交付使用达成协议并遵从以下条款，具体约定内容如下：

1. 乙方承接甲方委托网站建设工作，已于年月日完成设计开发，经试运行合格，交付使用，并按签订协议进入阶段；

2. 鉴于程序设计是一个长期的生命周期，乙方应提供甲方站点常规性修改、更新、小范围改动等免费维护及技术支持，工作量小于一个工作日的免费维护；乙方若对网站结构模块有较大改动情况下，乙方将根据实际情况收取适当费用。

3. 网站后台管理账号，密码，次年起的续缴费用为元/年（人民币：元）。

4. 甲方所发布信息不能涉及非法言论、反动宣传、虚假广告、赌博、贩毒、色情、恶意攻击、诽谤他人或有任何误导之成分，否则由此引起的一切后果由甲方自负，乙方不负任何连带责任。

5. 乙方不得泄漏所设计网站相关安全信息，恶意人为、误操作不受此协议保护。

6. 非人为自然不可抗拒力破坏，不受此协议保护。

第一条：验收标准

1. 页面效果是否真实还原设定稿。
2. 各链接是否准确有效。
3. 文字内容是否正确（以客户提供的电子文档为准）。
4. 功能模块运行是否正常。
5. 版权、所有权是否明确。
6. 开发文档是否齐备。

第二条：验收项目

1. 使用的域名，能否通过连接 Internet 网络的计算机正常浏览网站？□能　　□不能
2. 网站内容栏目是否完整？（以双方签订合同服务项目为审核依据）□完整　□不完整
3. 网站内容以下部分是否有误：

　　文字□　　　没有　　　□有
　　链接□　　　没有　　　□有
　　图片□　　　没有　　　□有

4. □所开发的系统产品能否正常使用
5. □各功能模块能否正常使用
6. □ICP 号是否备案
7. □网站版权是否已归属甲方
8. □域名所有权是否已归属甲方
9. □网站是否可以进行二次修改
10. □网站数据库是否有备份机制
11. □网站信息管理员（后台操作）是否已培训
12. □售后服务承诺是否完善

以上未列出项＿＿＿＿＿＿＿＿＿＿＿＿＿＿＿＿＿＿＿＿＿＿＿＿＿＿＿＿＿＿＿＿＿

＿＿＿

第三条：验收确认

经甲方验收审核，乙方制作的甲方网站（域名：＿＿＿＿＿＿＿＿＿＿＿＿＿）符合甲方要求，特此认可。本合格书甲方代表人签字生效。

（甲方签章）　　　　　　　　　　　　　　　　　　　　　　　（乙方签章）

　　年　　月　　日　　　　　　　　　　　　　　　　　　　　　年　　月　　日

网站验收报告（参考2）

（**甲方**）与科技有限公司（**乙方**）签订了"网站建设服务合同"，委托乙方开发"网站"，下面就网站整体进行验收。

年月日，网站中文版建设完成，此后进行了一系列的验收测试，经不断的查看及修改，双方一致认为本网站设计结构合理、界面美观、满足要求、验收合格，同意正式交付用户使用。

验收清单：

基本情况	
项目名称	
使用单位	
开发单位	
开发开始日期	
开发结束日期	
网站域名	

1. 使用域名，能否通过连接 Internet 网络的计算机正常浏览网站？□能　　　□不能
2. 网站内容栏目是否完整？□完整　　　□不完整
3. 网站内容以下部分是否有误：
   文字　　　　□没有　　□有
   链接　　　　□没有　　□有
   图片　　　　□没有　　□有
   动画/视频　　□没有　　□有
4. 所开发的系统产品能否正常使用（未涉及到有的系统功能模块，请留空，不做选择）：
   留言反馈系统能否正常使用：　　□能　　□不能
   新闻发布系统能否正常使用：　　□能　　□不能
   文章管理系统能否正常使用：　　□能　　□不能
   在线联系系统能否正常使用：　　□能　　□不能
   在线招聘系统能否正常使用：　　□能　　□不能
   图片管理系统能否正常使用：　　□能　　□不能
   网站访问统计系统能否正常使用：□能　　□不能
   经审查，本项目任务已经达到我司要求，特此验收！

（单位名称）
（签字盖章）
年　月　日

参考文献

[1] 传智播客高教产品研发部. PHP+Ajax+jQuery 网站开发项目式教程[M]. 北京：人民邮电出版社，2016.
[2] 唐俊. PHP+MySQL 网站开发技术项目式教程[M]. 北京：人民邮电出版社，2015.
[3] 蔡艳桃,万木君. jQuery 开发基础教程[M]. 北京：人民邮电出版社，2015.
[4] 刘西杰,夏辰 DIV+CSS 网页样式与布局从入门到精通[M]. 北京：人民邮电出版社，2015.